# 农田暗管排水技术研究与应用

王少丽　陶园　焦平金　管孝艳　等　著

中国水利水电出版社
www.waterpub.com.cn
·北京·

## 内 容 提 要

本书以国家重点研发计划项目和国家自然科学基金项目等取得的研究成果编著而成，围绕农田暗管排水理论与技术，系统阐述相关方法和最新技术成果。全书内容共分为 8 章，包括：暗管排水理论计算、暗管排水技术防淤堵性能、暗管虹吸增流和改进暗管排水技术的除涝降渍性能、暗管排水技术氮磷运移和排水排盐特性、明暗组合排水工程技术及效益评估。

本书资料翔实，内容丰富，可供从事农田涝渍盐碱治理、农业水土工程研究与管理等的科研人员、大专院校师生、设计人员和管理者阅读参考。

**图书在版编目（CIP）数据**

农田暗管排水技术研究与应用 / 王少丽等著.
北京 ： 中国水利水电出版社，2024. 11. -- ISBN 978-7-
5226-2867-7
Ⅰ．S276
中国国家版本馆CIP数据核字第20241HT795号

| | | |
|---|---|---|
| 书 名 | 农田暗管排水技术研究与应用<br>NONGTIAN ANGUAN PAISHUI JISHU YANJIU<br>YU YINGYONG | |
| 作 者 | 王少丽 陶 园 焦平金 管孝艳 等 著 | |
| 出版发行 | 中国水利水电出版社<br>（北京市海淀区玉渊潭南路 1 号 D 座　100038）<br>网址：www. waterpub. com. cn<br>E - mail：sales@ mwr. gov. cn<br>电话：(010) 68545888 （营销中心） | |
| 经 售 | 北京科水图书销售有限公司<br>电话：(010) 68545874、63202643<br>全国各地新华书店和相关出版物销售网点 | |
| 排 版 | 中国水利水电出版社微机排版中心 | |
| 印 刷 | 天津嘉恒印务有限公司 | |
| 规 格 | 184mm×260mm　16 开本　13.75 印张　335 千字 | |
| 版 次 | 2024 年 11 月第 1 版　2024 年 11 月第 1 次印刷 | |
| 印 数 | 001—800 册 | |
| 定 价 | **120.00 元** | |

# 前 言

　　农田排水工程作为重要的水利基础设施，对于防御农田涝渍灾害、促进农业生产发展和保障国家粮食安全具有重要的现实意义。随着城市化进程的加剧，耕地资源短缺问题愈加严峻，土地利用率高、便于机械化耕作、治渍改碱效果好的暗管排水技术迅速发展。随着经济的发展，我国暗管排水技术的研究和应用关注度持续上升。受经济和气候因素的影响，许多农业地区暗管排水技术的应用更加广泛，未来强降雨事件发生的频率还在增加，预计全球范围农业地区的暗管排水面积将进一步增大。因此，探索农田暗管排水理论和技术，对于减轻农田涝渍碱灾害、提高作物产量、保护农田水环境具有重要意义。

　　自 2017 年起，我们承担了"农田涝渍灾害监测预报和减灾技术研究"（"十三五"国家重点研发计划项目：2018YFC1508300）、"灌区生态型控盐排水及再利用技术与模式"（"十三五"国家重点研发计划课题：2017YFC0403304）、"明暗组合排水工程除涝治渍协同作用及合理布局研究"（国家自然科学基金项目：51779274）、"改进暗管排水下土壤氮磷排放机制与工程调控模式"（国家自然科学基金项目：51909277）等，对农田暗管排水效率提升及除涝降渍作用机制、暗管外包料透水与防淤堵性能、暗管排水氮磷运移特性及排水排盐性能、明暗组合排水工程布局优化等开展了较为系统的研究，集成上述项目研究成果，特撰写本书。

　　项目研究取得的主要创新成果包括：一是创建了基于反滤体和出口虹吸增流的两种改进暗管排水技术，揭示了改进暗的排水效率提升机制及除涝降渍作用机制，形成了改进暗管排水以及考虑悬挂水头作用下的常规暗管排水理论计算公式；二是从土壤颗粒动态迁移角度出发，揭示了宁夏土、安徽土流量随时间变化出现的"驼峰"现象产生机理、暗管外包土工织物上方高透水性土壤骨架形成的内在原因，阐明了适宜的土工织物有利于透水防淤、使土壤趋于稳定的内在机理；三是揭示了常规暗排和不同反滤体改进暗排的氮磷运移特性、不同反滤体材料的氮磷吸附和淋洗特征，明确了影响暗管排水氮磷排放的敏感参数；四是探明了暗管排水的田间水盐驱动机制与暗管布局影响水盐分布的关键时期，发现了暗管控制排水提升脱盐效率与脱盐均匀性的规律；五是揭示了太阳能光伏暗管排水系统集水井和排水沟水位变化、排水量变化规律，提出暗管排水能力提升技术方法。

本书由王少丽、陶园统稿，具体编写分工为第1章：陶园、王少丽、管孝艳；第2章：王少丽、管孝艳、陶园；第3章：王少丽、荣臻、张迎奥；第4章：王少丽、任晓磊；第5章：陶园、管孝艳、陈皓锐、李娜；第6章：管孝艳、陶园、常晓敏、吴立鹏；第7章：焦平金、王少丽；第8章：陶园、刘静、米博宇。

在试验研究和数据收集过程中，得到了安徽省（水利部淮河水利委员会）水利科学研究院、内蒙古河套灌区义长灌溉管理局义长试验站等单位的大力支持与帮助。中国水利水电科学研究院博士研究生任晓磊、太原理工大学硕士研究生荣臻和张迎奥、内蒙古农业大学硕士研究生迟碧璇、西北农林科技大学硕士研究生张丽等参加了部分试验与研究工作，为本研究贡献了心血与智慧，在此一并感谢！

由于作者水平有限，书中不妥或错误之处在所难免，敬请读者批评指正，不吝赐教。

**作者**

2024 年 7 月

# 目 录

# 第1章　绪　　论

我国"耕地资源-粮食供给-生态安全"长期处于"弱平衡"状态，保护耕地资源、提升耕地质量对保障我国粮食安全具有重要意义。在我国现有的 19.18 亿亩耕地中，中低产田占比 2/3 以上，而易涝、易渍耕地或盐碱耕地大多为中低产田，开展涝渍盐碱耕地治理对于改善作物生长环境、提高作物产量、提升中低产田质量具有重要作用。受季风气候的影响，我国南方地区降雨多且过于集中，极易形成涝渍灾害，主要分布于大江大河两岸以及下游冲积平原、湖泊周围低洼地区，沿海地区还常受到风暴潮的威胁，淮河流域淮北平原、里下河网地区、长江流域的江汉平原以及东北三江平原均是典型的易涝易渍地区。而盐碱耕地主要分布在西北内陆盐碱区、东北苏打盐碱区、东部沿海滨海盐碱区。

世界上高产的农田大多建立在良好的农田排水系统基础上，农田排水对于排除过多的地表水、地下水以及土壤中的可溶性盐分均具有重要作用（Ritzema，2006），是解决上述涝渍和土壤盐碱化问题并维持农田系统可持续发展的有效手段，在改善我国农业生产基本条件、提高农业综合生产能力、增加主要农产品有效供给和增加农民收入等方面发挥重要作用（王少丽等，2018）。农业较为发达的国家的排水面积与灌溉面积比值普遍较高，美国、加拿大、澳大利亚、德国、法国和日本等国家该比值分别为 2.0，9.0，1.0，7.7，1.15 和 1.05，而我国排水面积与灌溉面积的比值仅为 0.32（ICID，2021），仍呈现灌溉排水相对失衡的阶段（韩振中，2021），农田排水具有很大的发展潜力和发展的迫切性。

在耕地资源短缺、规模化高标准农田以及机械化农业生产的背景下，以不占用耕地的暗管排水为代表的农田地下排水方式具有更好的适应性。在许多农田中，由于农民对排水认识的不足以及对耕地的渴求，经常会出现农田排水明沟尤其是田间沟被农民填平并耕作的情况（赵晓宇等，2016；王少丽等，2018），当发生洪涝灾害或雨季时，田间的水分根本排不出去，造成农作物减产，尤其是我国南方地区。若采用暗管排水代替末级明沟，则可以主动避免这些问题。此外，暗管排水具有控制地下水位、调节土壤水分、改善土壤理化性状等作用，并可增加降雨入渗量、减少地表径流及其引起的土壤流失，被国内外广泛用于涝渍地和盐碱地治理，如荷兰已有 7.5 万 hm² 的原始土地以及 1.5 万 hm² 的新开垦土地铺设了暗管排水系统用以解决涝渍灾害影响，埃及铺设了大量的暗管排水系统解决土壤盐渍化问题，暗管排水面积达到耕地面积的 75%～80%。对于我国的涝渍地及盐碱地来说，北方大部分地区的暗管排水可通过控制地下水位达到控制土壤盐分、改善土地次生盐渍化的目标；南方大部分湿润地区的暗管排水可加速沥涝的排除、迅速降低地下水位、为作物的正常生长和适时耕作创造良好的土壤环境条件。我国暗管排水发展主要分为初步探索期（1976—1998 年）、渐进发展期（1999—2008 年）和蓬勃发展期（2009—2020 年）（谭攀等，2021）。随着我国盐碱地治理的不断深入，暗管排水技术被更广泛应用于新疆、宁夏、内蒙古以及黄河三角洲等地区，有效控制了盐碱区域地下水位并降低了土壤盐渍化程度，其在提高耕地的地力水平和质量方面发挥了重要作用（于淑会等，2012；衡通等，2019；史海滨等，2020；杨劲松等，2022）。

暗管排水主要依靠外包滤料作为防淤堵措施以预防和减少土壤随水流进入暗管。暗管淤堵问题是影响其长期安全稳定运行的主要问题之一，也是暗管排水推广应用中亟须解决的问题。此外，农田排水作为农业面源污染进入水体的主要途径，其产生的氮磷含量直接影响水环境生态。过多的氮磷含量是导致地表水体富营养化的主要原因（Anderson 等，2002；焦平金等，2010）硝态氮含量很大时易导致地下水中硝酸盐含量超标，除此之外，面源污染还会导致耕地不同程度的退化。从工程、环境和经济三个角度着手，分析暗管排水工程技术，对丰富和发展我国农田排水理论和技术、保障粮食安全、推进灌区可持续发展具有重要的现实意义。

## 1.1　暗管排水工程技术进展

暗管排水是指在田间埋设能透水的暗管以排除土壤中过多的水分，从而降低地下水位，最早发展于温带气候区（欧洲、北美、俄罗斯），如今也用于干旱和半干旱地区，成为灌溉农业系统的组成部分（Stuyt 等，2005）。暗管排水系统一般由田间吸水管（暗管）、集水管、检查井、集水井等组成，通常设一级田间暗管自流排水入明沟，或在自流排水困难时加设一级或多级集水管，汇集由暗管排除的地下水进入集水井，从集水井抽水排入明沟。由于一级自流暗管出口处排水明沟塌坡、淤积现象严重，且清淤不及时，暗管出水口易于被堵或长期处于沟水位以下，致使排水不畅。因此，便于维护管理的二级或多级暗管排水系统已经被广泛应用。

早期由树枝、木棍、砾石等高渗透性物质捆绑形成地下排水管道，一直到 17 世纪末欧洲普遍使用这种地下排水管道（Yannopoulos 等，2020）。排水暗管管材经历了由刚性管发展到柔性管。刚性管主要有黏土瓦管、水泥土管、混凝土管等，柔性管主要指由聚氯乙烯（PVC）或聚乙烯（PE）材料压制的塑料排水管，这类排水管从光滑管发展到波纹管。多年来，黏土瓦管和混凝土管一直被广泛使用，直到 1960 年左右开始使用光滑的塑料排水管（Stuyt 等，2005），美国从 1967 年起开始批量生产波纹塑料管，至 20 世纪 70 年代，大量采用混凝土管和黏土瓦管的田间吸水暗管已为波纹塑料管所替代。波纹塑料管具有重量轻、运输和铺设中损耗小、耐腐蚀、整体性好、施工方便、易保证施工质量等优点，特别适合于采用挖沟铺管机等先进施工技术，铺设效率高，至今已被广泛采用。

随着暗管排水工程技术发展而出现的一个突出的技术问题是，如何有效地阻止排水暗管被淤堵又能保持稳定的透水性，从而增加暗管的使用寿命。早期发展较为成熟的技术是采用级配良好的砂石材料或植株秸秆作为外包滤料；随着自动挖沟铺管机械的发展，选择人工合成材料如土工布等作为排水暗管外包滤料受到了更多的青睐，尤其是在砂石材料紧缺地区，选择合成材料作为外包滤料不仅有利于机械化施工，而且大大降低了工程造价。自 20 世纪 70 年代中期以来，土工布被日益广泛的用作排水反滤材料。土工布作为常用的人工合成外包料可以预缠绕在波纹塑料暗管上，是现在比较常用的暗管施工工艺，尤其存在流沙等不利条件下易于安装，并且突出特点是单位长度较轻，从而减少了运输费用。

为提高传统暗管排水的排水性能，近年来，带砾石暗管、砾石鼠道、暗管＋反滤体、暗管虹吸排水等改进型暗管排水技术（简称"改进暗排"）相继推出。Filipović等（2014）采用 HYDRUS−2D/3D 模型模拟常规暗管排水、带砾石的暗管排水、带砾石暗管和鼠道相结合的排水性能表明，常规暗管排水量最小，带砾石的暗管和鼠道相结合的排水方式在强降雨条件下可以减少 75% 的地表径流量。Tuohy 等（2016）对浅埋深常规鼠道及砾石鼠道（鼠道内充填 0.2m 高的砾石）的排水性能研究表明，浅埋深鼠道可以加速雨水入渗、减缓地下水位上升，其中砾石鼠道对降雨的反应能力最快，排水开始时间早，排水总量大。Tao 等（2016）提出暗管周边土体置换成渗透性较强的反滤体介质的改进暗排，研究表明，改进暗排可以大大提高暗管排水能力。

暗管排水在我国推广应用的时间不长，20 世纪 50 年代后期才逐步兴起，最早使用刚性管材，至 20 世纪 70 年代末先后研制成功塑料管和波纹塑料管。1985 年新疆生产建设兵团从荷兰引进挖沟铺管机，埋设暗管面积 866.6hm²，1997 年宁夏农业综合开发办利用荷兰贷款，引进暗管排水设备和技术，在银北灌区开展了大规模的农田暗管排水工程建设，为大规模暗管排水工程的实施奠定了基础（王少丽等，2008）。近年来，暗管排水工程技术在我国推广应用较快，已在新疆、宁夏、内蒙古、山东等地得到了应用，围绕暗管工程技术参数确定、暗管排水降渍脱盐效果、暗管布设模式、暗管排水氮磷流失动态等方面也开展了较多研究。

基于文献计量法得到近 30 年国内外文献关于暗管排水领域关键词的共现网络图谱（见图 1.1），其中大多围绕着盐碱地、氮素流失、nitrogen、phosphorous、water management、wetland、model 等内容。近些年，暗管排水已由原来的单一降低地下水位、盐渍化治理和提高作物产量，逐渐向营养物质流失、土壤微生物群落以及节能控排等多学科交叉融合方向发展，以控制水体富营养化，最大限度地保证作物根区适宜水分、养分和盐分，创造出有利于作物生长的土壤环境。

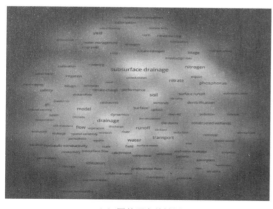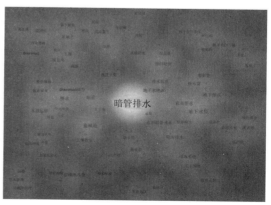

（a）国外研究关键词　　　　　　　　　　　　　　（b）国内研究关键词

图 1.1　国内外暗管排水研究关键词共现网络图

## 1.2 暗管外包滤料研究

暗管淤堵问题是影响其长期安全稳定运行的主要问题之一，也是暗管排水推广应用中亟须解决的问题。从淤堵成因来看，可划分为生物淤堵、化学淤堵和机械淤堵三种类型，化学淤堵和生物淤堵的产生都需要一定环境条件，实际应用中排水暗管由于这两种淤堵的产生而导致失效现象相对较少。机械淤堵与环境因素关联不大，外包滤料相对更容易发生机械淤堵而造成暗管的排水效果下降，因此防止机械淤堵的产生且维持暗管稳定排水效果是实际应用中的难点。

暗管排水外包滤料除防淤堵的作用外，还可增大暗管周围介质的渗透系数，减少水流进入暗管的阻力，并为暗管提供支撑，防止暗管受到过大的土荷载而发生破坏（Ritzema，2016）。常用的暗管外包滤料包括砂砾石滤料、有机物滤料以及合成滤料三种，其中，砂砾石滤料是外包滤料中使用时间最长、理论研究相对比较完善的形式；有机物滤料主要包括谷壳、秸秆、树枝、木屑、泥炭、玉米棒、椰子纤维等，该形式的外包滤料在比利时、德国以及荷兰均有成功的应用案例。合成滤料是最晚发展起来的，具有价格低廉、易于运输储存、便于机械化施工等特点，也是现阶段被普遍采用的暗管外包滤料形式之一，随着合成滤料的不断发展，以其为对象的研究也不断增加（Stuyt，2006）。下面针对暗管淤堵风险判别标准、砂石外包滤料的选择及防淤堵性能研究、合成外包滤料的选择及防淤堵性能研究三个方面予以概述。

### 1.2.1 暗管淤堵风险判别标准

外包滤料的选择和设计与暗管安装位置的土壤有很大关系，对于不易产生淤堵的土壤来说，暗管淤堵风险较小，无需铺设外包滤料。暗管的淤堵受到土壤质地、土壤颗粒粒径分布、土壤颗粒形状、密度以及土壤矿物等多个因素影响（Lennoz-Gratin 等，1993），其中土壤质地分类以及土壤颗粒粒径分布是判断是否需要铺设外包滤料最优先考虑的因素。一般情况下，土壤中黏粒含量超过 20%～30% 时，土壤比较稳定，暗管淤堵风险较小，不必铺设外包滤料。各个国家和地区认定的黏粒含量下限也有所区别，在加拿大魁北克地区，不需铺设外包滤料的黏粒含量下限设定为 20%，荷兰对应的黏粒含量下限为 25%，埃及和印度的黏粒含量下限值为 30%，法国标准是当土壤中细砂（0.05～0.2mm）大于 50%、黏粒（小于 0.002mm）小于 15%、不均匀系数小于 5 时，埋设暗管需要外包滤料（Lennoz-Gratin 等，1993）。然而，对于砂质非黏性土壤来说，铺设其中的暗管极易发生淤堵，但当土壤的不均匀系数超过 15 时，可认为暗管并无淤堵风险，无需铺设外包滤料（Dieleman，1976）。

此外，当土壤的塑性指数超过 12 时，暗管的淤堵风险也比较小，不易出现淤堵问题（Stuyt，2005）。Lennoz-Gratin 等（1993）在总结暗管淤堵风险环境的基础上，采用试验的方法对引起土壤破坏的水力梯度进行了分析研究，描述了不同临界水力梯度和土壤质地对应的淤堵风险大小，指出当临界水力梯度大于 1.8 时，暗管淤堵问题并不显著。McAuliffe 等（1986）对新西兰 12 种不同土壤中暗管的淤堵量进行了室内试验分析研究，证实了土壤颗粒分布、土壤结构、颗粒形状、密度以及土壤中水流流速都会影响暗管的淤堵，并指出水流刚刚进入暗管时，土壤颗粒最易进入暗管形成淤堵，而预包裹措施对减小暗管淤堵风险具有较好作用。

### 1.2.2 砂石外包滤料的选择及防淤堵性能

砂石外包滤料的设计准则并没有全球统一标准，现有的砂石外包滤料的设计准则形式也包括很多种，有采用简单公式约束的，也有以特定砂石粒径范围为界限的，而其中大多数砂石外包滤料的设计准则均是基于试验得到的经验准则。土壤颗粒粒径分析通常被认为是外包滤料选择的最好指标。1925 年，Terzaghi 最先提出砂砾石反滤材料的设计准则，随后的几十年里，越来越多的砂砾石外包滤料设计准则被提出。其中，常用的准则主要包括 Terzaghi 准则、美国垦务局（USBR）设计准则、英国道路研究实验室准则、Sherard 准则、美国水土保持局（SCS）准则等，具体要求可见表 1.1 和表 1.2。

表 1.1　美国垦务局设计准则

| 被保护土 $d_{60}$/mm | 砂砾石反滤料级配界限/mm | | | | | | | | | | | |
| | $D_x$ 下限 | | | | | | $D_x$ 上限 | | | | | |
| | 100 | 60 | 30 | 10 | 5 | 0 | 100 | 60 | 30 | 10 | 5 | 0 |
| 0.02~0.05 | 9.52 | 2.0 | 0.81 | 0.33 | 0.3 | 0.074 | 38.1 | 10.0 | 8.7 | 2.5 | — | 0.59 |
| 0.05~0.10 | 9.52 | 3.0 | 1.07 | 0.38 | 0.3 | 0.074 | 38.1 | 12.0 | 10.4 | 3.0 | — | 0.59 |
| 0.10~0.25 | 9.52 | 4.0 | 1.30 | 0.40 | 0.3 | 0.074 | 38.1 | 15.0 | 13.1 | 3.8 | — | 0.59 |
| 0.25~1.00 | 9.52 | 5.0 | 1.45 | 0.42 | 0.3 | 0.074 | 38.1 | 20.0 | 17.3 | 5.0 | — | 0.59 |

表 1.2　砂砾石反滤料设计准则

| 准则名称 | 年份 | 土壤条件 | 级配要求 |
| --- | --- | --- | --- |
| Terzaghi 准则 | 1941 | — | $D_{15} \geqslant 4d_{15}$，$D_{15} \leqslant 4d_{85}$ |
| 英国道路研究实验室准则 | 1979 | 过滤要求 | $D_{15} \leqslant 5d_{85}$，$D_{15} \leqslant 20d_{15}$ |
| | | 渗透要求 | $D_{50} \leqslant 25d_{50}$，$D_{15} \geqslant 5d_{15}$ |
| | | 均质土壤（$C_u \leqslant 1.5$） | $D_{15} \leqslant 6d_{85}$ |
| | | 级配良好土壤（$C_u \geqslant 4$） | $D_{15} \leqslant 40d_{15}$ |
| Sherard 准则 | 1984 | 粉砂土和黏土（$d_{85} = 0.1 \sim 0.5$mm） | $D_{15} \leqslant 5d_{85}$ |
| | | 细粒黏土（$d_{85} = 0.03 \sim 0.1$mm） | $D_{15} < 0.5$mm |
| | | 低黏度细粒粉土（$d_{85} = 0.1 \sim 0.5$mm） | $D_{15} < 0.3$mm |
| | | 极细颗粒土壤（$d_{85} < 0.1 \sim 0.5$mm） | $D_{15} < 0.2$mm |
| | | 一般情况下可取 | $D_{15} < 0.3$mm，$D_5 < 0.074$mm，$D_{15} \leqslant 5d_{85}$ |
| 美国水土保持局准则 | 1988 | $D_{100} \leqslant 38$mm | $D_{15} > 7d_{85}$ |
| | | $D_{30} \geqslant 0.25$mm | $D_{15} \geqslant 0.6$mm |
| | | $D_5 \geqslant 0.075$mm | $D_{15} \geqslant 4d_{15}$ |

**注**　引自文献（Stuyt，2005 和 Ritzema，2006），$D_x$ 和 $d_x$ 分别表示滤料及被保护土颗粒含量小于 $x\%$ 时的颗粒直径，$C_u$ 表示土壤不均匀系数。

可以看到，这些设计准则并不完全相同，差别较大，甚至出现互相矛盾之处，如何在特定区域选择合理的外包滤料准则以及如何改进上述砂石外包滤料准则等方面仍具有较大的研究空间。目前对砂石外包滤料的防淤堵性能研究主要采用室内试验、模型模拟、田间运行观测及统计三种方法。Asghar 等（1995）对巴基斯坦地区暗管外包滤料的防淤堵效果进行了室内试验分析，结果表明 ASTM－21 筛分的砂石外包滤料比 ASTM－7 筛分的外包滤料具有更好的表现，更适用砂石外包滤料的选择。Noshadi 等（2015）基于室内试验分析对比了满足美国垦务局（USBR）准则的砂石外包滤料及 PP450 合成外包滤料运行中的渗透系数、水力梯度以及排水流量等参数，综合分析后得到砂石外包滤料具有更好的排水性能。陶园等（2016）基于室内试验分析了不同反滤体下的暗管排水防淤堵特征，结果表明可基于太沙基准则选择改进暗管排水的外包滤料。Kaiser（1997）根据水流中悬移颗粒对多孔介质淤堵过程的定向流概念建立了各向异性的微观模型。Kim 等（2006）考虑水动力学及重力的影响，建立了多孔颗粒介质过滤时孔隙尺度上沉积和淤堵的数值模型，并进行了率定和验证。周健等（2006）基于颗粒流理论，运用 PFC2D 软件，将颗粒与流体域耦合，成功对土壤中的渗流进行了模拟，为 PFC2D 在渗流和渗流破坏方面研究提供了基础。鲍子云等（2007）对宁夏引黄灌区暗管排水工程外包滤料的应用效果进行了实地调查，分析了不同形式外包滤料的透水性和暗管淤堵情况，指出有纺布外填砂石滤料防护措施的透水性及防淤堵效果最佳、对不同土壤状况的适用性更强，通过对暗管外包滤料的综合评价，指出该地区暗管淤堵原因以机械淤堵为主，并提出了适合该地区特定自然环境下暗管排水工程的适宜外包滤料形式。

### 1.2.3 合成外包滤料的选择及防淤堵性能

为了获得更好的水力条件并起到限制土壤流失的作用，合成外包滤料的孔径分布不断被优化，合成材料的孔径及土壤颗粒粒径是判断其是否具有较好保土特性的主要因素。基于上述两个因素，提出了许多合成外包滤料的设计准则。表 1.3 列举了一些合成外包滤料设计准则。与砂砾石外包滤料的设计准则类似，如何因地制宜选择合适的设计准则仍有待研究发展。

表 1.3　　　　　　　　　　　　合成外包滤料设计准则

| 参 考 | 土工布 | 土 壤 | 准 则 |
|---|---|---|---|
| Calhoun（1972） | 有纺布 | 无黏性土（$d_{50} \geqslant 0.74\text{mm}$） | $O_{95}/d_{85} \leqslant 1$ |
| | | 黏性土（$d_{50} < 0.74\text{mm}$） | $O_{95} \leqslant 0.2\text{mm}$ |
| Ogink（1975） | 有纺布 | 砂土 | $O_{90}/d_{90} \leqslant 1$ |
| | 无纺布 | 砂土 | $O_{90}/d_{90} \leqslant 1.8$ |
| Zitscher（1975） | 有纺布 | $C_u \leqslant 2$ $0.1\text{mm} \leqslant d_{50} \leqslant 0.3\text{mm}$ | $O_{50}/d_{50} \leqslant 1.7 \sim 2.7$ |
| Sweetland（1977） | 无纺布 | $C_u = 1.5$ | $O_{15}/d_{85} \leqslant 1$ |
| | | $C_u = 4$ | $O_{15}/d_{15} \leqslant 1$ |
| Millar，Ho 和 Tumbull（1980） | 有纺布 | — | $O_{50}/d_{85} \leqslant 1$ |
| | 无纺布 | — | $O_{50}/d_{15} \leqslant 1$ |

续表

| 参 考 | 土工布 | 土 壤 | 准 则 |
|---|---|---|---|
| Giroud (1982) | 针刺无纺布 | 无黏性土 低密实性 $1<C_u<3$ | $O_{95}/d_{50}<C_u$ |
| | | 无黏性土 低密实性 $C_u>3$ | $O_{95}/d_{50}<9/C_u$ |
| | | 中密实性 $1<C_u<3$ | $O_{95}/d_{50}<1.5C_u$ |
| | | 中密实性 $C_u>3$ | $O_{95}/d_{50}<13.5/C_u$ |
| | | 高密实性 $1<C_u<3$ | $O_{95}/d_{50}<2C_u$ |
| | | 高密实性 $C_u>3$ | $O_{95}/d_{50}<13.5/C_u$ |
| | 有纺布及热粘合无纺布 | $1<C_u<3$ | $O_{95}/d_{50}<C_u$ |
| | | $C_u>3$ | $O_{95}/d_{50}<9/C_u$ |
| Carroll (1983) | 有纺布及无纺布 | — | $O_{95}/d_{85}\leqslant2\sim3$ |
| CFGG (1986) | 有纺布及无纺布 | — | $O_{95}/d_{85}\leqslant C$ $C=C_1C_2C_3C_4$ |
| | | $C_u>4$ | $C_1=1$ |
| | | $C_u<4$ | $C_1=0.8$ |
| | | 低密实性土壤 | $C_2=0.8$ |
| | | 高密实性土壤 | $C_2=1.25$ |
| | | $i<5$ | $C_3=1$ |
| | | $5<i<20$ | $C_3=0.8$ |
| | | $20<i<40$ | $C_3=0.6$ |
| | | 反滤体 | $C_4=1$ |
| | | 反滤体和排水 | $C_4=0.3$ |
| | | 黏性土 | $O_{95}\geqslant0.05\text{mm}$ |
| Dierickx (1990) | — | — | $O_{90}/d_{90}\geqslant1$ |
| FAO 建议 | $T\leqslant1\text{mm}$ | — | $1\leqslant O_{90}/d_{90}\leqslant2.5$, $O_{95}\geqslant0.2\text{mm}$ |
| | $1\text{mm}<T\leqslant3\text{mm}$ | — | $1\leqslant O_{90}/d_{90}\leqslant3.0$, $O_{95}\geqslant0.2\text{mm}$ |
| | $3\text{mm}<T<5\text{mm}$ | — | $1\leqslant O_{90}/d_{90}\leqslant4.0$, $O_{95}\geqslant0.2\text{mm}$ |
| | $T\geqslant5\text{mm}$ | — | $1\leqslant O_{90}/d_{90}\leqslant5.0$, $O_{95}\geqslant0.2\text{mm}$ |

**注** 引自文献（Stuyt，2005 和 Ritzema，2006），$C_u$ 为土壤不均匀系数，$T$ 为土工布厚度，$i$ 为水力梯度，某一粒径的筛余率等于总量的 90% 时，该粒径即为该土工布 $O_{90}$，$C$ 为考虑不均匀系数、土壤密实性、水力坡度、反滤体条件等情况下的阈值，$C_1$、$C_2$、$C_3$、$C_4$ 分别反映不同影响参数的作用。

　　随着合成外包滤料在暗管工程中的大量应用，国内外学者也就此开展了大量分析研究。Salem 等（1995）研究了埃及自产的较厚外包滤料及较薄土工布产品对暗管排水性能的影响，结果表明自产的厚外包滤料对暗管的排水性能并无不利影响，虽然土壤颗粒在水流运动下会发生移动，但仍可对暗管起到防淤堵的作用。试验中选择的薄土工布虽然也可起到防止暗管淤堵的作用，但与厚外包滤料相比，具有更大的淤堵风险。丁昆仑等（2000）采用一维和二维渗透模型对土工织物外包滤料进行了试验研究，分析了 12 种土工织物的透水性能，为宁夏银北暗管排水项目外包滤料的选择提供了依据。刘文龙等（2013）对黄河三角洲地区暗管排水外包滤料的选择进行了探讨，基于当地土壤特性，通过理论计算及渗流试验观测，研究了土工布的透水和防淤堵性能，同时也指出该地区暗管土工布外包滤料的厚度不宜过大。Stuyt（1992）通过扫描的方法得到暗管淤堵三维图像，对运行 5 年的暗管周围土壤孔隙进行了分析。Lal 等（2012）对印度哈里亚纳邦地区以合成材料为外包滤料的暗管排水运行 3～6 年后的淤堵情况进行了调查分析，结果显示合成外包滤料具有较好的防淤堵能力，暗管的淤堵量很小。陶园等（2016）基于室内试验分析了不同反滤体下和土工布布局下的暗管排水防淤堵特征，结果表明综合考虑流量衰减过程、土工布淤堵量和土壤流失量，应优先考虑分层反滤体结合暗管周围铺设合理土工布的方案。

## 1.3 暗管排水理论研究

暗管排水设计的准则是在一定时间内将两个相邻排水暗管中间的地下水位高度控制到设计高度，排水计算分析中考虑了稳定状态下的地下水位或非稳定状态下的地下水位下降过程，其目标均是使作物根区保持最优的生长环境。

地下水位的变化和暗管埋设深度、暗管间距、暗管管径等因素有关，暗管管径通常按经验确定，以保证排除设计排水量。暗管间距和埋深相互制约，一般来说埋深大间距小，埋深小间距大，此外埋深和间距与气候、土质、作物种类、盐渍化程度、施工技术及经济条件等因素密切相关。暗管排水的效果取决于暗管间距和埋深的最优组合，不适当的组合导致过度排水或排水不足。暗管埋深一般根据作物要求的耐渍深度或受盐渍化危害的地下水临界深度来确定，暗管间距则采用稳定流或非稳定流排水公式计算确定。

稳定流排水计算公式假定地下水补给率均匀稳定，且等于排水系统的排水量，只要补给持续不断，地下水位则保持在一个稳定高度。1856 年法国人达西通过实验提出了水在孔隙介质中渗透的定律，即达西定律，自达西定律问世以来，学者们多次尝试推导了排水沟（管）排水量与沟（管）间距和作用水头关系的稳定流排水计算公式，这些公式大多基于 Dupuit 理论，即地下水呈缓变流动，忽略地下水流的垂向分速度。丹麦工程师 Colding（1872）假定稳定降雨补给下地下水呈水平运动，首次推导出平行暗管排水的间距方程，其最大局限性是未考虑沟管附近流线的收缩，之后，Rothe（1924）、Kozeny（1932）、Hooghoudt（1937）等学者相继开展了稳定流排水计算研究（van Schilfgaarde 等，1957）。1940 年，Hooghoudt 基于一维布西涅斯克方程，采用 Dupuit - Forchheimer 假定，将暗管附近地下水流视为径向流，远离暗管水流视为水平流，并采用"等效"深度来代替沟（管）下方不透水层的实际深度，推导出均匀入渗补给下沟（管）排水量与间距和作用水头关系的稳定流排水公式，成为最常用的稳定流排水公式（Van der Ploeg 等，1999）；Kirkham（1958）利用势流理论求解二维拉普拉斯方程，推导出均匀入渗补给下的作用水头与补给率和间距关系的稳定流排水公式，此外还有 Ernst 公式、Dagan 公式、Hooghoudt - Ernst 公式等。大多数间距公式没有考虑地下水位以上非饱和区的水平流动，Yousfi 等（2014）认为地下水位以上非饱和区水流运动不完全是垂直的，一部分入渗水水平流向暗管，考虑非饱和流的贡献推导出暗管间距公式，与 Hooghoudt 公式对比表明，考虑非饱和水平流动后计算的间距增大，排水工程更经济。

当地表积水时，暗管排水下的水流运动与 Dupuit-Forchheimer 假设有着显著差别。Kirkham 以拉普拉斯方程为基础，考虑了暗管附近水流收缩影响，推导出积水条件下的暗管稳定流排水计算公式；苏联专家位吉尼可夫和努美罗夫通过保角变换严格求解，得出积水条件下经典的暗管稳定流排水计算公式。为提高传统暗管排水性能，Filipović 等（2014）、陶园等（2016）提出在暗管周围回填高渗透性材料的改进暗管排水技术，可快速排除田面积水并降低地下水位；在积水条件下的 Kirkham 公式及苏联经典公式基础上，基于虚拟等效圆法及分段法求解，推导出积水条件下的改进暗管排水计算公式（王少丽等，2018）。

实际生产中，很少遇到稳定流排水条件，在灌区或降雨量变化较大的地区，降雨或灌溉对地下水的补给率是变化的，稳定流假定不能满足要求，而非稳定流方程更适合实际情况。自 1950 年以来，非稳态流动条件的排水公式逐渐得到发展。非稳定流状态下，地下水补给量随时间变化，排水沟（管）的排水量也随时间变化，这方面的公式包括均匀入渗补给、地下水位自由降落、考虑动态蒸发影响等条件。Bouwer 和 van Schilfgaarde（1963）采用稳定流理论，假定沟（管）中部瞬时排水率等于相同地下水位高度对应的稳态排水率，在 Hooghoudt 稳定流排水计算公式基础上得到非稳定流排水公式；De Zeeuw-Hellinga 假定每个时段内的降雨或灌溉补给率恒定，得到补给率、沟（管）间距和沟（管）中部作用水头的关系式；Glover-Dumm 基于一维布西涅斯克方程，以入渗后形成的地下水面作为初始条件，得到地下水位自由下降的排水间距计算公式。我国专家也相继提出用于描述稳定流和非稳定流的排水沟（管）间距计算公式，特别是考虑蒸发影响的排水沟（管）间距计算进行了较多研究，张蔚臻（1963）、瞿兴业等（1981）引入阿维里扬诺夫-柯夫达潜水动态蒸发公式，推导出地下水蒸发强度与水位埋深呈线性关系的排水沟（管）间距计算公式，张友义等（1982）提出考虑地下水不同蒸发与埋深关系指数的排水沟（管）间距计算公式，王文焰等（1992）基于雷志栋等根据非饱和土壤水稳定理论得出的潜水蒸发公式，提出考虑蒸发影响下排水沟（管）间距的计算方法。

自达西定律问世以来，暗管排水理论研究经历了从地下排水稳定流发展到不稳定流，从地下水一元流动发展到二元流动，从没有入渗补给源的地下水运动理论发展到具有入渗补给源，从单纯研究饱和区地下水运动发展到考虑非饱和土壤水运动。由于排水边界的复杂性多样化，众多学者采用伽辽金有限元法、有限差分法求解二维拉普拉斯方程，计算均质和非均质土壤排水条件下的沟（管）间距、地下水动态等（Gureghian and Youngs，1975；Zaradny and Feddes，1979；Smedema 等，1985），并与已有的理论公式计算结果进行对比。近年来，随着计算机发展，数值模型得到了迅速发展，在评估地下排水系统的现有模型中，基于水平衡原理开发的 DRAINMOD 模型是最广泛使用的水文模型之一，该模型已被广泛应用于各种气候、土壤和作物条件下的地下排水量、地下水位的模拟预测。

## 1.4 暗管排水除涝降渍研究

荷兰陆地面积中有 25% 低于海平面、65% 易受到洪涝灾害影响。该地区已有 7.5 万

hm$^2$ 的原始土地以及 1.5 万 hm$^2$ 的新开垦土地铺设了暗管排水系统（Nijland，2005）。暗管排水系统为该地区的人类生存及作物生长提供了相对适宜的环境。法国涝渍面积达到耕地面积的 31％，有超过 50 万 hm$^2$ 耕地受到高地下水位影响而长期受渍，其他一些耕地也易因降雨和径流等因素出现季节性渍害问题，过多的水分还会推迟春季和冬季作物耕作时间，暗管排水在控制该地区地下水位方面扮演了重要的角色（Lesaffre，1989）。Okwany 等（2016）以孟加拉国库尔纳县的浅层暗管排水（0.3m 埋深、8m 间距）为研究对象，基于地表积水和地下水埋深变化过程的观测分析以及当地农民耕作行为的调查结果，得到以下结论：浅层暗管排水可减小季风性降雨的危害，减少涝灾损失，并在一定程度上增加作物的产量，此外，浅层暗管排水还利于增大土壤的干燥速率，与无地下排水条件相比，可将冬季向日葵的种植时间提前 1.5 个月左右。采用浅深相间的方式布设排水暗管，缩短了地表积水进入排水暗管的水流路径，减少了水流在土壤中的阻力（Ren 等，2013）。Hornbuckle 等（2007，2012）开展了浅-深暗管相间布置的双层暗管排水试验，结果表明双层暗管排水比单层暗管排水具有更好的除涝降渍效果，通过试验发现，当总排水量相等时，使用浅排暗管可显著增加深排暗管之间的间距，浅排暗管的布设可改变整个系统的水流路径和排水速率。

为了增加暗管的排水性能，很多学者开展了相应研究，Filipović 等（2014）模拟了常规暗管排水、砾石回填的暗管排水以及鼠道排水在强降雨条件和实际降雨条件下的排水能力，并分析了三种排水形式对地下水位的影响，证明了砾石回填的暗管排水和鼠道排水比常规暗管更利于减少地表径流。Tao 等（2016，2017）采用室内试验、田间试验以及模型模拟方法对常规暗排及改进暗排（设置合理级配的砂砾石或强透水材料）排水能力的研究表明，常规暗排和改进暗排都具有一定的排涝能力，能够加大地表水入渗量，加快消除田面积水，而改进暗排可以大大提高暗管排水能力，相同积水深度下改进暗排的排水流量约为常规暗排的 1.9 倍以上，强降雨条件下可有效减少 25％ 以上的地表径流。

暗管排水与其他排水方式配合可形成农田组合排水方式，扬长避短充分发挥各种排水方式的技术特点，农田排水方式也逐渐由单一排水方式向组合排水方式转变，常用的组合排水方式包括明沟暗管组合排水、明沟竖井组合排水、鼠道暗管组合排水等。对于地表排水较好的地区，暗管排水的主要任务则为降渍，兼顾排除部分涝水；而地表排水条件不好的地区，其地表排涝系数较小，暗管排水需辅助排水明沟排出一部分涝水，将涝渍发生与演变过程视为彼此相伴相随的一个整体，在除涝降渍两个阶段内都能够发挥出应有的作用。言鸽等（1992）采用鼠道和暗管结合的方式缓解小麦、油菜等作物生育期内的渍害，结果发现，在降雨期间，鼠道能有效地排除田间耕作层渍水，减缓地下水位的上升速度；在降雨后，暗管可使地下水位较快回降至适宜深度。温季等（2009）提出了排水暗管与集水明沟垂直正交布设的沟管组合排水形式和田间沟与暗管平行布设的涝渍兼治组合排水形式，后者的地面排水模数与以往设计相比减小约 15％。Chandio 等（2013）采用暗管与竖井结合的方式有效控制地下水位，减少内涝问题。

# 1.5 暗管排水氮磷运移研究

暗管排水工程的氮磷排放特性也是其工程实践之前必须考虑的因素之一，直接关系着农田水环境，对农田排水管理方法及措施的选择具有重要参考作用。国内外已有大量研究结果证明了暗管排水可以有效减少地表径流量及地表土壤流失量，同样的，暗管排水可以有效减少排水中的磷元素含量也已被国内外大部分学者认可。然而，水流经过土壤进入暗管排出的过程中，土壤对氮元素有吸附、转化等作用，同时水流对土壤中的氮元素也具有淋洗的作用（Blackmer，1987），每个作用的大小均影响着暗管排水中的氮元素含量，目前，暗管排水作用下氮素的淋失量如何变化并没有统一的结论。

Tan 等（2011）通过 5 年的试验观测，指出在地表径流中的溶解态反应磷、溶解性非反应磷、颗粒磷以及总磷的浓度年均分别为 0.057mg/L、0.057mg/L、0.627mg/L、0.741mg/L，均高于暗管排水中的相应浓度 0.034mg/L、0.053mg/L、0.393mg/L、0.48mg/L。Algoazany 等（2007）对伊利诺伊州 Little Vermilion 河流域的暗管排水工程进行了多年的水质监测，评价了暗管排水及地表径流中的溶解态磷含量，结果显示在暗管排水中的溶解态磷浓度约为 86～194mg/L，而地表径流中的溶解态磷浓度却高达 250～572mg/L。Grazjdani 等（1993）对阿尔巴尼亚东南部地区暗管排水区域进行的 4 年试验也说明了暗管排水中的磷元素含量较之地表径流显著减少，地表径流中的年均磷元素含量为 17.4～20.3kg/hm²，而暗管排水中对应的含量仅为 1.5～3.5kg/hm²。此外，Grazjdani 还分析评估了暗管排水对土壤氮素淋失的作用，结果表明暗管排水中氮元素的浓度与地表排水相比并没有显著的变化，但排水总量对氮素总负荷有着非常重要的影响。王少丽（2008）给出的加拿大安大略省试验区的 3 年试验观测结果显示，地下排水中的硝态氮浓度大于地表径流中的硝态氮浓度。Baker 等（2004）分析了降雨后爱荷华州某暗管排水工程的排水水质，指出暗管排水可减少磷素和氨氮负荷却增加了硝态氮负荷。而 Bengtson 等（1995）评价了密西西比河地区暗管排水水质，得到了整个生育期内暗管排水可较地表排水减少 17% 氮素损失的结论。

此外，也有大量学者对不同排水管理手段、不同农耕措施、不同布局方式等条件下的暗管排水氮磷淋失进行了研究。Tan 等（2011）对控制排水结合地下灌溉的管理方式下的磷元素含量进行了分析，得到了该管理措施下暗管排水中磷元素含量可明显减少的结论。Williams 等（2015）在俄亥俄州进行了 7 年暗管排水试验，对比了暗管自由排水与控制排水条件下的排水量及排水中的氮磷浓度，结果显示控制排水条件下的氮磷浓度并无明显变化，主要差别体现在排水量及其引起的氮磷总负荷上，与自由排水相比，控制排水可减少排水量 8%～34%、硝态氮负荷 -8%～44%、可溶性磷负荷 40%～68%。曾文治等（2012）采用 DRAINMOD 模型对不同棉田暗管布置方式中硝态氮流失量进行了分析，结果表明暗管出口位置和暗管间距对暗管排水中的硝态氮流失量均有极显著的影响，硝态氮的流失量随着暗管出口埋深的减小而减小，随着暗管间距的增大而减小。EI-Sadek 等（2002）研究了不同间距和埋深对暗管排水硝态氮流失的影响，结果显示增加暗管间距或减少暗管埋深利于减少硝态氮的流失量，但却增加了氮的反硝化作用以及地表径流损失量。Singh 等（2002）研究了 15m、35m 以及 55m 三种间距暗管排水中的氮素含量，结果显示间距 15m 的暗管排水年均总氮负荷最小，为 3.75kg/hm²，而间距为 35m 时的总氮负荷最大，为 23.53kg/hm²。Jaynes 等（2001）研究了高、中、低三种施氮量与暗管排水中硝态氮含量的关系，得到施氮量越高，暗管排水中硝态氮含量也越高的结论。黄志强等（2010）通过分析不同地下水控制水位对土壤氮储量和排水中氮素排放量的影响，结果表明暗管排水中氨氮排放量与暗管排水量有明显的线性正相关关系，硝态氮的排放量有随控制水位降低而增加的趋势。Turtola 等（1995）提出在重黏土地区可采用松散表土或木屑回填暗管开挖沟，并分析了两种方法下暗管排水氮磷流失量，结果表明：与常规暗管排水相比，以松散表土或木屑回填的暗管排水可显著增大排水量，以松散表土作为回填物的暗管排水中颗粒态磷素及可溶性磷酸盐含量均有所减少，而以木屑作为回填物的暗管排水中颗粒态磷素并不减少，甚至会由于排水量的增加导致氮素淋失量加大。王苏胜等（2014）分析了以麦秸秆和沸石为外包滤料、上层埋深 0.5m、下层埋深 0.9m 的双层暗管排水对农田水氮运移的影响，指出双层暗管排水具有更好的排水性能，试验时间内的排水量比单层布置（埋深 0.9m）多 33.9%，同时硝态氮的流失量减少了 13.6%。

## 1.6 暗管排水水盐运移研究

埃及年均降雨量仅 1.5～150mm，灌溉主要以引用尼罗河水为主，土壤盐渍化问题严重，为解决该问题，埃及铺设了大量的暗管排水系统，暗管排水面积达到耕地面积的 75%～80%（El - Atfy 等，1991；Ritzema 等，2011；Arun 等，2013）。采用暗管排水后，埃及盐渍化面积占耕地面积的比例已由 1972 年的 42% 减少至 2007 年的 7%（Shopsky，1988）。巴基斯坦印度河盆地几十年的暗管排水实践也显示该地区地表及土壤剖面的盐分含量显著减少，作物的种植密度显著增加（Ghumman 等，2011）。Ghumman 等（2012）评价了巴基斯坦境内的三个暗管排水排盐改造修复项目，分析了其环境及社会经济效益，肯定了暗管排水项目对于控制涝渍灾害和盐渍化问题的重要作用，指出了暗管排水对于修复已受灾土地及增加农民收入具有显著效果，从 1994 年到 2006 年，暗管排水作用下该地区的盐渍化面积减少了 10%～30%，作物种植密度增加了 20%，3 个地区的社会经济效益年均增长也达到了 1.8%～2.5%。Christen 等（2001）对澳大利亚一些地区的暗管排水工程运行效果进行了总结评价，指出这些地区暗管排水的运行均存在排水量大于设计值、灌溉水利用效率不高等问题，建议探究更适宜的设计准则、采取合理的排水管理控制措施用以解决上述问题。

Wahba 等（2002）采用模型模拟的方法对深层暗管排水及浅层暗管排水的排盐能力进行了对比分析，得到深层暗管排水具有更好排盐能力的结论。Christen 等（2011）对 1.8m 埋深深层暗管排水和 0.7m 埋深普通暗管排水的排盐能力进行了田间试验分析，结果显示深层暗管排水中的含盐量达到 11ds/m 左右，总的排盐量达到 5867kg/hm²，而 0.7m 埋深的普通暗管排水中的含盐量及总排盐量分别减少了约 82% 和 95%。Hornbuckle 等（2007）对澳大利亚马兰比季河灌区的双层暗管排水（上层埋深 0.75m、间距 3.3m，下层埋深 1.8m、间距 20m）进行了试验分析，结果表明双层暗管排水比单层暗管排水（埋深 1.8m、间距 20m）具有迅速减少作物根区盐分的作用。

杜历等（1997）利用双层暗管排水技术（上下层暗管交错布置，上层埋深 0.6m、下层埋深 1.4m）进行了盐碱荒地改造试验，定点观测结果显示，1m 内土体脱盐率为 75.4%，冲洗后盐斑明显消失，同时也说明了双层暗管排水在经济上具有可行性。李显溦等（2016）采用模型模拟的方法对不同排盐模式下暗管的排盐率进行了评价分析，结果表明于暗管下方进行防渗处理可增加暗管排盐量，排盐率达 11.9%～32.1%。黄愉（2019）研究了惠农区庙台乡暗管排水运行 2 年后对盐碱地地下水埋深和矿化度的影响，其中项目区全年地下水埋深平均在 1m 左右，暗管铺设埋深范围为 1.4～1.8m、间距为 50cm，结果表明铺设暗管的油葵处理区地下水平均埋深相比于未铺设暗管区增大了 6.4%，地下水矿化度降低了 0.36g/L，降低 9.0%。刘嘉斌（2022）通过对兴庆区月牙湖乡不同暗管外包滤料型式对盐碱地土壤的控盐效果研究，发现土壤平均初始盐分为 5.15g/kg，经灌水期排水洗盐结束后，三种型式暗管排水处理 0～40cm 土层的全盐量范围为 0.60～3.85g/kg，使得原来的重度盐碱地转化为轻、中度盐碱地，同时指出采用细砂粒和细碎石以及细碎石滤料方案下可以有效改善 0～60cm 土壤理化性质，增强暗管排盐能力。魏霄等（2007）对宁夏银南灌区暗管排水工程的运行效果进行了评价，结果表明，该地区暗管排水工程总体完好，发挥了预期的作用，但仍有 12.2% 的暗管排水未发挥作用，暗管排水工程对排水排盐、改造中低产田以及农民增收均起到了积极促进作用。刘文龙等（2013）分析了黄河三角洲地区暗管排水项目的经济、生态和社会效益，指出该地区实施暗管排水后盐碱化荒地全部得到改造，新增耕地面积占总土地面积的 44.6%，土壤脱盐率达到 90% 以上，此暗管排水项目经济效益显著，可为 2344 个农民提供就业机会，对改变农村风貌、促进新农村和农业现代化建设也具有一定的积极作用。

## 1.7　暗管排水数值模拟研究

对暗管排水技术来说，模型模拟的方法已渗透进入暗管排水的设计、应用实践及管理评价等诸多方面，成为暗管排水研究工作中的主要方法之一。涉及暗管排水技术的模型有很多，而其中针对暗管排水的水量及水质模拟问题，较常用的综合性模型主要包括 DRAINMOD 模型、SWAP 模型和 HYDRUS 模型，三种模型均可对土壤水分、盐分及氮磷溶质运移等进行模拟分析。

DRAINMOD 模型是基于过程的水文模型，以小时或日为时段，以水量平衡原理为基础，可以计算和预测入渗量、蒸发蒸腾量、地下排水量、地表径流量、地下灌溉量、深层渗漏量、地下水位以及土壤含水率等，可用于优化地表、地下排水系统和灌溉系统的设计，也可提供不同水位管理措施条件下的作物产量（王少丽，2008）。其扩展模型 DRAINMOD - S、DRAINMOD - N 等也被广泛应用于暗管排水溶质运移模拟研究。王少丽等（2006）利用 DRAINMOD 模型对加拿大 Eugene F. Whelan 试验站暗管排水区域的地下水埋深、地下排水量以及地表径流量进行了模拟，证明了该模型对水文变量具有良好的模拟能力。Skaggs 等（2012）利用 North Carolina 的长期研究数据证明了 DRAINMOD 模型预测暗管排水量和地下水位的有效性。Borin 等（2000）也指出 DRAINMOD

模型可用于对地下水位和排水量进行预测。陈瑾等（2021）利用 DRAINMOD 模型预测了不同布局形式下地下水位的动态变化。陈诚等（2017）利用 DRAINMOD 模型得到了降渍保证率为 95％时的暗管排水布局方案。Singh 等（2006）运用 DRAINMOD 模型对不同暗管排水系统设计进行了模拟研究。Yang 等（2008）应用 DRAINMOD 模型对澳大利亚新南威尔士州东北部地区的排水进行了分析和管理。ChristopHer（2005）基于 DRAINMOD 模型建立了农田排水决策支持系统。Wahba 等（2002）以埃及西部三角洲地区 3 年的试验数据为基础对 DRAINMOD - S 进行了评估，结果显示其在水量、地下水位、盐分含量以及作物相对产量模拟中都具有较好的表现，并将其用于该地区长期的地下水管理。Liu 等（2021）通过与试验数据对比，证明了 DRAINMOD 模型能够较好地模拟地下排水和排盐过程，并能较好地再现地下水位的变化过程。Yang 等（2007）采用 DRAINMOD - N 对铺设暗管的农田地表径流量及暗管出流量进行了分析研究，试验验证了其对于土壤水文过程以及氮元素的流失均具有较好的模拟效果。杜璇等（2017）模拟了轮作系统下（玉米-大豆、黑麦-玉米-黑麦-大豆）地下排水量和地下排水中硝态氮流失量，得到了较好的模拟结果。

SWAP 模型考虑了土壤-水-空气-植物综合系统，用于模拟土壤水分的垂直运移、溶质运移、热量传输、作物生长、灌溉和排水等过程及相应的管理（Kroes，2000）。Sarwar 等（2000）采用该模型模拟了 12 种排水布局方式（排水深度 1～2.5m、间距 125～500m）条件下根区土壤的含水量、盐分含量及其对小麦产量的影响。Kelleners 等（2000）基于 SWAP 模型对暗管排水中的盐度进行了分析预测。王少丽等（2006）以改进的有机氮肥管理模型与 SWAP 模型耦合，评价了使用猪粪条件下硝态氮通过地下排水的流失量。Sampipour 等（2010）利用 SWAP 模型模拟了不同排水沟间距和深度组合下的作物相对产量和排水量，并利用模型得到了满足作物较高产量的埋深、间距组合。冯绍元等（2012）在对 SWAP 模型率定验证的基础上，模拟分析了非充分灌溉农田耗水规律以及水分转化过程，并得到了研究区域不同降水年型的最优非充分灌溉模式。刘路广等（2010）利用 SWAP 模型模拟了不同灌溉标准条件下的灌溉制度，提出了适宜的灌水控制标准，分析了该控制标准下的灌溉制度、地下水埋深和产量状况，得到了适宜的地下水埋深范围。薛静和任理（2016）采用 SWAP - WOFOST 模型对适宜河套灌区春小麦的田间排水系统规格进行了模拟探讨，评价了该条件下作物产量和水分生产力的时空分布特征，建议该地区春小麦种植条件下采用田间暗管排水的间距为 100m 或 75m，埋深为 2.5m，此条件下平均作物产量可提高 18.5％，平均水分生产力可提高 5.2％。

DRAINMOD 模型和 SWAP 模型均难以模拟土壤及溶质的水平分布情况，与 DRAINMOD 和 SWAP 分布式模型不同，HYDRUS 是基于图形交互式界面的模型，可用于模拟饱和及非饱和介质中的二维或三维水流、热量以及溶质运移。通过交互界面的对象选择，HYDRUS 对于处理不规则边界以及材料异性等问题具有更好的效果（Šimůnek 等，2006）。随着 HYDRUS 的不断发展，越来越多学者以 HYDRUS 为手段对农田土壤水分、地下排水量、地下水位变化、农田污染物运移以及相关管理措施等问题进行研究。余根坚等（2013）利用 HYDRUS 模型对内蒙古河套灌区不同灌水模式下土壤水分和盐分运移规律进行了模拟分析。马欢等（2011）以华北平原位山引黄灌区的典型田块为研究对象,采用 HYDRUS 模拟了连续 4 年的田间水分运移过程。Han 等(2015)采用 HYDRUS 模型与作物生长模型耦合模拟了不同地下水位对棉花生长及其根区水平衡的影响。面对不规则边界或不均质的土壤,T Ztekin(2002)利用 HYDRUS 对分层土壤中的暗管排水进行研究,预测分析了暗管排水流量和地下水位间的关系。Ebrahimian 和 Noory(2014)应用 HYDRUS 模型分析了水田中暗管的埋深、间距、表层土质以及裂隙对暗管排水流量的影响。Filipović 等(2014)采用 HYDRUS 模拟了常规暗管排水、砾石回填的暗管排水以及鼠道排水在模拟强降雨条件和实际降雨条件下的排水能力。Salehi 等(2016)证明了 HYDRUS 在模拟稻田控制排水氮素损失方面具有较好效果。

# 1.8 主要研究内容

综上所述,暗管排水在治渍改碱、控制地下水位、改善根区土壤环境、提高作物产量等方面具有显著作用,已在发达国家广泛应用。随着经济的快速发展,近年来其在我国的研究和应用关注度持续上升,但仍有不少问题需要深入研究,包括:①提高暗管排水能力,快速排除田间积水并降低地下水位,国内外学者取得了一定成果,探索高效、经济的暗管排水工程技术、暗管除涝降渍作用机制及明暗协同调控涝渍的布局形式仍有待进一步研究;②土工织物由于其良好的水力特性已广泛用作农田排水暗管的外包过滤材料,不仅本身具有一定的反滤效果,还会对靠近的土颗粒进行筛选,诱导上方土壤形成天然滤层,土工织物选择的合理与否,决定了天然滤层是否有效的关键所在,揭示天然滤层形成的内在原因,进一步阐明适宜的土工织物有利于透水防淤、使土壤趋于稳定的内在机理还需要进一步探讨;③暗管排水可以有效减少排水中的磷元素含量也已被国内外大部分学者认可,但暗管排水作用下氮素的淋失量如何变化仍没有统一的结论,不同反滤材料以及铺设方式对土壤氮磷元素迁移转化特性的作用机理不尽相同,暗管排水氮磷排放机制、主要影响因素等仍有待进一步研究;④暗管的布置形式及参数均对排水排盐效果产生影响,学者们也开展了深入研究。为使排水过程更加合理、高效,控制排水已应用于农田水资源管理中,研究表明控制排水可减少排水量和氮素流失量,而暗管出口控制如何对田间水盐运移产生影响还鲜有研究;太阳能光伏发电技术与暗管排水技术相结合在宁夏灌区盐碱地改造项目中起到了推动作用,已开始大面积实施,现有太阳能光伏暗管排水系统实际排水率多大,是否达到排水设计要求,并未有后续的监测研究。为此本书分为 8 章,第 1 章为绪论,其他各章涉及的主要研究内容如下:

第 2 章首先概述了积水条件下常规暗管排水以及连续式改进暗管排水流量计算公式;其次介绍了均匀入渗补给、地下水位自由降落过程条件下的稳定和非稳定流状态下常用的计算公式,以及考虑动态蒸发影响的暗管排水计算方法,并提出考虑悬挂水头作用下暗管排水量计算方法。

第 3 章基于室内土柱试验,以宁夏土、安徽土为研究对象,研究不同土工布防护措施下系统的流量衰减过程、土工布的保土能力以及防淤堵性能,从土壤颗粒动态迁移角度出发,对系统流量随时间变化出现的"驼峰"现象产生机理进行了分析;同时对比分析了纺黏 PP 无纺布亲水处理后的反滤效果以及不同双层无纺布叠加处理的反滤效果。

　　第 4 章介绍了一种在吸水管出口处增设虹吸管的方法，以降低排水口高度，增大排水暗管的作用水头，基于室内排水试验，利用理论公式分析了排水地段几何参数对渗流阻抗系数的影响，探究了在地表积水条件下虹吸排水措施的除涝降渍效果，以及虹吸负压随水头的变化情况；基于大田试验分析了虹吸条件下的排水能力；将理论公式与试验结果相结合，计算验证了较为适宜的虹吸管内径，分析了虹吸负压在土壤中的分布等情况。

　　第 5 章介绍了基于常规暗管排水结构改进的连续式改进暗管排水和间歇式改进暗管排水技术，基于田间试验手段，分析了不同改进型暗管排水技术次排水和累积排水特性，评估了积水条件以及地下水位下降过程中改进型暗管排水技术的排涝和降渍作用，此外，基于模型模拟的方法分析了关键设计参数对于连续式改进暗管排水和间歇式改进暗管排水技术除涝降渍作用的影响。

　　第 6 章基于田间试验以及模型模拟的手段分析了常规暗管排水和不同反滤体连续式改进暗管排水技术的氮磷运移特性，明确了影响暗管排水氮磷排放特性的敏感参数，从次排水和长期排水作用两个角度出发，分析了农田水土中氮磷的迁移转化特征，同时考虑反滤体材料对于氮磷淋溶机制和特性的影响，研究了砂石、秸秆、沸石以及混合等不同反滤体材料的氮磷吸附和淋洗特征，确定了适宜的秸秆配比以及铺设方式。

　　第 7 章采用田间试验、模型模拟和分析计算的方法，构建多间距和埋深模拟情景，以从时空角度揭示暗管不同间距和埋深条件下土壤水盐运移机制，选取玉米生长期内典型灌排周期分析了控制排水及其间距变化下土壤水盐剖面变化特性，分析了现状排水系统排水能力和虹吸辅助排水的可行性、虹吸辅助排水能力及其提升方法。

　　第 8 章阐述了明暗组合排水工程类型，基于田间试验、模型模拟和理论计算等手段，分析了明暗组合排水工程技术的排水性能，提出了基于沟管降渍理论作用距离的明暗组合间距确定方法，给定明沟暗管平行布设方式下的设计方法，同时分析了明暗组合排水经济效益和优化的布局形式。

# 第2章 暗管排水理论计算

暗管排水效果与暗管工程技术参数密切相关，以排渍模数、地下水降落速率、地下水位控制深度等指标为依据，通常采用稳定流或非稳定流排水渗流理论公式、田间排水试验或模拟计算等来确定地下排水沟管的参数。本章首先概述了积水条件下常规暗管排水以及连续式改进暗管排水流量计算公式；其次介绍了均匀入渗补给、地下水位自由降落过程条件下的稳定和非稳定流状态下常用的计算公式以及考虑动态蒸发影响的暗管排水计算方法，并提出考虑悬挂水头作用下暗管排水量计算方法。

## 2.1 积水条件下常规暗管排水计算

当地表积水时，水流运动在地表处以垂向入渗为主，进入土壤一定距离后，逐渐由垂直方向变为朝向暗管的斜向运动，局部水平运动属于二维达西渗流。常用的积水条件下暗管稳定流排水公式包括 Kirkham 公式及苏联经典的暗管排水计算公式。

### 2.1.1 Kirkham 公式

Kirkham 公式以拉普拉斯方程为基础推导得到，其假定土壤均质，且暗管平行铺设、不透水层与地面平行以及暗管处于满管流状态，不考虑管壁本身接收水流的进口阻力，但考虑暗管附近水流收缩影响，可表示为

$$q = \frac{2\pi K(s + h_d - r_0)}{fL} \tag{2.1}$$

式中：$q$ 为单位面积的排水量，m/d；$K$ 为排水地段含水层的平均渗透系数，m/d；$s$ 为地表积水深，m；$h_d$ 为暗管埋深，m；$r_0$ 为暗管半径，m；$L$ 为暗管间距，m；$f$ 为考虑水流收缩影响的阻力系数，由排水地段几何参数确定，其通用式为 $f$（$h_d$，$r_0$，$L$，$T$），其中 $T$ 为不透水层表面至地面的距离，m，详见图 2.1。

当含水层平均厚度 $T$ 较大时，式（2.1）中的 $f$ 可表示为

$$f = \ln \frac{\sinh\pi(2h_d - r_0)/L}{\sinh\pi r_0/L} \tag{2.2}$$

如果 $L$ 与（$2h_d - r_0$）相比很大，则 $\sinh\pi(2h_d - r_0)/L = \pi(2h_d - r_0)/L$，$\sinh\pi r_0/L = \pi r_0/L$，式（2.2）简化为

$$f = \ln\left(\frac{2h_d}{r_0} - 1\right) \tag{2.3}$$

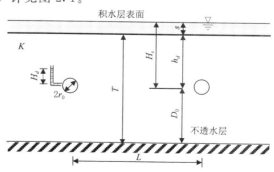

图 2.1 积水条件下暗管排水系统
（含计算公式中参数）示意图

当暗管间距 $L$ 较大时，$f$ 可表示为

$$f = \ln \frac{\tan \pi (2h_d - r_0)/4T}{\tan \pi r_0/4T} \tag{2.4}$$

如果 $T$ 与 $(2h_d - r_0)$ 相比很大，则 $\tan \pi (2h_d - r_0)/4T = \pi(2h_d - r_0)/4T$，$\tan \pi r_0 / 4T = \pi r_0/4T$，式（2.4）简化为式（2.3）。

### 2.1.2　位吉尼可夫及努美罗夫公式

苏联渗流力学家位吉尼可夫（简称"位氏"）和阿拉文-努美罗夫（简称"努氏"也称"阿氏"）应用许瓦兹-克里斯托菲公式，通过保角变换严格求解，得出积水条件下暗管单位面积排水量的经典计算公式：

$$q = \frac{K(H_s - H_d)}{\Phi L} \tag{2.5}$$

式中：$H_s - H_d$ 为常规暗管的作用水头，即田面积水层表面高程 $H_s$ 与出流部位水流表面水位高程 $H_d$ 之差，m；$\Phi$ 为排水地段的渗流阻抗系数，与 Kirkham 公式的 $f$ 意义相近，由排水地段的各项几何参数确定，反映暗管周边水流受空间的约束，流束急剧收缩，而产生局部水头损失；其他符号意义同上。

当暗管出口处呈自由出流时，$H_d$ 等于暗管出口水流的水面高程，当呈淹没出流时，$H_d$ 等于出口处集水暗管（沟）中的水面高程。该式适用于水田暗管排水区，或大定额灌水、盐渍土地冲洗或强降雨地面积水等，当田面全部被积水覆盖，在恒定渗流下计算单位面积暗排工程的排水量或地下排水模数，也可给出地下排水模数，求相应的暗排工程排水量和间距。

1. 位氏计算 $\Phi$ 的公式

当含水层厚度 $T$ 较大时，即 $L \leqslant 2T$，$\Phi$ 可表示为

$$\Phi = \frac{1}{\pi} \text{arth} \left[ \frac{\text{th} \dfrac{\pi(h_d - r_0)}{L}}{\text{th} \dfrac{\pi(h_d + r_0)}{L}} \right]^{\frac{1}{2}} \tag{2.6}$$

如果 $L$ 与 $(h_d + r_0)$ 相比很大，则 $\text{th}\,\pi(h_d - r_0)/L = \pi(h_d - r_0)/L$，$\text{th}\,\pi(h_d + r_0)/L = \pi(h_d + r_0)/L$，式（2.6）简化为

$$\Phi = \frac{1}{\pi} \text{arth} \sqrt{\frac{h_d - r_0}{h_d + r_0}} \tag{2.7}$$

令 $\sqrt{\dfrac{h_d - r_0}{h_d + r_0}} = x$，根据 $\text{arth}(x) = \dfrac{1}{2} \ln \dfrac{1+x}{1-x}$ 关系式，式（2.7）变换为

$$\Phi = \frac{1}{2\pi} \ln \left[ \frac{h_d}{r_0} + \sqrt{\left(\frac{h_d}{r_0}\right)^2 - 1} \right] \tag{2.8}$$

当含水层较薄且 $L$ 较大时，即 $L \geqslant 2T$，$\Phi$ 可表示为

$$\Phi = \frac{1}{\pi} \text{arth} \left[ \frac{\sin \dfrac{\pi(h_d - r_0)}{2T}}{\sin \dfrac{\pi(h_d + r_0)}{2T}} \right]^{\frac{1}{2}} \tag{2.9}$$

若 $T$ 与（$h_d+r_0$）相比很大，则 $\sin\pi(h_d-r_0)/2T=\pi(h_d-r_0)/2T$，$\sin\pi(h_d+r_0)/2T=\pi(h_d+r_0)/2T$，式（2.9）简化为式（2.7）或式（2.8）。

2. 努氏计算 $\Phi$ 的公式

当含水层厚度 $T$ 较大时，即 $L\leqslant 2T$，$\Phi$ 可表示为

$$\Phi=\frac{1}{\pi}\operatorname{arth}\frac{\operatorname{th}\dfrac{\pi(h_d-r_0)}{L}}{\operatorname{th}\dfrac{\pi h_d}{L}} \tag{2.10}$$

若 $L$ 与 $h_d$ 相比很大，同理，式（2.10）简化为

$$\Phi=\frac{1}{\pi}\operatorname{arth}\left(1-\frac{r_0}{h_d}\right) \tag{2.11}$$

令 $1-\dfrac{r_0}{h_d}=x$ 根据 $\operatorname{arth}(x)=\dfrac{1}{2}\ln\dfrac{1+x}{1-x}$ 关系式，式（2.11）变换为

$$\Phi=\frac{1}{2\pi}\ln\left(\frac{2h_d}{r_0}-1\right) \tag{2.12}$$

当含水层较薄且 $L$ 较大时，即 $L\geqslant 2T$，$\Phi$ 表示为

$$\Phi=\frac{1}{\pi}\operatorname{arth}\frac{\sin\dfrac{\pi(h_d-r_0)}{2T}}{\sin\dfrac{\pi h_d}{2T}} \tag{2.13}$$

若 $T$ 与 $h_d$ 相比很大，同理，式（2.13）简化为式（2.11）或式（2.12），式（2.12）结构简单，易于使用。

## 2.2 积水条件下改进暗管排水计算

### 2.2.1 基于虚拟等效圆法求解的计算方法

假定进水周边长度相等排水量相同，将改进暗排的矩形反滤体置换成等效半径为 $r$ 的虚拟圆形排水通道，并假定圆形排水通道底部与反滤体底部和吸水暗管底部相重合，如图 2.2 所示。改进暗管排水流量计算时，基于 Kirkham 公式中考虑水流收缩影响的阻力系数用 $f_{im}$ 表示，基于位氏和努氏流量计算公式中的阻抗系数用 $\Phi_{im}$ 表示。

1. 基于位氏公式的改进暗排阻抗系数 $\Phi_{im}$ 计算

含水层较厚时（$L\leqslant 2T$）：

$$\Phi_{im}=\frac{1}{\pi}\operatorname{arth}\left[\frac{\operatorname{th}\dfrac{\pi(h_{im}-r)}{L}}{\operatorname{th}\dfrac{\pi(h_{im}+r)}{L}}\right]^{\frac{1}{2}} \tag{2.14}$$

含水层较薄时（$L>2T$）：

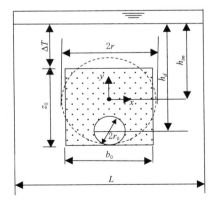

图 2.2 改进暗排简化参数示意图

$$\Phi_{im}=\frac{1}{\pi}\text{arth}\left[\frac{\sin\dfrac{\pi(h_{im}-r)}{2T}}{\sin\dfrac{\pi(h_{im}+r)}{2T}}\right]^{\frac{1}{2}} \tag{2.15}$$

其中

$$h_{im}=h_d+r_0-r$$

当暗管周围反滤体呈矩形时，$r=(b_0+z_0)/\pi$

式中：$\Phi_{im}$ 为改进暗管排水的阻抗系数；$h_{im}$ 为圆形排水通道中心距地面的埋设深度；$r$ 为圆形通道的等效半径；$b_0$ 为反滤体宽度；$z_0$ 为反滤体高度。

2. 基于努氏公式的改进暗排阻抗系数 $\Phi_{im}$ 计算

含水层较厚时（$L\leqslant2T$）：

$$\Phi_{im}=\frac{1}{\pi}\text{arth}\left[\frac{\text{th}\dfrac{\pi(h_{im}-r)}{L}}{\text{th}\dfrac{\pi(h_{im}+r)}{L}}\right]^{\frac{1}{2}} \tag{2.16}$$

含水层较薄时（$L>2T$）：

$$\Phi_{im}=\frac{1}{\pi}\text{arth}\frac{\sin\dfrac{\pi(h_{im}-r)}{2T}}{\sin\dfrac{\pi h_{im}}{2T}} \tag{2.17}$$

3. 基于 Kirkham 公式的改进暗排阻力系数 $f_{im}$ 计算

当含水层平均厚度 $T$ 较大时：

$$f_{im}=\ln\frac{\sinh\pi(2h_{im}-y)/L}{\sinh\pi|y_0|/L} \tag{2.18}$$

当暗管间距 $L$ 较大时：

$$f_{im}=\ln\frac{\tan\pi(2h_{im}-y)/4T}{\tan\pi|y_0|/4T} \tag{2.19}$$

其中

$$h_{im}=h_d+r_0-z_0/2$$

式中：$f_{im}$ 为改进暗管排水地震考虑水流收缩影响的阻力系数；$y_0$ 值根据反滤体处于饱和或非饱和状态进行取值，当反滤体处于饱和或近饱和状态时，$y_0=r$，当反滤体处于非饱和状态时，$y_0=2r_0-z_0/2$。

### 2.2.2　应用分段法求解的计算方法

应用渗流理论中常用于近似处理的"片段法"，对设置矩形反滤体的改进暗排工程求解，推导出计算暗管排水渗流量的公式。将改进暗排地段切割开来，分片段单独求解，得出分片段的各部分单位面积排水量，然后相加得到全部排水量，该方法仅适用于矩形反滤体的改进暗排排水量计算，此时改进暗排阻抗系数 $\Phi_{im}$ 计算公式如下（王少丽等，2018）：

$$\Phi_{im}=\frac{1}{\dfrac{b_0}{\Delta T}+\pi\left\{\text{arth}\left[\dfrac{1+\text{th}\dfrac{\pi\Delta T}{L-b_0}}{1+\text{th}\dfrac{\pi(z_0+b_0/2+\Delta T)}{L-b_0}}\right]^{\frac{1}{2}}\right\}^{-1}} \tag{2.20}$$

式中：$\Delta T$ 为地表到反滤体上侧的距离，其他符号意义同前。

## 2.3 均匀入渗补给下的暗管排水计算

### 2.3.1 稳定流计算公式

稳定流排水公式广泛用于排水设计。稳定流排水方程输入数据要求较少，如不需要排水孔隙度（即给水度），因此比非稳定流方程更容易应用。稳定流计算方法假定地下水补给率均匀稳定，其在控制范围内的总补给量等于排水系统的排水量，只要补给持续不断，地下水位则保持在一个稳定高度，在湿润地区及长时间中强度均匀降雨情况下比较常见。

#### 2.3.1.1 Hooghoudt 公式

考虑等深度平行布设暗管，暗管位于不透水层上，排水地段受到均匀分布的稳定补给 $R$（见图 2.3），基于 Dupuit - Forchheimer 假定，距离暗管 $x$ 处单位长度的流量采用达西公式表示为

$$q_x = Ky\frac{\mathrm{d}y}{\mathrm{d}x} \qquad (2.21)$$

根据质量守恒定律，任一点 $x$ 处断面通过的流量等于 $x$ 与两管中部之间的累计补给量，可表示为

$$Ky\frac{\mathrm{d}y}{\mathrm{d}x} = R\left(\frac{L}{2}-x\right) \quad (2.22)$$

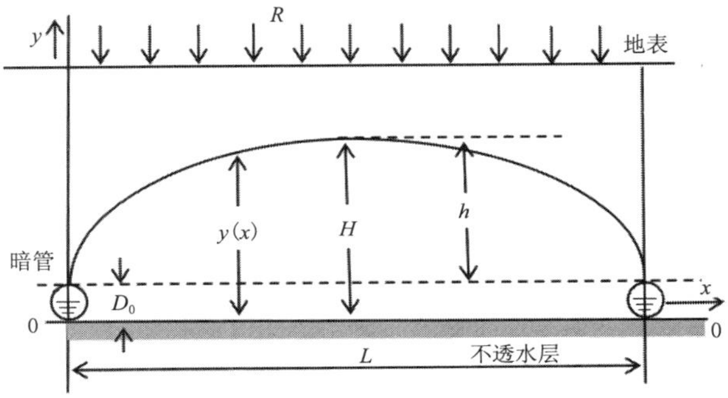

图 2.3 两暗管之间稳定排水示意图

式中：$q_x$ 为距离暗管 $x$ 处的单长流量，$\mathrm{m}^2/\mathrm{d}$；$y$ 为 $x$ 处的地下水位高，m；$R$ 为单位面积的补给率，$\mathrm{m}/\mathrm{d}$；其他符号意义同上。

当 $x=0$ 时，$h=D_0$，$x=0.5L$ 时，$h=H$，式（2.22）取定积分并令 $q=R$ 得

$$q = R = \frac{4K(H^2-D_0^2)}{L^2} \qquad (2.23)$$

式中：$q$ 为单位面积上的排水量，$\mathrm{m}/\mathrm{d}$；$D_0$ 为暗管水位距不透水层的高度，m；取不透水层表面为 0—0 基准线，$H$ 为两暗管中部地下水位高度，m。式（2.23）由 Hooghoudt 于 1936 年推导出来，也称为 Donnan 公式（Donnan，1946）。

式（2.23）可改写为

$$q = \frac{4K(H-D_0)(H+D_0)}{L^2} \qquad (2.24)$$

将 $H-D_0=h$、$H+D_0=2D_0+h$ 代入式（2.24）得

$$q = \frac{8KD_0h+4Kh^2}{L^2} \qquad (2.25)$$

当暗管（沟）水面距不透水层表面非常接近时，$D_0 \approx 0$，这相当于完整的暗管（沟），此时只考虑暗管（沟）水位以上的水流运动，则式（2.25）可简化为

$$q = \frac{4Kh^2}{L^2} \tag{2.26}$$

如果不透水层表面距暗管（沟）较远，则式（2.25）分子中的第二项数值相对很小，可以忽略，即只考虑暗管（沟）水位以下区域的水流运动，则式（2.25）变为

$$q = \frac{8KD_0 h}{L^2} \tag{2.27}$$

暗管（沟）周边流束收缩产生了水流阻抗和局部水头损失，为了考虑流向暗管（沟）的辐射水流运动，减少 Dupuit - Forchheimer 假定带来的误差，Hooghoudt（1940）建议采用等效不透水层深度 $d_e$ 代替 $D_0$，$d_e$ 为暗管以下假想的深度，小于暗管至不透水层表面的距离 $D_0$，故式（2.25）可改写为

$$q = \frac{8Kd_e h + 4Kh^2}{L^2} \tag{2.28}$$

Moody（1966）给出 $d_e$ 的简单计算公式：

$$d_e = \begin{cases} \dfrac{D_0}{1 + \dfrac{8D_0}{\pi L} \ln \dfrac{D_0}{u}} & L/D_0 \geqslant 4 \\[4mm] \dfrac{\pi L}{8\ln \dfrac{D_0}{u}} & L/D_0 < 4 \end{cases} \tag{2.29}$$

如果土壤由透水性能不同的两个土层组成，且暗管（沟）位于两个土层交界面上，暗管（沟）上下排水地段的土壤渗透系数分别为 $K_t$ 和 $K_b$，则式（2.28）可表示为

$$q = \frac{8K_b d_e h + 4K_t h^2}{L^2} \tag{2.30}$$

Hooghoudt 公式为最著名的稳定流公式，该公式给出排水量与排水暗管（沟）中间水位高度之间的直接关系，公式形式简单，适用于旱田排水区以及具有均匀入渗补给的稳定渗流条件，已在许多国家得到广泛应用，并在 DRAINMOD、SWAP、AnnAGNPS、ANSWERS、WAVE 等模型中用来计算暗管（沟）排水量。

#### 2.3.1.2　Ernst 公式

Ernst 公式可用于任何的两层土质，即两层土质的交界面可以位于暗管（沟）位置上部或下部。当上部土壤渗透性比下部小时，Ernst 式更具优势。

Ernst 将流向暗管（沟）的水流运动分解为垂直、水平和辐射流三部分，作用水头 $h$ 由这三部分水流运动引起的水头损失 $h_v$、$h_h$ 和 $h_r$ 组成。假定垂直流发生在暗管（沟）水位以上的排水地段，根据达西定律，垂直流产生的水头损失为

$$h_v = q \frac{D_v}{K_v} \tag{2.31}$$

式中：$K_v$ 为垂直渗透系数，m/d；$D_v$ 为发生垂直流的土层厚度，m。

假定水平流、辐射流均发生在暗管（沟）水位以下的排水地段，类似于式（2.27），水平流产生的水头损失可以表示为

$$h_h = q \, \frac{L^2}{8 \sum (KD)_h} \tag{2.32}$$

式中：$\sum (KD)_h$ 为发生水平流的土层传导率，$\mathrm{m^2/d}$。如果不透水层很深，$\sum (KD)_h$ 值很大，相应的水平水头损失减小为零。为避免这种情况，暗管（沟）水位下土层厚度限定在 $0.25L$。

辐射流产生的水头损失可表示为

$$h_r = q \, \frac{L}{\pi K_r} \ln \frac{\beta D_r}{u} \tag{2.33}$$

式中：$K_r$ 为辐射向（径向）渗透系数，$\mathrm{m/d}$；$D_r$ 为发生辐射流的土层厚度，$\mathrm{m}$；$\beta$ 为径向阻力几何系数；$u$ 为暗管（沟）湿周，$\mathrm{m}$。与水平流一样，土层厚度仍限定在 $0.25L$。

$\beta$ 与土质和暗管（沟）位置有关，对于均质土壤，$\beta = 1$；对于两层土壤，$\beta$ 取决于暗管（沟）处于上层土壤还是下层土壤中，若为后者，则假定辐射流仅发生在下层土壤，$\beta = 1$；若为前者，$\beta$ 取决于下部土层渗透系数 $K_b$ 与上部土层渗透系数 $K_t$ 的比值，当 $K_b/K_t < 0.1$ 时，即下部土层渗透性能远小于上部土层，则下部土层可认为是不透水层，土壤层可简化为一层均质土，$\beta = 1$；当 $K_b/K_t > 50$ 时，$\beta = 4$；当 $0.1 < K_b/K_t < 50$ 时，$\beta$ 取决于 $K_b/K_t$ 的比值以及下部土层和上部土层厚度的比值，Van Beers（1979）给出相关 $\beta$ 值表。

垂直、水平和辐射流产生的水头损失相加得到 Ernst 公式：

$$h = q \left[ \frac{D_v}{K_v} + \frac{L^2}{8 \sum (KD)_h} + \frac{L}{\pi K_r} \ln \frac{\beta D_r}{u} \right] \tag{2.34}$$

如果设计排水流量 $q$ 和总水头 $h$ 已知，可由式（2.34）计算暗管（沟）间距。

### 2.3.1.3　Kirkham 公式

考虑等深度平行布设暗管（沟），暗管（沟）以上作用水头 $h$ 与不透水层埋深 $D_0$ 相比较小，暗管为半管流运行，降雨补给不变，当不透水层埋深较大时，Kirkham 利用势流理论求解二维拉普拉斯方程，推导出如下描述作用水头和暗管间距关系的简化公式：

$$h = \frac{RL}{\pi K} \ln \frac{L}{\pi r_0} \tag{2.35}$$

### 2.3.2　非稳定流计算公式

降雨强度不均导致对地下水的补给率是变化的，并且大多数灌溉系统定期灌水，因此排水随时间而变化。实际生产中，并不要求地下水位在任何时期内都要控制在某一稳定高度，只要在允许的时间内下降到所要求的高度即可，显然按前述稳定流方法无法解决，需要借助非稳定流计算方法。非稳定流状态下，地下水补给量随时间变化，排水暗管（沟）的排水量是非恒定的。

### 2.3.2.1　De Zeeuw - Hellinga 公式

De Zeeuw 和 Hellinga 发现，若每个时段 $\Delta t$ 内的降雨或灌溉补给率 $R$ 恒定，则排水量 $q$ 的变化与超出的补给率（$R - q$）成正比（Ritzema，2006）：

$$\frac{\mathrm{d}q}{\mathrm{d}t} = \alpha (R - q) \tag{2.36}$$

式中：$\alpha$ 为反应系数。

从时刻 $t-1$ 到 $t$ 对式（2.36）进行积分得

$$q_t = q_{t-1}e^{-\alpha\Delta t} + R \times (1 - e^{-\alpha\Delta t}) \tag{2.37}$$

式（2.27）中采用 $d_e$ 代替 $D_0$，并根据式（2.51），采用 $\mu a/\pi^2$ 代替 $Kd_e/L^2$，则式（2.27）可改写成

$$q = \frac{8\mu a h}{\pi^2} \approx 0.8\mu a h \tag{2.38}$$

将式（2.38）代入式（2.37），可得到对应 $q_t$ 的暗管（沟）中部作用水头 $h_t$：

$$h_t = h_{t-1}e^{-\alpha\Delta t} + \frac{R}{0.8\mu a} \times (1 - e^{-\alpha\Delta t}) \tag{2.39}$$

### 2.3.2.2　Hammd（哈马德）-瞿兴业公式

在极短暂的时间（$dt$）内，地下水补给量和排水量的水平衡关系可表示为

$$q_t dt = RL dt - \mu\Omega L dH \tag{2.40}$$

式中：$q_t$ 为单长暗管（沟）的排水流量，$m^2/d$；$\mu$ 为土壤给水度；$\Omega$ 为地下水面形状校正系数；$dH$ 为瞬时 $dt$ 内排水地段中部地下水位变化值，其他符号意义同上。

根据单长暗管（沟）排水流量计算式，$dt$ 时段内，进入排水暗管（沟）的水量为

$$q_t dt = K(H - H_p)dt/\Phi \tag{2.41}$$

近似认为地下水位上升过程中，排水地段中部水位 $H$ 随时间变化，暗管（沟）中水位 $H_p$ 和渗流阻抗系数 $\Phi$ 值相对固定，将式（2.41）代入式（2.40）得：

$$dt = \frac{\mu\Omega L dH}{RL - K(H - H_p)/\Phi} \tag{2.42}$$

取地下水位上升时间由 $t_1=0$ 到 $t_2=t$，暗管（沟）以上水头变化（$H-H_p$）由 $h_1$ 变化到 $h_2$，积分式（2.42）得：

$$t = \frac{\mu\Omega L\Phi}{K}\ln\frac{\Phi RL/K - h_1}{\Phi RL/K - h_2} \tag{2.43}$$

由式（2.43）可得到排水暗管（沟）间距计算式为

$$L = \frac{Kt}{\mu\Omega L\Phi\ln\dfrac{\Phi RL/K - h_1}{\Phi RL/K - h_2}} \tag{2.44}$$

当含水层厚度较薄时，即 $L \geqslant 2D_0$，暗管渗流阻抗系数 $\Phi$ 可表示为

$$\Phi = \frac{1}{\pi}\ln\frac{D_0}{\pi\sqrt{2\Omega\bar{h}r_0}} + \frac{L}{8D_0} \tag{2.45}$$

当含水层厚度较大时，即 $L \leqslant 2D_0$，暗管渗流阻抗系数 $\Phi$ 可表示为

$$\Phi = \frac{1}{\pi}\ln\frac{L}{\pi\sqrt{2\Omega\bar{h}r_0}} \tag{2.46}$$

式中：$\bar{h}$ 为非稳定渗流下，按降落过程平均的作用水头，m，采用下式计算：

$$\bar{h} = \frac{h_0 - h_t}{\ln(h_0/h_t)} \tag{2.47}$$

由于 $L$ 在上述间距计算公式组合中呈现为隐函数形式，故需采用试算法或迭代法逐

次逼近求值。同样的公式组合也可用于计算其他各级排水暗管（沟）间距，该公式适用于旱田排水区，在我国排水工程设计中得到较好的应用。

## 2.4　地下水位自由下降过程的暗管排水非稳定流计算

以入渗后形成的地下水面作为初始条件，假定入渗停止后该地下水面自由下降，即在规定的时间内，从入渗后形成的最高地下水位下降到农作物耐渍或耐盐深度。

### 2.4.1　Glover–Dumm 公式

以地下水面为上边界、不透水层为下边界，取长宽为 $dx$、$dy$ 的土体微分段（见图2.4），根据质量守恒和连续性原理，从自由水面至不透水层之间的渗流厚度为 $h$，在 $dt$ 时间内，沿 $x$、$y$ 方向流出微分段的水量减流入微分段的水量等于土体微分段储水量的变化：

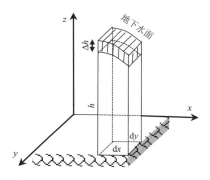

图 2.4　土体储水量的变化示意图

$$K\left[\frac{\partial}{\partial x}\left(h\,\frac{\partial h}{\partial x}\right)+\frac{\partial}{\partial y}\left(h\,\frac{\partial h}{\partial y}\right)\right]dx\,dy=\mu\,\frac{\partial h}{\partial t}dx\,dy \tag{2.48}$$

式（2.48）为水平面内地下水二元不稳定流动的基本方程，也称为布西涅斯克方程。考虑到与地下水位变化 $\Delta h$ 相比，$h$ 是较大的，取 $h$ 为定值 $T$，即含水层的平均厚度，仅考虑 $x$ 方向的一维流，式（2.48）可以写成：

$$KT\frac{\partial^2 h}{\partial x^2}=\mu\,\frac{\partial h}{\partial t} \tag{2.49}$$

Dumm（1954）采用式（2.49）描述地下水位上升到暗管（沟）水位以上 $h_0$ 高度时不同位置随时间的下降，且初始地下水面为水平：

$$h(x,t)=\frac{4h_0}{\pi}\sum_{n=1,3,5}^{\infty}\frac{1}{n}e^{-n^2at}\sin\frac{n\pi x}{L} \tag{2.50}$$

其中

$$\alpha=\frac{\pi^2 K d_e}{\mu L^2} \tag{2.51}$$

式中：$h(x,t)$ 为位置 $x$、时间 $t$ 的水位高度，m；$h_0$ 为时间 $t=0$ 时的初始水位高度，m；$\alpha$ 为反应系数，$1/d$；其他符号意义同前。

将 $x=0.5L$ 代入式（2.50），得到暗管（沟）中部地下水位高度 $h_t$：

$$h_t=\frac{4h_0}{\pi}\sum_{n=1,3,5}^{\infty}\frac{1}{n}e^{-n^2at} \tag{2.52}$$

如果 $at>0.2$，式（2.52）的第二、第三项可以忽略，取 $n=1$，方程近似表示为

$$h_t=1.27h_0e^{-at} \tag{2.53}$$

如果初始水面线为四次方抛物线，式（2.52）变为（Dumm，1960）

$$h_t=1.16h_0e^{-at} \tag{2.54}$$

将式（2.51）代入式（2.53），得到暗管（沟）间距表达式，也称为 Glover - Dumm 公式：

$$L = \pi \left( \frac{Kd_e t}{\mu \ln(1.27h_0/h_t)} \right)^{\frac{1}{2}} \tag{2.55}$$

将式（2.51）代入式（2.54），得到改进的 Glover - Dumm 公式：

$$L = \pi \left( \frac{Kd_e t}{\mu \ln(1.16h_0/h_t)} \right)^{\frac{1}{2}} \tag{2.56}$$

基于达西公式和连续方程，Glover - Dumm 给出任意时刻 $t$ 的排水量 $q_t$（m/d）

$$q_t = \frac{8Kd_e}{L^2} h_0 e^{-at} \tag{2.57}$$

将式（2.53）代入式（2.57）得

$$q_t = \frac{2\pi Kd_e}{L^2} h_t \tag{2.58}$$

式（2.58）类似于描述暗管（沟）以下区域水流运动的 Hooghoudt 公式，其初始地下水面为水平面。如果初始地下水面为四次方抛物线，则式中的 $2\pi$ 变为 6.89。

### 2.4.2　其他公式

假定暗管之间的地下水位水平下降，在 $t$ 时间内，暗管以上作用水头由 $h_0$ 降到 $h_t$，Hammad（哈马德）利用势流理论推导出间距计算公式。当含水层厚度较大时，即 $D_0/L > 0.25$，间距计算公式为

$$L = \frac{2\pi Kt}{\mu \ln(h_0/h_t) \ln(L/\pi r_0)} \tag{2.59}$$

当含水层厚度较薄时，即 $D_0/L < 0.25$，间距计算公式为

$$L = \frac{2\pi Kt}{\mu \ln(h_0/h_t) \ln(L^2/2\pi^2 r_0 D_0)} \tag{2.60}$$

基于式（2.44），地下水位降落过程中不考虑补给 $R$，哈马德-瞿兴业得出的排水暗管（沟）间距计算式可简化为

$$L = \frac{Kt}{\mu \Omega \Phi \ln(h_0/h_t)} \tag{2.61}$$

## 2.5　考虑动态蒸发影响的暗管排水计算

湿润半湿润地区，排水系统主要用于除涝降渍，暗管排水计算忽略蒸发影响是可以接受的；而在干旱半干旱地区，排水主要用于土壤盐分控制，地下水位较高情况下，因蒸发地下水进入土壤中的水分较多，也会携带较多的盐分，使土壤积盐。在这些地区，排水地段内的地下水位在无入渗补给情况下的降落速度，主要受排水和蒸发的影响，考虑蒸发影响的排水计算，比较切合实际情况。

地下水蒸发强弱一方面取决于气象因素，另一方面取决于地下水埋深，当地下水埋深小时，受地面因素影响强烈，地下水蒸发强度就大，反之就小。当地下水埋深达到某一较大深度时，地下水蒸发强度很微弱可以忽略不计，此时的地下水埋深称为地下水停止蒸发

深度。地下水蒸发强度 $\varepsilon_h$ 与地下水动态埋深 $h$ 关系最有代表性的成果为苏联阿维里扬诺夫-柯夫达潜水动态蒸发公式：

$$\varepsilon_h = \varepsilon_0 (1 - h/h_\varepsilon)^n \tag{2.62}$$

式中：$h_\varepsilon$ 为停止蒸发深度，m；$\varepsilon_0$ 为埋深为零时的地下水蒸发强度，m/d，近似等于水面蒸发强度；$n$ 为地下水蒸发与埋深关系指数，一般为 $1\sim3$。

哈马德于 20 世纪 60 年代初采用式（2.62）并通过水量平衡求解得出非稳定暗管排水计算公式。国内许多学者在考虑地下水蒸发方面的大量研究工作中也普遍采用了式（2.62），也有采用雷志栋等根据土壤水分动态提出的潜水蒸发公式。在采用式（2.62）时，多数学者采用 $n=1$ 求解，也有一些学者采用 $n=2$ 和 $n=3$ 求解，由于后面两种公式较为复杂，以下仅给出地下水蒸发强度与水位埋深之间呈一次方关系（$n=1$）时，基于水量平衡和式（2.62）得出的暗管间距计算公式（瞿兴业等，1981）：

$$L = \frac{Kt}{\mu\Omega\Phi\ln\left(\dfrac{h_a + h_0}{h_a + h_t} - \dfrac{\varepsilon_0 t}{\mu h_\varepsilon}\right)} \tag{2.63}$$

其中

$$h_a = \frac{h_\varepsilon - h_d}{1 + Kh_\varepsilon / \Omega\Phi L\varepsilon_0}$$

式中符号意义同式（2.44）。当暗管埋深 $h_d = h_\varepsilon$ 时，式（2.63）简化为

$$L = \frac{Kt}{\mu\Omega\Phi\ln\left(\dfrac{h_0}{h_t} - \dfrac{\varepsilon_0 t}{\mu h_\varepsilon}\right)} \tag{2.64}$$

## 2.6 地下水位自由下降过程中考虑悬帷段作用的暗管排水计算

### 2.6.1 基于虚拟暗管求解的理论计算

Fipps 等（1991）指出在暗管排水过程中暗管上部存在压力水头的情况，在分析排水瞬态地下水位、土壤给水度和土壤水分特征曲线关系等文献中均可以发现暗管上部压力水头的存在（Gupta 等，1994；Fuentes 等，2009）；阿维里扬诺夫指出由于排水管内承压、排水管断面不足等因素会在暗管上形成压力水头的部分，称之为"悬帷段"（娄溥礼，1963），悬帷段的高度可达到 0.5 m 或更大，弱透水性土质应当考虑悬帷段的影响。彭佳学（1990）将暗管轴线至管顶水面的高度称之为悬挂水头。图 2.5 中实际水位线与虚拟水位线的水头差 $h_1$ 即为悬挂水头。

传统的暗管排水流量理论计算公式推导过程中均假定悬挂水头为 0，且舍弃了不确定的汇点所在位置这一未知因素，假定汇点位于暗管中心高程，

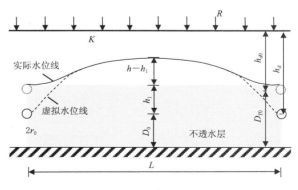

图 2.5 考虑悬挂水头下暗管稳定流公式参数示意图

基于此假定及 Dupuit - Forchheimer 假设，Hooghoud 给出地表未积水条件下的稳定流排水公式见式（2.28）。

计算等效不透水层深度 $d_e$ 的计算方法包括 van der Molen 和 Wesseling（1991）提出并在排水理论与实践（Ritzema，2006）一书中采用的计算公式（2.65），van der Ploeg（1999）给出的计算公式（2.66），以及 Moody（1966）公式（2.29）。

$$d_e = \frac{\frac{\pi L}{8}}{\ln \frac{L}{u} + F(x)} \tag{2.65}$$

其中

$$x = \frac{2\pi D_0}{L}, \ F(x) = 2\sum_{n=1}^{\infty} \text{lncoth}(nx)$$

$$d_e = \frac{L}{8\left[\frac{(L - \sqrt{2} D_0)^2}{8 D_0 L} + \frac{1}{\pi} \ln \frac{D_0}{\sqrt{2} r_0}\right]} \tag{2.66}$$

考虑悬帷段后，参考 Ernst 公式推导过程中将水流划分为 3 个部分（Ernst，1956）以及 Kirkham 公式推导中假定虚拟暗管的方式（Kirkham，1949），假定存在虚拟暗管位于悬挂水头处，将流入暗管的水体分为上下两部分（图 2.5），上部分排水流量 $q_1$ 可采用未积水条件下的 Hooghoudt 公式计算，水头差为 $h - h_1$，下部分排水流量 $q_2$ 可按照积水条件下的苏联经典公式或 Kirkham 公式计算得到，作用水头大小为 $h_1$，假定进入虚拟暗管的流量可直接叠加至实际暗管处作为出流量，那么暗管的实际排水流量 $q$ 即为两部分流量之和。

$$q = q_1 + q_2 \tag{2.67}$$

$$q_1 = \frac{8Kd_{e0}(h - h_1) + 4K(h - h_1)^2}{L^2} \tag{2.68}$$

式中：$d_{e0}$ 为虚拟暗管等效不透水层深度，cm；仍采用式（2.65）、式（2.66）和式（2.29）中 $d_e$ 的公式计算，并用虚拟暗管至不透水层表面的距离 $D_{T0}$ 替代原公式中的 $D_0$，$D_{T0} = D_0 + h_1 - r_0$；暗管湿周按照 $u = 2\pi r_0$ 计算。

基于苏联经典公式计算 $q_2$ 时，采用位氏公式和努氏公式计算阻抗系数，对应的公式分别见式（2.69）和式（2.70）。

$$\begin{cases} q_2 = \dfrac{K(h_1 - H_d)}{\Phi L} \\[3mm] \Phi = \dfrac{1}{\pi} \text{arth} \sqrt{\dfrac{\sin \dfrac{\pi(h_1 - r_0)}{2(T + h_1)}}{\sin \dfrac{\pi(h_1 + r_0)}{2(D_0 + h_1)}}} \quad L/(D_0 + h_1) \geqslant 2 \\[8mm] \Phi = \dfrac{1}{\pi} \text{arth} \sqrt{\dfrac{\tanh \dfrac{\pi(h_1 - r_0)}{L}}{\tanh \dfrac{\pi(h_1 + r_0)}{L}}} \quad L/(D_0 + h_1) < 2 \end{cases} \tag{2.69}$$

$$\begin{cases} q_2 = \dfrac{K(h_1 - H_d)}{\Phi L} \\[2em] \Phi = \dfrac{1}{\pi} \text{arth} \dfrac{\sin \dfrac{\pi(h_1 - r_0)}{2(D_0 + h_1)}}{\sin \dfrac{\pi h_1}{2(D_0 + h_1)}} \qquad L/(D_0 + h_1) \geqslant 2 \\[3em] \Phi = \dfrac{1}{\pi} \text{arth} \dfrac{\tanh \dfrac{\pi(h_1 - r_0)}{L}}{\tanh \dfrac{\pi h_1}{L}} \qquad L/(D_0 + h_1) < 2 \end{cases} \tag{2.70}$$

基于 Kirkham 公式计算 $q_2$ 时,则采用如下公式:

$$q_2 = 2\pi K(h_1 - r_0)/L/$$

$$\left\{ \ln \dfrac{\tan \dfrac{\pi(2h_1 - r_0)}{4D_0}}{\tan \dfrac{\pi r_0}{4D_0}} + \sum_{m=1}^{\infty} \ln \left[ \dfrac{\cosh \dfrac{\pi mL}{2D_0} + \cos \dfrac{\pi r_0}{2D_0}}{\cosh \dfrac{\pi mL}{2D_0} - \cos \dfrac{\pi r_0}{2D_0}} \times \dfrac{\cosh \dfrac{\pi mL}{2D_0} - \cos \dfrac{\pi(2h_1 - r_0)}{2D_0}}{\cosh \dfrac{\pi mL}{2D_0} + \cos \dfrac{\pi(2h_1 - r_0)}{2D_0}} \right] \right\} \tag{2.71}$$

为了更方便理解,将计算悬挂水头排水流量 $q$ 采用的计算方法及对应公式列表见表 2.1,共形成 9 种计算方法。

表 2.1  考虑悬挂水头的流量计算方法表述及对应公式

| 序号 | $q$ 求解方法 | $q_1$ 求解方法/公式序号 | $q_2$ 求解方法/公式序号 |
|---|---|---|---|
| 方法 1 | Hooghoudt – Molen –位氏公式 | Hooghoudt – Molen/式(2.68)～式(2.65) | 位氏公式/式(2.69) |
| 方法 2 | Hooghoudt – Molen –努氏公式 | Hooghoudt – Molen/式(2.68)～式(2.65) | 努氏公式/式(2.70) |
| 方法 3 | Hooghoudt – Molen – Kirkham 公式 | Hooghoudt – Molen/式(2.68)～式(2.65) | Kirkham 公式/式(2.71) |
| 方法 4 | Hooghoudt – Ploeg –位氏公式 | Hooghoudt – Ploeg/式(2.68)～式(2.66) | 位氏公式/式(2.69) |
| 方法 5 | Hooghoudt – Ploeg –努氏公式 | Hooghoudt – Ploeg/式(2.68)～式(2.66) | 努氏公式/式(2.70) |
| 方法 6 | Hooghoudt – Ploeg – Kirkham 公式 | Hooghoudt – Ploeg/式(2.68)～式(2.66) | Kirkham 公式/式(2.71) |
| 方法 7 | Hooghoudt – Moody –位氏公式 | Hooghoudt – Moody/式(2.68)～式(2.29) | 位氏公式/式(2.69) |
| 方法 8 | Hooghoudt – Moody –努氏公式 | Hooghoudt – Moody/式(2.68)～式(2.29) | 努氏公式/式(2.70) |
| 方法 9 | Hooghoudt – Moody – Kirkham 公式 | Hooghoudt – Moody/式(2.68)～式(2.29) | Kirkham 公式/式(2.71) |

## 2.6.2 模拟方案设置

考虑到 HYDRUS 模型采用修正的 Richards 方程描述二维饱和及非饱和土壤水流运动,并未涉及经典的暗管排水理论计算公式,因此采用该模型进行模拟分析。模型中采用 VG 模型描述土壤水力运动特性,模型外边界设置为无流量边界,暗管边界设置为渗流边界,模型上边界设定为大气边界,初始为饱和土壤。

模拟参数设置:为更准确地评价提出的悬挂水头下的暗管排水流量公式,以流量公式中的主要因子为参数,设置 3 种暗管间距(6m、20m、40m)、3 种不透水层深度(2m、

5m、10m)、3 种暗管埋深 (0.8m、1m、1.2m) 以及 4 种土壤质地 (砂土、粉土、壤土、黏土),暗管直径为 7.5cm,进行全面试验模拟分析。

模拟数据获取:模拟暗管排水条件下地下水位的变化过程,在暗管上部地下水位线由地表下降至暗管处的过程中选取 3～4 个时刻 (选取悬挂水头差别较明显的点),记录悬挂水头 $h_1$、对应的暗管中部作用水头 $h$,以及该时刻暗管排水流量,前两者作为计算公式的输入参数,排水流量则作为验证参数,共获得相关数据 409 组。

### 2.6.3　等效不透水层深度公式分析

基于计算结果对比分析,发现式 (2.65) 和式 (2.29) 计算得到的等效不透水层深度基本一致,差别不大,暗管间距 $L$ 和暗管到不透水层距离与间距比值 $D_0/L$ 不同时,二者的计算结果大致相等,二者对排水流量计算的影响一致,因此选取式 (2.65) 和式 (2.66) 作为对比分析。图 2.6 给出了暗管直径 7.5cm 条件下,模拟方案中不同暗管到不透水层距离 $D_0$ 和间距 $L$ 取值时,式 (2.65) 和式 (2.66) 对于等效不透水层深度结果的影响。可以看到,采用式 (2.66) 计算得到的等效不透水层深度小于相同条件下式 (2.65) 的计算结果。以式 (2.65) 计算结果为参考,通过分析数据点与 1∶1 等值线的夹角,可以发现不透水层深度与间距比值 $D_0/L$ 越大,式 (2.66) 与之形成的夹角越大,也意味着计算结果偏离程度 (二者差别程度) 越大。

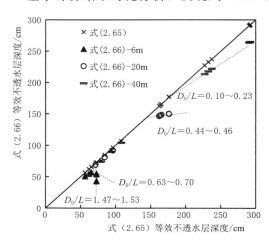

图 2.6　不同等效不透水层深度计算公式的差别分析

### 2.6.4　理论公式验证

#### 2.6.4.1　模拟验证

根据上述分析式 (2.65) 和式 (2.29) 计算等效不透水层深度的结果,发现相差不大,因此后续仅对方法 1～6 进行分析。考虑到不同土壤质地导致流量差异较大,为消除渗透系数的影响,以 $q/K$ 为参数进行对比分析,图 2.7 给出了所有模拟方案下,6 种方法得到计算值与模型模拟值之间的对比分析。可以看到 6 种方法得到的 $q/K$ 计算值与模拟值均具有较好的一致性,所有数据点均接近于 $y=x$ 线。总体上,采用方法 1～3 计算得到的排水流量计算值略高于模拟值,而方法 4～6 计算得到的结果与模拟值更为趋近。

为评估排水流量计算公式的效果,考虑不同土质以及不同悬挂水头的影响,选取相关系数 ($r$) 以及平均绝对误差 (Mean Absolute Error) 2 个统计指标对理论计算值与模拟值进行统计分析。对于全部数据点来说,所有方法的相关系数均大于 0.99,方法 1～6 的平均绝对误差分别为 10.1%、10.5%、10.9%、7.9%、7.1% 和 7.5%,也说明这 6 种方法的计算结果均可以接受,而与方法 1～3 相比,方法 4～6 的计算结果与模拟值具有更大的相关系数以及更小的平均绝对误差,说明了方法 4～6 总体上优于方法 1～3;方法 4～6 的计算结果没有

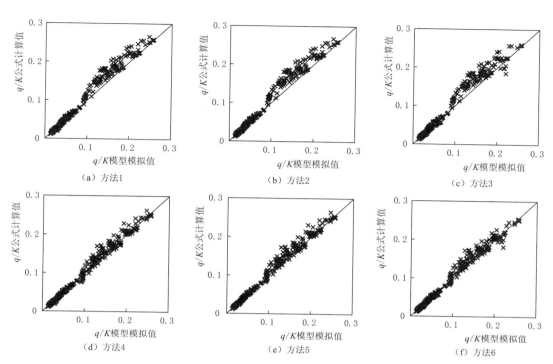

图 2.7 不同理论计算方法下 $q/K$ 的理论计算值与模型模拟值对比分析

特别明显的差别，若单从平均绝对误差来看，方法 5 和方法 6 的平均绝对误差更小。

为深入分析悬挂水头的影响，采用悬挂水头与暗管埋深之比进行衡量，不同土壤质地、不同悬挂水头影响下的分析结果见表 2.2。首先从不同土壤质地条件来看，提出的排水流量计算公式在粉土和壤土的适用性最高，计算值与模拟值更为接近，其次是砂土条件，而黏土条件下的误差在可接受范围但误差较其他 3 种土壤更大一些，通过分析发现最可能产生该现象的原因在于黏土条件下地下水位线的形状与其他三者差别更显著。从悬挂水头来看，对于方法 4～6，可以看到当 $h_1/L$ 在 0～0.1 之间时，相关系数很小同时相对误差较其他偏大，且该范围内计算结果的效果受到土壤质地影响更为显著，分析主要原因在于悬挂水头越小，Hooghoudt 公式计算的流量 $q_1$ 占比越大，考虑半管流还是满管流自身产生的误差就会更显著，根据 Shokri 等（2015）的研究结果也指出 Hooghoudt 公式在不同土壤中使用的误差也存在一定差别，此外，还可以看到当 $h_1/L$ 在 0～0.1 之间时，方法 5 和方法 6 更具有优势。

### 2.6.4.2 文献验证

在《农田排灌渗流计算及其应用》（瞿兴业，2011）以及文献（Shokri 等，2015）中存在符合悬挂水头条件的试验及模拟数据，相应的具体参数见表 2.3。在计算第 2 个数据点时，由不透水层深度很小，导致方法 6 不适合。4 种参数条件下方法 5 计算得到单长排水流量与文献相对误差分别为 2.73%、4.86%、15.5% 和 17.7%；除第 2 个数据点外，方法 6 计算得到单长排水流量与方法 5 较为接近，可以看到 2 种方法得到的排水流量计算值与试验和模拟数据吻合程度均较好。

**表 2.2　不同土壤及悬挂水头下排水公式计算值与模拟值统计**

| 指标 | $h_1/L$ | 砂土 | | | | | | 粉土 | | | | | | 壤土 | | | | | | 黏土 | | | | | |
|---|---|---|---|---|---|---|---|---|---|---|---|---|---|---|---|---|---|---|---|---|---|---|---|---|---|
| | | 方法1 | 方法2 | 方法3 | 方法4 | 方法5 | 方法6 | 方法1 | 方法2 | 方法3 | 方法4 | 方法5 | 方法6 | 方法1 | 方法2 | 方法3 | 方法4 | 方法5 | 方法6 | 方法1 | 方法2 | 方法3 | 方法4 | 方法5 | 方法6 |
| r | 0.05 | 0.76 | 0.86 | 0.86 | 0.82 | 0.93 | 0.93 | 0.06 | 0.07 | 0.06 | 0.36 | 0.39 | 0.39 | 0.41 | 0.41 | 0.41 | 0.67 | 0.68 | 0.68 | 0.36 | 0.36 | 0.36 | 0.30 | 0.30 | 0.30 |
| | 0.05~0.1 | 0.59 | 0.60 | 0.60 | 0.70 | 0.73 | 0.73 | 0.93 | 0.93 | 0.93 | 0.97 | 0.97 | 0.97 | 0.99 | 0.99 | 0.99 | 0.99 | 0.99 | 0.99 | 0.13 | 0.13 | 0.13 | 0.46 | 0.45 | 0.45 |
| | 0.1~0.2 | 0.89 | 0.89 | 0.89 | 0.94 | 0.93 | 0.93 | 0.85 | 0.85 | 0.85 | 0.93 | 0.93 | 0.93 | 0.85 | 0.85 | 0.84 | 0.91 | 0.91 | 0.91 | 0.51 | 0.50 | 0.50 | 0.66 | 0.65 | 0.65 |
| | 0.2~0.3 | 0.84 | 0.83 | 0.82 | 0.93 | 0.93 | 0.91 | 0.79 | 0.78 | 0.79 | 0.85 | 0.85 | 0.86 | 0.80 | 0.80 | 0.78 | 0.87 | 0.87 | 0.85 | 0.52 | 0.52 | 0.50 | 0.67 | 0.67 | 0.65 |
| | 0.3~0.4 | 0.89 | 0.89 | 0.88 | 0.94 | 0.94 | 0.94 | 0.83 | 0.83 | 0.76 | 0.88 | 0.88 | 0.82 | 0.74 | 0.74 | 0.67 | 0.84 | 0.84 | 0.80 | 0.69 | 0.68 | 0.66 | 0.82 | 0.82 | 0.80 |
| | 0.4~0.5 | 0.64 | 0.63 | 0.58 | 0.68 | 0.68 | 0.64 | 0.76 | 0.76 | 0.67 | 0.91 | 0.91 | 0.80 | 0.95 | 0.94 | 0.88 | 0.97 | 0.97 | 0.92 | 0.56 | 0.56 | 0.59 | 0.68 | 0.68 | 0.74 |
| | 0.5~0.6 | 0.96 | 0.96 | 0.96 | 0.99 | 0.99 | 0.98 | 0.89 | 0.89 | 0.24 | 0.93 | 0.93 | 0.47 | 0.92 | 0.92 | 0.89 | 0.95 | 0.95 | 0.93 | 0.71 | 0.71 | 0.66 | 0.77 | 0.77 | 0.84 |
| | 0.6~0.7 | 1.00 | 1.00 | 1.00 | 0.98 | 0.98 | 0.98 | 0.96 | 0.96 | 0.93 | 0.98 | 0.98 | 0.95 | 0.88 | 0.88 | 0.90 | 0.92 | 0.92 | 0.94 | | | | | | |
| | 0.7~0.8 | 0.92 | 0.92 | 0.94 | 0.91 | 0.91 | 0.97 | 0.87 | 0.87 | 1.00 | 0.89 | 0.89 | 1.00 | 0.36 | 0.36 | 0.36 | 0.30 | 0.30 | 0.30 | | | | | | |
| | 0.8~1.0 | | | | | | | | | | | | | | | | | | | | | | | | |
| | 合计 | 0.94 | 0.94 | 0.93 | 0.97 | 0.97 | 0.96 | 0.96 | 0.96 | 0.95 | 0.98 | 0.98 | 0.97 | 0.95 | 0.95 | 0.94 | 0.98 | 0.98 | 0.97 | 0.86 | 0.85 | 0.84 | 0.91 | 0.91 | 0.90 |
| MAE | 0.05 | 8.1 | 10.8 | 10.9 | 7.7 | 4.7 | 4.7 | 14.8 | 22.8 | 22.8 | 14.1 | 6.1 | 6.1 | 19.1 | 12.8 | 12.8 | 23.6 | 11.7 | 11.7 | 13.4 | 12.9 | 12.9 | 14.5 | 10.5 | 10.5 |
| | 0.05~0.1 | 18.2 | 19.2 | 19.2 | 13.6 | 12.2 | 12.2 | 12.3 | 12.0 | 12.0 | 13.2 | 9.5 | 9.5 | 11.9 | 13.6 | 13.6 | 9.9 | 7.9 | 7.9 | 10.9 | 10.7 | 10.8 | 11.5 | 8.2 | 8.3 |
| | 0.1~0.2 | 13.0 | 13.8 | 13.7 | 8.8 | 9.1 | 9.1 | 10.4 | 11.0 | 11.1 | 8.3 | 7.2 | 7.3 | 13.3 | 12.9 | 13.0 | 10.6 | 10.2 | 10.2 | 16.9 | 17.4 | 17.4 | 11.6 | 11.5 | 11.5 |
| | 0.2~0.3 | 11.8 | 11.8 | 12.0 | 7.3 | 7.2 | 7.5 | 8.8 | 9.3 | 9.2 | 5.9 | 5.7 | 5.7 | 11.4 | 12.1 | 12.1 | 7.1 | 6.9 | 6.9 | 14.3 | 14.6 | 14.8 | 10.7 | 10.4 | 10.6 |
| | 0.3~0.4 | 8.6 | 9.0 | 9.2 | 5.9 | 6.1 | 5.7 | 8.6 | 9.1 | 9.0 | 5.9 | 5.4 | 5.3 | 7.7 | 7.5 | 8.1 | 7.3 | 6.3 | 6.9 | 11.5 | 12.1 | 12.3 | 6.5 | 6.9 | 7.1 |
| | 0.4~0.5 | 8.8 | 5.1 | 5.5 | 6.1 | 3.1 | 6.3 | 6.7 | 6.4 | 7.7 | 6.1 | 5.5 | 6.9 | 7.6 | 8.1 | 8.3 | 5.0 | 4.7 | 5.0 | 14.3 | 14.9 | 13.9 | 9.0 | 9.2 | 8.3 |
| | 0.5~0.6 | 4.8 | 3.6 | 3.7 | 3.6 | 2.7 | 3.4 | 4.2 | 4.3 | 6.1 | 3.9 | 3.3 | 5.2 | 4.5 | 4.6 | 5.8 | 4.9 | 4.3 | 5.7 | 10.5 | 11.1 | 9.3 | 5.9 | 6.4 | 5.3 |
| | 0.6~0.7 | 2.8 | 2.8 | 2.8 | 3.2 | 2.6 | 2.7 | 4.0 | 4.1 | 5.6 | 5.4 | 4.8 | 7.3 | 5.1 | 4.7 | 5.7 | 5.9 | 5.3 | 6.5 | 11.5 | 12.2 | 12.2 | 4.5 | 5.2 | 5.2 |
| | 0.7~0.8 | 2.3 | 0.7 | 0.8 | 2.8 | 0.2 | 3.2 | 4.4 | 4.1 | 6.2 | 5.4 | 4.8 | 7.0 | 4.6 | 4.3 | 5.6 | 4.9 | 4.4 | 5.8 | | | | | | |
| | 0.8~1.0 | 0.0 | | | 0.5 | | 0.3 | 4.7 | 4.5 | 6.0 | 4.9 | 4.6 | 6.6 | 13.4 | 12.9 | 12.9 | 14.5 | 10.5 | 10.5 | | | | | | |
| | 合计 | 10.2 | 10.8 | 11.0 | 7.2 | 6.8 | 7.0 | 7.8 | 8.0 | 8.8 | 7.1 | 6.0 | 6.8 | 8.9 | 9.3 | 9.9 | 7.4 | 6.5 | 7.0 | 13.6 | 14.0 | 13.9 | 9.9 | 9.4 | 9.3 |

注　$h_1/L$ 取值范围为下开上闭区间，如 0.05~1 表示 0.05<$h_1/L$≤1。

表 2.3                      文献参数描述及暗管单长流量计算结果验证

| 序号 | 暗 管 参 数 | | | | | | | | | | | | | 单长流量/(cm²/min) | | |
|---|---|---|---|---|---|---|---|---|---|---|---|---|---|---|---|---|
| | $L$ /cm | $r_0$ /cm | $h_d$ /cm | $h_1$ /cm | $h$ /cm | $D_0$ /cm | $K$ /(cm/min) | $r_0/L$ | $h_d/L$ | $h_1/L$ | $h/L$ | $D_0/L$ | $q$ /(cm/min) | 文献 | 方法5 | 方法6 |
| 1 | 40000 | 5 | 100 | 30.73 | 158.4 | $10^7$ | 0.042 | | | | | | | 2.778 | 2.854 | 2.855 |
| 2 | 60000 | 5 | 100 | 65 | 141 | 3 | 0.042 | | | | | | | 4.167 | 4.369 | — |
| 3 | 1 000 | | | | | | 0.495 | 0.001 67 | 0.067 | 0.012 | 0.050 | 0.167 | 0.022 | 22.000 | 25.720 | 25.727 |
| 4 | 1 000 | | | | | | 0.0033 | 0.001 67 | 0.067 | 0.012 | 0.050 | 0.167 | 0.000 15 | 0.150 | 0.177 | 0.177 |

综上，推荐采用方法 5 和方法 6 计算悬挂水头作用下暗管排水流量的计算公式，即采用 Hooghoudt - Ploeg -努氏公式或 Hooghoudt - Ploeg - Kirkham 公式，但当不透水层深度较浅时，建议采用方法 5。

### 2.6.5 悬帷段影响的进一步分析

为进一步阐述悬帷段的影响，图 2.8 给出了考虑悬挂水头和暗管中部地下水位的方法 5 和方法 6 以及仅考虑暗管中部地下水位的 Hooghoudt 公式计算得到的单长暗管排水流量对比情况，方法 5 和方法 6 的计算值与模拟值吻合性很好，相对误差小于 8%，而 Hooghoudt 公式计算结果则普遍小于模拟值和方法 5 及方法 6 的计算值，误差可能超过 50%。可以看出，考虑悬帷段或悬挂水头是十分必要的。

通过上述分析我们发现土壤质地对于暗管排水流量计算公式的精确程度具有较大的影响，利用已有的模拟结果，进一步讨论产生的原因。选取了不透水层深度为 500cm、模拟记录的 $h_1$ 较为集中的数据进行分析，一方面分析不同土壤类型的影响，另

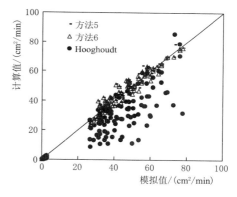

图 2.8 方法 5、方法 6 及 Hooghoudt 公式 单长暗管排水流量计算值对比分析

一方面可分析间距对其影响。根据 $h_1$ 和 $h$ 的数值，可以初步判断出地下水位线的变化趋势以及主要的排水区域，对于认识地下水位降落过程以及选取更为合理的计算公式具有很重要作用。图 2.9 可以看出，在悬挂水头不断减小的过程中，暗管间距越大，其对应的暗管中部水头 $h$ 的变化越小，若暗管间距足够大，那么可假设在悬挂水头降至零之前，暗管中部地下水位接近不变，此时地下水位降落过程，先完成图 2.10 右侧三角形区域（Ⅰ区）排水，地下水位降落至图示位置后，主要排水区域为Ⅱ区。暗管间距不足以忽略悬挂水头降至零之前暗管中部地下水位下降值时，初期排水区域应为图 2.10 左侧所示四边形区域（Ⅲ区）排水，进而再进行后续Ⅳ区排水，针对目前现有的排水流量计算公式，Ⅱ区可采用 Hooghoudt 公式计算，Ⅳ区可采用本书中给定的方法，而Ⅰ区和Ⅲ区的排水公式仍有待进一步分析。此外，由图 2.9 还可以看到，土壤质地对悬挂水头 $h_1$ 以及暗管中部水头 $h$ 具有一定影响，与其他土壤质地相比，黏土中二者的差值更大，壤土、粉土以及砂土中 $h_1$ 和 $h$ 的差值也均有所不同，相应的机理机制有待进一步分析。

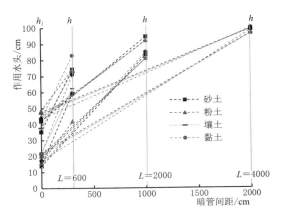

图 2.9　不同间距及不同土壤中暗管顶部及
中部作用水头

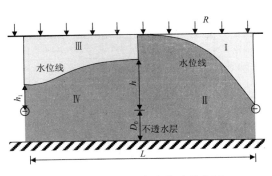

图 2.10　地下水位降落过程分区

## 2.7　小结

本章概述了积水条件下常规暗管排水以及连续式改进暗管排水流量计算公式、均匀入渗补给和地下水位自由降落过程条件下以及考虑动态蒸发影响的暗管排水计算方法，并提出考虑悬挂水头作用下暗管排水量计算方法，取得主要结论如下：

（1）不同前提条件下的暗管排水流量计算方法有显著差别，不同计算公式的应用场景有很大差别，应根据实际工程和应用状态合理选择计算公式。

（2）对于等效不透水层深度计算公式来说，van der Ploeg 公式计算结果小于相同条件下 van der Molen 公式的计算结果，不透水层深度与间距比值越大，二者差别越大。

（3）不考虑悬帷段时，Hooghoudt 公式理论计算值显著小于模拟值，而考虑悬帷段后，采用 Hooghoudt-Ploeg-努氏公式以及 Hooghoudt-Ploeg-Kirkham 公式计算得到的暗管排水流量与大规模模拟数值具有很好的吻合性，从不同土壤质地来看，粉土和壤土的适用性最高，其次是砂土，最后是黏土。

# 第3章 暗管排水技术防淤堵性能

农田排水暗管淤堵是影响其长期安全稳定运行的主要问题之一，也是暗管排水技术应用中亟须解决的问题。暗管排水主要依靠外包滤料作为防淤堵措施，以预防和减少土壤随水流进入暗管产生的淤堵。外包滤料可以是级配良好的砂砾石、土工织物或其他当地易于获取的有机材料，如稻草、麦秸等。传统的砂石反滤料，施工难度大，且很多地方难以就地取材或造价较高，限制了它的大面积推广应用。近年来，随着波纹塑料管的应用和暗管排水施工机械的发展，采用经济适用的与现代化施工设备相配套的土工织物合成材料已成为发展趋势。本章以宁夏土、安徽土为研究对象，基于室内土柱试验，研究不同土工布防护措施下系统的流量衰减过程、土工布的保土能力以及防淤堵性能，从土壤颗粒动态迁移角度出发，对系统流量随时间变化出现的"驼峰"现象产生机理进行了分析；同时对比分析了纺黏 PP 无纺布亲水处理后的反滤效果以及不同双层无纺布叠加处理的反滤效果。

## 3.1 土工织物淤堵类型及选择准则

根据土工织物淤堵形成原因，将土工织物淤堵类型大致可分为化学淤堵、生物淤堵和机械淤堵三种类型，在实际工程中，土工织物由于其存在的环境不同，产生淤堵的类型也有所不同（朱江颖，2018）。

### 3.1.1 土工织物淤堵类型

#### 1. 化学淤堵

化学淤堵是指水体中如钙、镁、铁等离子在一定环境条件中（如酸碱等）发生化学反应生成难溶于水的胶体或者沉淀，或者水体中的矿物盐在温度变化、蒸发、水位下降等条件下被析出形成沉淀，导致土工织物的过流通道被淤堵而引起渗透性下降的现象。刘才良等（1997）发现在实际应用中塑料管比瓦管容易发生化学淤堵，人工合成材料比天然材料的化学淤堵严重；孔丽丽等（1999）对尾矿坝排水系统中发生的织物淤堵问题进行了研究，发现氢氧化铁凝胶在织物纤维上的附着是化学淤堵形成的主要机理。张伟等（2009）利用长江堤防典型的地层砂样并结合实际减压井运行观察，发现形成化学淤堵的铁离子来源于地层，氧化于水面，然后形成沉淀或者胶体附着在反滤结构上。化学淤堵的形成需要一定的物质来源和环境特征，一般涉及到当地的环境化学成分和水环境条件等，在重盐碱地、人工湿地和垃圾填埋场等地比较容易产生化学淤堵。

#### 2. 生物淤堵

生物淤堵指某些微生物细菌、真菌、藻类等在一定条件下大量繁殖，附着在土工织物表面或者堵在织物内部，阻碍了水的通道，造成织物的透水性下降。生物淤堵的形成常与环境温度和水体营养化有关，合适的温度以及富营养化的水有利于微生物的繁殖，易形成菌落、胶质物等易堵塞体，而且在分解有机物的过程中还会释放出大量钙、镁、铁等离子，造成水体矿化度提高，进一步导致化学淤堵的产生，故不少的研究中也直接称为"生化淤堵"。Palmeira等（2008）通过对土工织物中微生物的鉴定、定量计算以及显微镜观察，发现在长期渗流作用下，土工织物发生了由于微生物导致的堵塞。Thullner等（2002）利用砂箱试验探究渗流作用下的生物淤堵机理，发现导致淤堵的真正原因并不是微生物本身数量的增加，而是其产生的大量胞外聚合物。Mcbean等（1993）在研究中发现，生物在纤维之间生长形成的生物膜很容易从土工织物上取下，在渗流作用下，生物膜依附在土工织物的难度较大。目前来说，土工织物由于生物淤堵而导致透水性严重降低的现象较为少见。

### 3. 机械淤堵

机械淤堵是指在渗流作用下，可以自由移动的细小土颗粒在反滤层中不断汇集，封闭在织物表面的孔口或者被截留在织物内部，导致土工织物的有效过流通道减少，造成反滤层透水性能严重降低的现象。土工布内部的纤维网格结构使其内部形成了很多细小的孔隙，这些孔隙既可以形成过流通道，也能阻挡土颗粒的通过。在渗流作用下，土工布附近的土颗粒会逐渐向土工布方向迁移，粒径小的颗粒能够优先穿过土工布表层，而当其在土工布内的移动距离超过土工布厚度时，就会穿出土工布，造成土壤流失，如果被截留在土工织物内部或者淤积在土工织物表面，则会造成土工织物反滤层严重淤堵。根据细小颗粒使土工织物反滤层产生淤堵的位置，可以将机械淤堵分为以下三种类型（边敦典，2005；翟超等，2016），如图 3.1 所示。

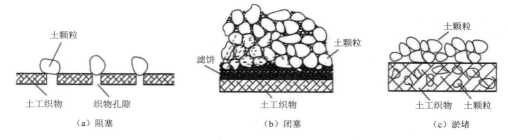

图 3.1　机械淤堵的三种类型

（1）阻塞：指与土工织物表层孔径相差不大的土颗粒，不容易进入到土工织物内部孔隙中，却可以堵在织物孔隙的表面，导致土工织物的有效过流面积减少，从而降低了织物渗透性能的现象。

（2）闭塞：指细小的土颗粒大量沉积在土工织物上表面，形成一层厚度不大但透水性极低的土层，一般称之为滤饼，滤饼的形成会导致反滤层的透水性迅速下降，从而引起系统的出流效果减弱。

（3）淤堵：指细小颗粒能穿过织物表层孔隙进入织物内，但由于织物内错综的纤维孔隙产生的阻力导致其不能穿出，从而被截留在土工织物内部，堵住过流通道，引起织物的渗透性下降。

以往的研究表明，土工织物发生机械淤堵时，上述三种淤堵现象一般不会单独存在，可能以其中某种类型为主，其他类型伴随发生的形式出现。Bhatia 等（1994）的研究表明，相对于细颗粒被截留在织物内造成的透水性问题来说，等量的细颗粒汇聚在织物表层形成滤饼所带来的危害会更大，Weggel 等（2012）研究发现，在土工布上方形成的滤饼会持续吸纳更小粒径的颗粒，其厚度随时间推移而逐渐增加，滤饼对颗粒移动和土层结构调整的影响也随之增大。所以，对于土工织物的研究要着重观察其是否会诱导滤饼的形成。

化学淤堵和生物淤堵的产生都需要一定的环境条件，实际应用中，排水暗管由于这两种淤堵的产生而导致失效的现象较为少见。机械淤堵的产生与环境因素关联不大，实际工程中，土工织物相对更容易发生机械淤堵而造成暗管的排水效果下降。如何防止机械淤堵的产生且维持暗管稳定的排水效果，也是本章主要的研究内容。

### 3.1.2 土工织物选择准则

#### 1. 被保护土的质地

土壤颗粒的分布形态是复杂的，有的彼此不黏结的存在于土壤中，称为单粒，有的相互黏结成为一个集合体，称为复粒，将土壤颗粒按照直径的大小划分为若干个级别称为土壤粒级（吴克宁等，2019）。关于土壤粒级的划分标准，世界各国不尽相同，有的国家使用几种分级标准，如我国使用的就有国际制、美国制、卡庆斯基制、中国制，具体的土粒分级标准如表 3.1 所示。暗管排水的标准常采用联合国粮食与农业组织（FAO）的土壤粒径划分标准，也是美国制标准。在土壤的粒级划分中，大于 2mm 的土颗粒由于其粒径值较大，且与较小的颗粒关系较为疏远，属于既不容易移动也不容易黏结的颗粒，在土颗粒粒径分析中，常常会将这部分颗粒排除在外。对于 2mm 以下的土颗粒，根据 FAO 标准，细分为黏粒（粒径小于 $2\mu m$）、粉粒（粒径 $2\sim50\mu m$）和砂粒（$50\sim2000\mu m$）（Stuyt 等，2005）。

表 3.1    国内外主要的土粒分级标准

| 土粒直径/mm | 国际制 | | 美国制 | | 卡庆斯基制 | | 中国制 | |
|---|---|---|---|---|---|---|---|---|
| >10 | 石砾 | | 石块 | | 石块 | | 石块 | |
| 10~3 | | | | | | | | |
| 3~2 | | | 石砾 | | 石砾 | | 石砾 | |
| 2~1 | | | | 极粗砂粒 | | | | |
| 1~0.5 | | 粗砂粒 | | 粗砂粒 | | 粗砂粒 | | 粗砂粒 |
| 0.5~0.25 | | | 砂粒 | 中砂粒 | 砂粒 | 中砂粒 | 砂粒 | |
| 0.25~0.2 | 砂粒 | | | 细砂粒 | | | | |
| 0.2~0.1 | | | | | | 细砂粒 | | 细砂砾 |
| 0.1~0.05 | | 细砂粒 | | 极细砂粒 | | | | |
| 0.05~0.02 | | | | | | 粗粉粒 | | 粗粉粒 |
| 0.02~0.01 | | | 粉粒 | | 粉粒 | 中粉粒 | 粉粒 | 中粉粒 |
| 0.01~0.005 | 粉粒 | | | | | | | 细粉粒 |
| 0.005~0.002 | | | | | | 细粉粒 | | |
| 0.002~0.001 | | | | | | | | 粗黏粒 |
| 0.001~0.0005 | | | 黏粒 | | | 粗黏粒 | | |
| 0.0005~0.0001 | 黏粒 | | | | 黏粒 | 细黏粒 | 黏粒 | 细黏粒 |
| <0.0001 | | | | | | 胶质黏粒 | | |

土壤的粒度分布通常称为土壤的质地，常作为排水暗管是否需要包裹外包料的标准。在渗流拖曳力的作用下，土颗粒会有顺水流迁移的趋势，对于内部结构稳定的土，它的大中小颗粒能够彼此黏结，形成稳定且连续的骨架，这种骨架的形成能够有效阻止土颗粒的错位移动，以致在渗流的持续作用下不会发生大量的土颗粒迁移现象。研究表明，粗砂或者具有一定黏粒含量的黏壤和砂性黏土则可以自然形成反滤层，降低外包滤料被堵塞的危险；而中砂和壤砂土则对外包滤料有着更高的要求，这是因为黏粒含量低、粉粒含量高且颗粒十分均匀的土壤最容易堵塞排水暗管。

当土壤具有下列四种特征之一时，可认为该土壤属于内部结构稳定的土：①黏粒的含量不低于 20%～30%；②土壤中黏粒含量和粉粒含量的比值大于 0.5；③土壤的不均匀系数 $C_u > 15$；④土壤的塑性指数 $I_p > 12$。在具有这些特征的土中铺设排水管，可不用包裹外包料，凭土体自身结构就可维持稳定的反滤效果。黏粒含量大于多少时暗管埋设不需要外包滤料，不同国家给出的标准有所不同，如 1.2.1 小节所述。以上四种特征之外的土，则属于不稳定的土。不稳定的土中，土颗粒彼此的关系较为疏远，在渗流的作用下，极有可能会出现大量土颗粒集体迁移的现象（刘杰等，2017），土体自身的结构已经无法满足暗管稳定排水的需求，如果不包裹外包料，有造成土颗粒大量迁移并且堵塞暗管的风险。

**2. 土工织物种类及特性**

土工织物突出的优点是：重量轻、性能稳定、运输施工方便等，抗拉强度较高，耐腐蚀性和抗微生物侵蚀性好，能与土很好地结合。

（1）土工织物种类：土工织物是用合成纤维纺织或经胶结、热压针刺等无纺工艺制成的土木工程用卷材，也称土工纤维或土工薄膜。土工织物是一种透水材料，根据不同的制造工艺，可分为无纺（非织造）和有纺（织造）两大类。有纺土工织物一般是由相互正交的经丝和纬丝织成，或将两组纤维丝置于热滚之间加压用所谓压粘法制成。无纺土工织物是定向或随机排列的纤维，通过热粘、化粘、针刺等物理过程缠结在一起，在织物厚度方向上不断堆叠，形成各向同性的一种三维立体结构织物（方远远，2019）。根据生产工艺，无纺土工织物（以下称无纺布）又可细分为水刺无纺布、热粘无纺布、湿法无纺布、纺粘无纺布、熔喷无纺布、针刺无纺布、缝编无纺布。无纺布作为暗管外包料应用的比较多，目前常见的有热熔纺黏丝无纺布（属于热粘无纺布）和纺粘聚丙烯（polypropylene，PP）无纺布，也是本章主要研究的两种无纺土工布。

（2）土工织物主要性能指标：包括单位面积质量、特征孔径、厚度、渗透性等。织物的单位面积质量（g/m²）反映了单位面积内织物的纤维密度，能为织物提供一定的厚度和抗损强度，一般来说，单位面积质量越大的土工织物，其厚度越厚，抗损坏的能力越高。$O_{95}$、$O_{90}$ 是较为常见的特征孔径值，分别表示土工织物中 95%、90% 的孔径低于该值，这两个孔径值也是在各国的织物反滤准则规范中使用频次最高的特征孔径，也称为等效孔径。织物渗透性分为垂直和水平，作为暗管外包料时，主要以垂直渗透为主。

**3. 土工织物外包料反滤准则**

土工织物作为暗管外包料时，需要满足保土性、透水性以及防淤堵性的要求。

（1）保土性：是指织物能够有效地阻止土粒随水流流失，防止渗透对土体结构造成破坏。这与土工布的孔径大小有关，目前普遍采用的是等效孔径。为达到保土性要求，必须防止土颗粒的过量流失，在实际工程中，可以允许细小的土颗粒迁移，有利于形成天然的拱架结构，只要这些迁移不影响土体结构的改善，使其能够保持整体的稳定，便能够满足工程的需要。

（2）透水性：是指土工布的透水能力，应符合下式要求（Stuyt 等，2005）：

$$k_g \geqslant Ak_s \tag{3.1}$$

式中：$A$ 为比例系数，不宜小于 10；$k_g$ 为土工布的垂直渗透系数，cm/s；$k_s$ 为被保护土的渗透系数，cm/s。一般情况下，土工布的渗透系数均能满足此要求。

（3）防淤堵性：指织物在长期工作中不应因细小颗粒、生物淤堵或化学淤堵等而失效，主要与土工织物本身的结构特征、孔径大小及被保护土或砂的粒径组成有关。防淤堵目的是为了减缓细小颗粒大量在土工布上聚集，从而让土工布的透水性不至于下降的过快，在长期工作中仍能保持良好的透水效果，维持系统流量的稳定性。当织物孔径较大时，颗粒会进入织物内部；当织物孔径较小时且土中所含极细颗粒或黏性颗粒较多时，容易造成淤堵。因为细颗粒之间的连接力较大，加上化纤织物的静电作用，细小颗粒易被吸附在织物表面。Stuyt 等（2006）对土工织物作为反滤外包料时，建议 $O_{90}/d_{90} \geqslant 1.0$，并且 $O_{90}/d_{90}$ 的数值尽量接近可选择范围的上限，其中，$d_{90}$ 是土壤颗粒中 90% 的土粒都小于该值的土壤颗粒粒径。

包裹外包料能很大程度降低暗管被淤堵的可能，也提供了一定的保土效果，但也容易导致在土-滤层处积累大量的细颗粒，导致该部分的渗透性显著降低，进而导致系统的出流效果减弱。所以，外包料的选择不能以全部拦截土颗粒为目的，滤层的孔径既要使积聚的细土颗粒量减到最少，又要防止土颗粒的大量流失，这对外包料选取提出了更高的要求，尤其对于土工织物外包料，在土壤中易被挤压、褶皱变形等，其厚度、孔径的变化也会对它的反滤效果产生影响。

## 3.2 防淤堵试验方法与设计

### 3.2.1 试验方法概述

土工布作为滤层时，不仅本身具有一定的反滤效果，它还会对靠近的土颗粒进行筛选，诱导上方土壤形成天然滤层，在水流作用下，大颗粒会被拦截在外，累积成反滤结构，细小的颗粒会穿过土工布造成流失，而被截留在土工布内的则会形成堵塞，这就是机械淤堵的发展过程。判断不同级配的被保护土与不同孔径分布的织物滤层是否会发生淤堵的最好方法是进行防淤堵试验。目前用于研究土工布滤层防淤堵性能的试验主要有长期渗透淤堵试验、水力传导率试验和梯度比试验。

早期的渗透淤堵试验研究主要有长期渗透淤堵试验和水力传导率试验两种。长期渗透淤堵试验所用仪器一般与用于测量土工织物垂直渗透系数的仪器类似，主要为一透明圆筒，筒壁上设有测压管。将织物试样、被保护土体放入筒内，密闭管壁后通水渗流。为尽可能地模拟现场实际工况，被保护土体最好是原状土样，土层承受的荷载、水流条件、水力梯度等都是试验需考虑的因素。通过测定系统出流量、测压管读数、土体渗透性和土工布渗透性的变化等来判断淤堵情况，相较于水力传导率试验和梯度比试验来说，其测试的时间更长，测出的参数更多，不仅只针对土工布的防淤堵性，还能反映土体自身反滤效果的变化对整体渗透性的影响，突出土工布与不同土质土壤相结合时的综合反滤效果。对实际工程而言，长期渗透试验是检验织物滤层是否能满足透水、防淤堵、保土要求最直接的试验方式。

水力传导率试验装置与长期淤堵试验装置大致相同，其土样高度一般为 25～30mm，试验过程中通过测压管的读数测得进出口处的水头，记录不同时刻系统的流量，最后根据不同时间测得的系统水力传导系数与初始的水力传导系数相比，即得到水力传导系数比，故水力传导率试验也简称为水力传导系数比试验。根据系数降低的趋势判断系统是否产生淤堵，操作较为简单，但未给出不允许淤堵的水力传导系数极限值，土质以及织物的类型都会对淤堵产生时水力传导系数取值范围带来影响，无法具体统一。水力传导率试验测得的是整个系统的水力传导系数，无法反映试样中淤堵发生的具体部位，可能发生在土体中也可能发生在织物中。而且，相对于实际应用，水力传导率试验的所用土样高度相对较低，无法反映现场土层渗透性的变化对系统的影响，测试范围较为片面，这些不足都使水力传导试验未得到广泛的认可和应用。

为在较短时间内判断土工织物是否发生淤堵，美国学者 Calhoun 提出通过观察土-土工织物系统中水头损失的变化情况来判断土工织物淤堵情况的方法，1977 年美国陆军工程师兵团采纳这一试验方法，将其定名为梯度比试验（gradient ratio test），并在大量渗透淤堵试验基础上修订了梯度比准则，该试验也是现阶段国内外用来评估土工织物反滤系统淤堵与否的试验方法（刘峥嵘，2020）。梯度比试验与长期渗透淤堵试验类似，即将土样置于土工织物上构成反滤系统，水流垂向通过系统，以模拟土-土工织物的反滤排水过程，通过计算不同水力坡度下的梯度比来评估系统的淤堵程度。梯度比 GR 表示土工织物及其上方 25mm 土样的水力梯度与土工织物上方 25～75mm 间土样的水力梯度之间比值，若梯度比 GR≥3 则说明织物反滤层发生了严重淤堵，但梯度比准则的适用性还存在一定的争议，如测量时间过短，测压管间距、梯度比临界值为 3 是否合适。许多学者针对梯度比的选定问题进行了研究，有学者认为梯度比取 3 过大，建议用 GR＝1.5 作为临界值来判断淤堵，除梯度比大小外，也要关注其变化趋势，当梯度比呈下降趋势时，即使 GR 略大于 3 也是容许的（王钊等，1991）；也有主张该界限值应该比 3 定得更高（胡丹兵等，1994）。本章将结合梯度比和长期渗透淤堵试验，开展热熔纺黏丝无纺布和纺黏 PP 无纺布防淤堵试验。

### 3.2.2　试验装置

试验装置如图 3.2 所示，装置主体结构包括上、下两部分，并通过法兰连接。上部为内径 11cm、高 40cm 的有机玻璃圆筒，用于放置土样。下部为底部球形结构的圆柱筒，主要用于排水和排砂。上下结构间用带孔支撑板分隔，上部设置 5 个测压管，从上至下分别距离法

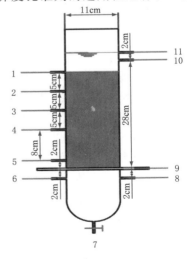

图 3.2　试验装置结构示意图

1～6—测压管；7—排砂孔；8—出流孔；
9—无纺土工布；10—进水口；11—溢流口

兰 25cm、20cm、15cm、10cm、2cm，下部距离法兰 2cm 处设置 1 个测压管。紧贴筒壁内侧的测压管口设置滤网以防止土壤流失及淤堵而影响测压管工作，其中 5 号与 6 号测压管所测的差值用于计算无纺布部分的渗透系数，1 号与 5 号差值用于计算土体的渗透系数。

渗透系数 $k_s$ 根据达西定律计算：

$$k_s = \frac{QL}{(H_{in} - H_{out})A} \tag{3.2}$$

式中：$k_s$ 为渗透系数，cm/s；$Q$ 为透过土柱的流量，$cm^3/s$；$L$ 为渗流路径长度，cm；$H_{in}$ 和 $H_{out}$ 分别是入流和出流测压管读数，cm；$A$ 为土柱过水面积，$cm^2$。

将无纺布裁剪成直径为 110mm 的圆形试样后，与直径为 110mm 的滤网一起放置在球形圆柱筒上，压上橡胶圈，然后将装置上下部分用法兰夹持、固定、密封好。按容重 1.45g/$cm^3$ 装填土壤总高度为 25cm，按每层 5cm 的高度进行填土，压实至相应高度后凿毛再装下一层，直至完成土壤的装填。在装填中，会出现部分土颗粒穿过无纺布滤层流失的现象，流失的土颗粒会积聚在装置底部。利用 8 号孔注水，通过调节水量的大小对仪器底部进行冲刷，冲刷后的水通过 7 号孔排出，对底部进行多次反复清洗后，关闭 7 号阀门。用橡胶软管将测压孔与测压板的玻璃管依次连接，为便于土体气泡的排出，橡胶管的长度不宜过长，也要防止出现橡胶管胶结和挤压变形的现象。

将试验装置组装密封后，采用从下向上注水的供水方式通过 8 号孔缓慢向仪器内部充水，逐渐向上浸透土样并排出气体，充水时应避免水流过快出现冲刷土样以及土体排气不畅造成的"顶土"现象，当液面已经完全浸没土样并高出土样 3cm 后，关闭 8 号孔的阀门停止供水，让土样浸泡 12h 以上，使试样充分饱和。待测试样达到饱和要求后，改用 10 号进水孔缓慢注水，通过 11 号溢流孔控制 5cm 的液面高度并排出多余的水。充水过程中，会有部分气体进入测压管内，导致测压管内的水柱高度不一致，充水结束后，采用"弹""吸"的方式排出测压管内的气泡，让所有的测压管内水柱处于同一高度。

打开 8 号出水孔的阀门开始排水，待各部分测压管内的水柱相对稳定时，可以开始测量，用量筒在一定时间段内收集出流口的出水量，来监测系统在试验期间内流量的变化情况，并记录相应时刻的测压管读数，每天观测 3 次，取平均值作为当天测量结果，流量值连续 10d 无明显变化时结束试验。出流口的下方用带有滤纸的漏斗接水，用来过滤流出水中夹杂的土颗粒。

试验结束后，关闭 11 号进水口，停止供水，通过 8 号出流口将装置内的水层降到土体以下，然后打开 7 号排砂孔，将沉积在底部的水和流失的土颗粒缓慢排出，并通过带滤纸的漏斗进行过滤，排砂孔滤出的土颗粒加上出流孔滤出的颗粒作为总的土壤流失量；排水结束后，松开法兰螺栓，将装置水平放置，小心分开上下部分，并取出无纺布试样，仔细剔除织物表面的浮土后，放入烘箱烘干后，称量无纺布及其截留土颗粒的总质量，作为无纺布淤堵量，精确至 0.01g。对紧靠无纺布的土壤用小刀刮下薄薄一层土样后，烘干研磨，通过激光粒度仪进行颗粒分析。该部分土壤是判断无纺布淤堵形成类型的重要参考指标，通过分析在渗流作用下无纺布与土颗粒的相互作用效果，来评判各无纺布的抗淤堵性能。

### 3.2.3　试验材料

#### 1. 土壤颗粒组成与级配

试验所取的土来自宁夏银北灌区平罗县渠口乡农耕地及安徽蚌埠新马桥试验站。对土样进行研磨后，通过 1mm 筛进行筛分，剔除根系石块，然后通过激光粒度仪测定土壤粒径组成如图 3.3 所示，土壤颗粒组成及特征粒径如表 3.2 所示。宁夏土和安徽土黏粒含量非常低，且黏粒含量与粉粒含量的比值分别为 0.048、0.078，远小于 0.5，土壤的黏结性较低，暗管被淤堵的风险较大。土壤的不均匀系数 $C_u$ 是土壤的 $d_{60}$ 与 $d_{10}$ 的比值，能够反映土壤颗粒的均匀程度，其中 $d_{10}$ 和 $d_{60}$ 是土壤颗粒中 10% 和 60% 的土粒都小于该值的土壤颗粒粒径。宁夏土和安徽土的 $C_u$ 值分别为 6.95 和 6.31，大于 5，土体颗粒分布不均匀，大中小粒径相互之间的关系较疏远。在这种土壤中铺设排水暗管，管外应包裹反滤材料，否则极易出现淤堵现象，影响排水系统的正常运行。

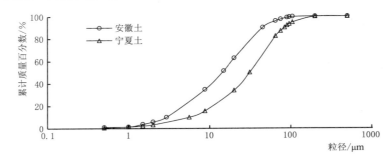

图 3.3　土壤粒径分布曲线图

表 3.2　　　　　　　　　　　　　　　　土 壤 粒 径 特 征 值

| 土壤类型 | 质量百分数/% | | | $d_{10}$ /μm | $d_{60}$ /μm | $d_{90}$ /μm | 不均匀系数 $C_u$ |
|---|---|---|---|---|---|---|---|
| | 黏粒 | 粉粒 | 砂粒 | | | | |
| 宁夏土 | 3.36 | 69.39 | 27.25 | 5.51 | 38.3 | 83.7 | 6.95 |
| 安徽土 | 6.59 | 84.87 | 8.53 | 2.93 | 18.5 | 46.3 | 6.31 |

#### 2. 无纺布的基本物理参数

目前，国内管材生产厂家常用来包裹暗管的土工布，主要分为纺黏 PP 无纺布和热熔纺黏丝无纺布两种。纺黏 PP 无纺布表面光滑、工艺简单、容易获取，被广泛应用于各种领域，如作为口罩、服装的材料，应用在堤坝护坡上等，由于其抗磨损、耐腐蚀、成本低等因素，也被用于作为排水暗管的外包料。但是，由于纺黏 PP 无纺布使用的是疏水性的聚丙烯材料，其工艺也导致它的孔隙均匀且致密，这两者的结合导致纺黏 PP 无纺布的透水效果并不是很好，本研究所选的纺黏 PP 无纺布在无水压条件下均不透水，在一定水压下才会出现透水现象。关于纺黏 PP 无纺布是否适用于暗管排水还缺乏相关研究，纺黏 PP 无纺布的反滤机理还缺乏理论支撑。热熔纺黏丝无纺布制造工艺较为复杂，其织物表面会有纤维缠结现象，抗磨损性能较差，但其透水性能较好，也是目前作为暗管外包料的常用材料。

在已经应用到一些灌区的各类无纺布中，结合已有暗管外包料研究成果（丁昆仑等，

2000），考虑推广应用的价格成本等因素，试验选用了 8 种无纺布作为研究对象，各无纺布的详细参数见表 3.3。其中 3 种为纺黏 PP 无纺布，5 种为热熔纺黏丝无纺布，材料均为聚丙烯材料，但工艺有区分。聚丙烯属于非极性材料，本身具有极高的疏水性，会与水互相排斥，而使用这种材料的纺黏 PP 无纺布，在材料疏水性与织物孔径小的双重制约下，无水压时均不表现透水效果。为了降低材料对织物透水性的负面影响，高效且持续地提高织物的亲水能力，使用亲水剂是目前发现的一种廉价的处理方式。亲水处理的原理主要是在微观方面，通过引发游离基与纤维表面大分子进行接枝共聚，或者通过等离子改性引入活性基团等方式，抑制疏水基，增加表面裸露的亲水基，从而降低织物表面的水接触角，使织物变得易水润湿，提高织物透水效果（韩万里等，2016；蔡凌云等，2019）。为探究纺黏 PP 无纺布织物透水性提高对整体过流效果的影响，选择其中一种纺黏 PP 无纺布进行了亲水剂浸泡处理。亲水处理后，纺黏 PP 无纺布在无水压条件下即可透水，透水能力有了明显提高。无纺布 R1 目前在宁夏银北灌区应用较多，在本试验中作为对照来评价各土工织物的反滤效果。

表 3.3 待 测 无 纺 布 参 数

| 无纺布编号 | 类　　　型 | 单位面积质量 /(g·m$^{-2}$) | 厚度 /mm | 等效孔径 $O_{90}$/mm | 渗透系数 /(cm·s$^{-1}$) |
|---|---|---|---|---|---|
| F1 | 纺黏 PP 无纺布 | 50 | 0.26 | 0.08 | $3.8\times10^{-2}$ |
| F2 | 纺黏 PP 无纺布 | 60 | 0.30 | 0.07 | $3.4\times10^{-2}$ |
| F3 | 纺黏 PP 无纺布 | 100 | 0.49 | 0.05 | $2.4\times10^{-2}$ |
| R1 | 热熔纺黏丝无纺布 | 50 | 0.28 | 0.36 | $5.6\times10^{-2}$ |
| R2 | 热熔纺黏丝无纺布 | 68 | 0.35 | 0.23 | $4.4\times10^{-2}$ |
| R3 | 热熔纺黏丝无纺布 | 75 | 0.44 | 0.32 | $4.8\times10^{-2}$ |
| R4 | 热熔纺黏丝无纺布 | 90 | 0.38 | 0.18 | $3.6\times10^{-2}$ |
| R5 | 热熔纺黏丝无纺布 | 120 | 0.48 | 0.12 | $4.5\times10^{-2}$ |

### 3.2.4 试验方案

为探讨无纺布作为反滤层材料时的渗透淤堵特性，以宁夏土为主要研究对象，基于两种工艺 8 种无纺布，研究土-土工织物系统及土工织物与临近土层渗透性变化规律，分析土工织物的淤堵机理；并在此基础上开展纺黏 PP 无纺布亲水处理以及双层无纺布叠加渗透淤堵试验，控制无纺布工艺、透水性、厚度、单位面积纤维密度等因素，研究不同处理下无纺布的反滤效果。基于宁夏土的试验结果，安徽土采用热熔纺黏丝无纺布 R1、R2、R4 和 R5 进行了长期渗透淤堵试验，并与宁夏土进行对比。其中安徽土、宁夏土 NR2 方案试验时间为 65d，其他方案试验时间均为 35d。

#### 3.2.4.1 单一无纺布防护措施下的渗透淤堵试验

土工织物作为暗管外包料时，采用单层的包裹方式是较为常见的，目前，国内的管材生产厂家已经具备了较为成熟的机械化暗管包裹土工织物工艺，单层土工织物作为暗管外包料从选材—裹装—运输—应用等方面已经呈现机械化和流程化。本研究设计了单一无处理条件下无纺布的渗透淤堵试验及无纺布亲水处理后的渗透淤堵试验，各方案见表 3.4。

表 3.4　　　　　　　　　　　　　渗 透 淤 堵 试 验 方 案

| 序号 | 试验方案 | | 土壤 | 无纺布 | 序号 | 试验方案 | | 土壤 | 无纺布 | 渗透系数 /(cm·s$^{-1}$) |
|---|---|---|---|---|---|---|---|---|---|---|
| 1 | | NF1 | N | F1 | 13 | 单一无纺布 亲水处理 | NF2T | N | F2 | $4.3\times10^{-2}$ |
| 2 | | NF2 | N | F2 | 14 | | NF3T | N | F3 | $2.9\times10^{-2}$ |
| 3 | | NF3 | N | F3 | 15 | | NF1F1 | N | F1+F1 | $2.5\times10^{-2}$ |
| 4 | | NR1 | N | R1 | 16 | | NR1F1 | N | R1+F1 | $3.6\times10^{-2}$ |
| 5 | | NR2 | N | R2 | 17 | 双层无纺布 | NR1R1 | N | R1+R1 | $4.1\times10^{-2}$ |
| 6 | 单一无纺布 无处理 | NR3 | N | R3 | 18 | | NR2R2 | N | R2+R2 | $3.9\times10^{-2}$ |
| 7 | | NR4 | N | R4 | 19 | | NR2R4 | N | R2+R4 | $3.1\times10^{-2}$ |
| 8 | | NR5 | N | R5 | | | | | | |
| 9 | | AR1 | A | R1 | | | | | | |
| 10 | | AR2 | A | R2 | | | | | | |
| 11 | | AR4 | A | R4 | | | | | | |
| 12 | | AR5 | A | R5 | | | | | | |

注　N 表示宁夏土，A 表示安徽土。

（1）单一无纺布无处理试验：首先开展了宁夏土在 8 种无纺布单一防护措施下的渗透淤堵试验，在此基础上，选择 R1、R2、R4 和 R5 无纺布开展了安徽土渗透淤堵试验。

（2）单一无纺布亲水处理试验：选择 F2 和 F3 无纺布进行了亲水剂浸泡处理，并使用宁夏土进行渗透淤堵试验。无纺布 F2 在亲水处理后，渗透系数由原来的 $3.4\times10^{-2}$cm/s 提升到 $4.3\times10^{-2}$cm/s，织物透水性提升了 26.5%；无纺布 F3 在亲水处理后，渗透系数由原来的 $2.4\times10^{-2}$cm/s 提升到 $2.9\times10^{-2}$cm/s，织物透水性提高了 20.8%。

通过单一无纺布防护措施下的渗透淤堵试验探讨：①不同工艺无纺布防护措施下系统的流量衰减过程及影响因素；②土体各层渗透性的变化规律及对系统渗透性的影响；③在渗流作用下土层间的颗粒迁移及无纺布上方土壤颗粒变化；④无纺布的保土能力及防淤堵性能；⑤亲水处理前后系统的流量衰减过程、无纺布的保土能力、抗淤堵能力和无纺布上层土壤颗粒的变化。

### 3.2.4.2　双层无纺布防护措施下的渗透淤堵试验

土工织物作为暗管外包料时，不仅要求其具有良好的反滤效果，其厚度和强度也是在实际应用中需要考虑的。单位面积质量反映了单位面积纤维密度，一般来说，单位面积质量越高，纤维密度越大，能够让土工织物具有一定的厚度和强度。大田的土质状况和环境较为复杂，如果选择的无纺布较薄、强度不高，则容易被土壤中石块、树根等尖锐的物体划破，导致土工织物对暗管的保护作用失效，而直接选用高规格（单位面积质量、厚度）的土工织物，其孔隙分布又会过于均匀且细密，织物容易拦截大量的小颗粒导致系统透水性下降，将高规格的土工织物替换成两种小规格土工织物的叠加方式，既不会增大材料成本，也能让织物保持较好的抗破损效果，同时小规格的土工织物孔隙一般较大，降低了织物表面细颗粒汇集的风险。

合适的土工织物能够允许小颗粒流出，诱导上方形成粗颗粒的透水骨架，从而形成土工织物＋土体的综合反滤结构，维持系统流量的稳定性。但一旦土工织物选择的孔径过大，大的土颗粒无法有效被织物所截住，可能不仅无法促进织物上方高透水性土壤骨架的形成，还可能会导致流失的土量过多。在渗流作用下流失的土颗粒，要先经过织物表层孔隙的筛选进入织物内部，当在织物内的移动距离大于织物的厚度时，才能顺利穿出造成流失。土工织物的表层孔隙是无法轻易改变的，但土工织物的有效厚度可以通过叠加的方式来改变，通过叠加的方式，增加土颗粒穿出织物滤层的厚度，大颗粒流失的难度被提高，被截留在织物内部的颗粒则会增大后面大颗粒进入织物的难度，促进土工织物上方大颗粒的汇集，来构造高透水性的粗颗粒土壤骨架。

参照目前应用中暗管外包无纺布再外加砂砾石的做法，对于双层无纺布试验，选择较大孔径的无纺布在上层，较小孔径的无纺布在下层，当土颗粒在水流作用下穿过无纺布时，较大的颗粒会被优先截留在上层无纺布外，从而促进高透水性土壤骨架的形成，而穿过上层无纺布的颗粒在经过下层无纺布的筛选后，中度大小的颗粒会被截留在上层和下层无纺布之间，允许小颗粒的流失。据此，以宁夏土为研究对象，双层无纺布的试验包括控制厚度和单位面积质量相同条件下的双层反滤试验及无纺布叠加前后反滤效果对比试验（见表 3.4）。

（1）控制厚度和单位面积质量相同条件下的试验：设计了 3 种处理，包括无纺布 F1 叠加、无纺布 R1 叠加在无纺布 F1 上和无纺布 R1 叠加。

（2）无纺布叠加前后的对比试验：选择 3 种孔径较大但织物厚度较低的无纺布 R1、R2 和 R4，设计了 3 种处理，包括无纺布 R1 叠加、无纺布 R2 叠加和无纺布 R2 叠加在无纺布 R4 上。

## 3.3 单一无纺布外包料的反滤效果

定义某一变量（流量，或土体渗透系数，或无纺布渗透系数）残余度为某天的测量值与初始测量数值的比值，据此，对流量残余度、土体渗透系数残余度、无纺布残余度变化情况进行分析。虽然各方案均按照统一容重装土，但土体的实测渗透系数仍有一定差异，为更好比较不同无纺布防护措施下流量变化情况，将各组观测的流量统一修正为初始土体渗透系数相同的情况下进行分析。

### 3.3.1 单一无纺布无处理的反滤效果
#### 3.3.1.1 流量随时间变化及影响机制

以宁夏土为研究对象，分析不同无纺布防护措施下系统流量衰减过程、各层土体和无纺布渗透系数变化过程、无纺布淤堵量和土壤流失量以及试验前后无纺布上方土壤的颗粒组成变化情况。

1. 流量随时间变化

图 3.4 为宁夏土不同无纺布防护措施下系统流量随时间的变化。排水初期，土颗粒会在水流的作用下进行迁移和填充孔隙，粒径更小的土颗粒会在土体的筛选下朝着无纺布汇集，在此期间，由于土体的不断密实和无纺布的逐渐淤堵，土体渗透性减弱，反映在系统流量上为各方案前 10d 流量出现大幅衰减情况，10d 后方案 NF1 到方案 NR5 的流量残余度分别为 79.0%、84.2%、85.2%、81.3%、83.1%、69.8%、79.5% 和 76.2%。10d

后除方案 NR3 外，其余各方案的流量衰减趋势均逐步减缓，方案 NR3 在 10～20d 还会有较为明显的流量衰减过程，但随后也逐渐放缓。方案 NR2 在 24d 前处于持续衰减阶段，在第 24d 出现流量最低值 41.6mL/h，但高于同期其他各方案的流量，此时流量残余度为 75.7%，24d 后流量开始出现上升现象，这种现象在第 35d 时仍有持续的趋势，对这种现象产生的原因会在后续做进一步分析。其他各方案的流量在 25～35d 基本趋于稳定，变化幅度在 2% 以内。35d 后各方案流量残余度分别为 66.6%、76.7%、79.5%、72.9%、80.9%、65.7%、72.5% 和 66.6%。

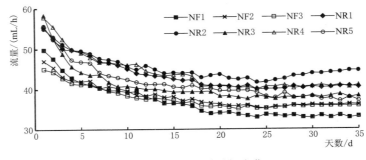

图 3.4　系统流量随时间变化

总体上来看，纺黏 PP 无纺布试验组的透水效果普遍要低于热熔纺黏丝无纺布试验组。针对该土质，方案 NR1、NR2、NR3 和 NR4 均能表现出不错的透水效果，不仅整体流量大，其流量变化的稳定性也较好，流量的残余度值高；方案 NF2、NF3、NR3 和 NR5 的透水效果居中，方案 NF1 的透水效果最低。

2. 流量衰减预测

35d 的实测数据只能反映短期的过流效果，在暗管数年的使用寿命中，其流量变化的稳定性更加值得考量。将排水流量数据进行曲线拟合，并对其进行一年后的流量预测，结果如表 3.5 所示。从总体上看，各方案流量随时间的变化均符合对数函数特征，决定系数也均在 0.88 以上，该结论与刘文龙等（2013）得到的单一土工布下流量衰减变化规律一致。根据拟合公式得到的 35d 的流量预测值与实测值的吻合程度较高，除方案 NR2 外，其余各方案的预测误差均在 3% 以内，方案 NR2 是由于在后续出现流量升高现象，所以预测的流量误差较大，相对误差值为 5.95%。从一年后的预测结果可以看出，流量仍会持续衰减，但衰减趋势已经放缓，与 35d 的实测数据对比，其衰减幅度在 15%～30%，预测残余度均在 40% 以上。

表 3.5　　　　　　　　　流量衰减过程公式拟合结果与预测情况

| 方案 | 拟合公式 | $R^2$ | 初值 /(mL·h$^{-1}$) | 35d 流量 | | | 360d 预测 /(mL·h$^{-1}$) | 360d 流量 残余度/% |
| --- | --- | --- | --- | --- | --- | --- | --- | --- |
| | | | | 预测 /(mL·h$^{-1}$) | 实测 /(mL·h$^{-1}$) | 相对误差 /% | | |
| NF1 | $y=-5.129\ln x+50.333$ | 0.98 | 49.8 | 32.2 | 33.1 | 2.86 | 20.1 | 40.36 |
| NF2 | $y=-3.445\ln x+47.235$ | 0.96 | 47.0 | 35.1 | 36.1 | 2.77 | 26.9 | 57.23 |
| NF3 | $y=-3.084\ln x+45.719$ | 0.95 | 45.0 | 34.8 | 35.8 | 2.87 | 27.6 | 61.33 |

续表

| 方案 | 拟合公式 | $R^2$ | 初值/(mL·h$^{-1}$) | 35d 流量 | | | 360d 预测/(mL·h$^{-1}$) | 360d 流量残余度/% |
|---|---|---|---|---|---|---|---|---|
| | | | | 预测/(mL·h$^{-1}$) | 实测/(mL·h$^{-1}$) | 相对误差/% | | |
| NR1 | $y=-4.653\ln x+55.69$ | 0.97 | 55.4 | 39.2 | 40.4 | 2.97 | 28.3 | 51.08 |
| NR2 | $y=-3.493\ln x+54.451$ | 0.88 | 55.0 | 42.0 | 44.5 | 5.95 | 33.9 | 61.64 |
| NR3 | $y=-4.673\ln x+53.831$ | 0.90 | 58.3 | 37.2 | 38.3 | 2.96 | 26.3 | 45.11 |
| NR4 | $y=-4.951\ln x+57.361$ | 0.94 | 57.9 | 39.8 | 41.9 | 2.35 | 28.2 | 48.70 |
| NR5 | $y=-5.125\ln x+55.007$ | 0.98 | 55.7 | 36.8 | 37.1 | 0.82 | 24.8 | 44.52 |

在热熔纺黏丝无纺布试验组中，方案 NR3 和方案 NR5 的初测流量高，但第 35d 的流量已低于方案 NR1、NR2 和 NR4，尤其是方案 NR3，其初测流量最高，但其 35d 的流量衰减幅度也最大，35d 的实测流量值只是略高于方案 NR5，方案 NR3 和 NR5 的实测流量残余度也是最低。在一年的预测结果中，方案 NR3 和 NR5 的衰减趋势被进一步凸显，一年后预测流量值和流量残余度已经明显低于方案 NR1、NR2 和 NR4。所以，综合来看，在热熔纺黏丝无纺布试验组中，方案 NR1、NR2 和 NR4 的流量变化具有稳定性。在纺黏 PP 无纺布试验组中，方案 NF3 的流量变化最平稳，其实测和预测的流量残余度值均最高，但由于其初始流量过低，与热熔纺黏丝无纺布试验组相比，仍不具有过流能力上的优势性。

总体上来说，从过流能力、流量残余度以及长期运行的稳定性来看，宁夏土方案 NR1、NR2 和 NR4 均具有不错的效果，在这三者中，方案 NR2 的透水效果最好。

3. 土体与无纺布渗透性对流量的影响

土体及无纺布渗透性的变化均会影响整体流量的变化。为探究引起流量变化的主导因素，分别对土体和无纺布部分（包括约 2cm 的土层）渗透系数的变化进行分析。定义渗透系数残余度为某天测量值占初始测量值的百分比，以渗透系数残余度来表示各部分渗透性的变化情况，图 3.5 为各方案土体和无纺布渗透系数残余度随时间变化。

试验开始时，土体和无纺布的渗透系数均会迅速下降，在 15d 后，土体渗透系数的变化已经趋于平稳，而无纺布的渗透系数仍然在持续下降中，35d 后，从方案 NF1 到方案 NR5 的土体渗透系数残余度分别为 70.2%、74.6%、86.6%、79.6%、93.8%、76.6%、78.8% 和 67.0%，无纺布渗透系数残余度分别为 39.8%、35.2%、39.8%、44.2%、44.3%、41.3%、48.8% 和 43.7%。总体上看，无纺布渗透系数下降的幅度更大，且纺黏 PP 无纺布试验组的无纺布渗透系数残余度要普遍低于热熔纺黏丝无纺布试验组。

在整个试验期间内，土体渗透系数经过 18d 较快的下降后，渗透系数的变化已经慢慢趋于平稳，说明在水流作用下，前期土颗粒的迁移运动较为剧烈，在细土颗粒的下移和逐渐填充孔隙后，土体颗粒的整体分布已经逐渐平稳，除了方案 NR3 外，其余各方案的土体渗透系数在后 15d 的变化均较为稳定，只出现微微上扬现象，这是由于土体内有颗粒迁移到下方导致，方案 NR3 土体渗透系数上升的幅度是比较大的，这也是土颗粒的迁移导致，但同时也与选用的无纺布有关。无纺布的渗透系数在整个试验期间内一直处于持续下降的阶段，尚未出现较为平稳的阶段。将整体渗透系数衰减过程与土体和无纺布渗透系数

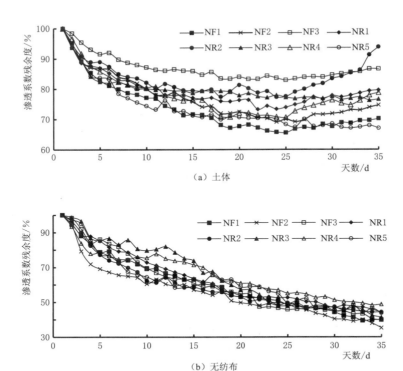

（a）土体

（b）无纺布

图 3.5　土体和无纺布渗透系数残余度随时间变化

衰减过程在 95％的置信区间内进行多元回归分析，结果见表 3.6。

表 3.6　　　　　　　　多 元 回 归 分 析 结 果

| 方案 | 回归方程 | $R^2$ | 方差分析 $F$ 值 | 土体 | | 土工布 | |
|---|---|---|---|---|---|---|---|
| | | | | 标准化系数 | $t$ 值 | 标准化系数 | $t$ 值 |
| NF1 | $y=0.545x_1+0.212x_2+0.037$ | 0.99 | 4387.2 * | 0.634 | 23.05 * | 0.383 | 13.94 * |
| NF2 | $y=0.639x_1+0.113x_2+0.257$ | 0.99 | 2526.1 * | 0.754 | 21.69 * | 0.259 | 7.46 * |
| NF3 | $y=0.773x_1+0.167x_2+0.062$ | 0.99 | 3958.7 * | 0.548 | 22.68 * | 0.480 | 19.87 * |
| NR1 | $y=0.664x_1+0.176x_2+0.160$ | 0.99 | 5924.0 * | 0.591 | 33.74 * | 0.448 | 25.61 * |
| NR2 | $y=0.647x_1+0.087x_2+0.307$ | 0.99 | 1155.9 * | 0.701 | 26.86 * | 0.396 | 15.18 * |
| NR3 | $y=1.500x_1+0.016x_2-0.515$ | 0.97 | 991.4 * | 0.762 | 26.83 * | 0.339 | 1.08 |
| NR4 | $y=0.748x_1+0.207x_2+0.041$ | 0.99 | 2595.8 * | 0.692 | 29.93 * | 0.353 | 15.28 * |
| NR5 | $y=0.739x_1+0.144x_2+0.111$ | 0.99 | 2495.2 * | 0.637 | 14.41 * | 0.367 | 5.22 * |

注　＊$P<0.05$（35 个实测值），$x_1$ 和 $x_2$ 分别为土体和土工布的渗透系数残余度，$y$ 为流量残余度。

根据 $R^2$ 值和方差分析 $F$ 值可以看出各组回归方程的线性关系显著。在多元回归分析中，标准化系数常用来判断各变量在回归方程中的重要性，土体的标准化系数值更高，说明相对于土工布，土体的渗透系数变化更为重要；在流量变化过程中的决策程度高。在 $t$ 检验中，土体的回归系数 $t$ 值更大，说明土体回归系数的显著性高，而在土工布中存在显著性大于 0.05（不显著）的情况。

土体和无纺布的渗透系数变化对流量衰减的贡献度如图 3.6 所示。可以发现土体渗透系数的变化对流量的影响程度非常高，各方案土体的贡献度均在 65％以上，这表明流量变小主要是由于土体渗透系数减小所引起的。相对于暗管数年的使用寿命来说，试验只进行了为期 35d 的观测，说明在暗管铺设的前期，土体渗透系数的变化会成为流量变化的主导因素。考虑到试验土是经过研磨筛分压实后的土，与田间相比存在差异。实际情况中，挖沟铺管后，为了保护暗管，其回填土的压实度往往不会太大，土质疏松以及土壤中存在虫洞和根系等大孔隙，其实际渗透系数以及衰减度相对实验室来说会偏大，而且还会根据耕种季度出现周期性的衰减，但总体的影响幅度会逐渐变小。

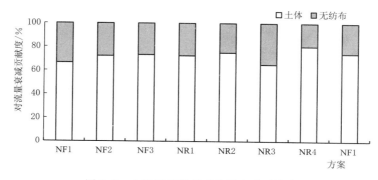

图 3.6　土体和无纺布对流量衰减贡献度

**4. 土壤各层渗透性随时间变化**

为探究在水流作用下的颗粒移动效果，以邻近无纺布土壤为下层，远离无纺布土壤为上层，根据测压管可测范围将土壤划分为上（10cm）、中（5cm）、下（8cm）三层，对每层土壤的渗透系数进行分析，同时与总的土壤渗透系数变化情况进行对比，各部分渗透系数的衰减情况如图 3.7 所示。

从每层土壤的渗透系数变化可以看出，上层和中层的土壤渗透系数均会有一个先衰减然后再增大的过程，上层土壤渗透系数开始上升的时间点要明显早于中层土壤，而下层土壤渗透系数变化在部分方案中会出现先衰减然后再增大的过程，但上升的幅度并不大。整体来看，各层土壤渗透系数在试验结束后的残余度以及期间变化的幅度依次为：上层＞中层＞下层，总体渗透系数的变化幅度夹在中层和下层之间。通过这三层土壤渗透系数的变化趋势表明，在水流的持续作用下，土层的颗粒会发生明显的移动。在排水开始时，在渗流的作用下，颗粒会产生有方向性的移动趋势，由于初始阶段土质较为疏松，土颗粒移动所受的限制小，在这种移动趋势下，上面的颗粒会挤压下方颗粒并填充装土不均匀残留的大孔隙，这种挤压和填充宏观上表现为土壤的沉降，导致土壤不断密实，各层土壤渗透系数在初期阶段快速下降。逐渐密实的土壤又会制约着土颗粒的移动，在图上表现为渗透系数下降的趋势逐渐放缓。虽然颗粒移动所受的限制有所增大，但移动仍在缓慢的继续，上层颗粒移动到中层，导致上层细颗粒量逐渐降低，孔隙率变大，此时上层土壤的渗透系数开始缓慢上升，而中层土壤虽然有颗粒移动到下层，但有来自上层颗粒的补充，当补充量低于移出量时，其渗透系数就开始慢慢回升，但这个时间要比上层的迟，而下层的土颗粒

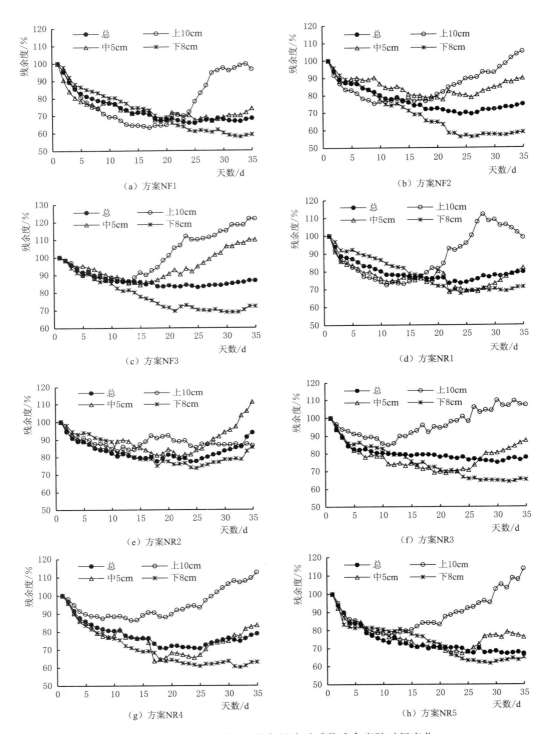

图 3.7　各方案土壤及土壤各层渗透系数残余度随时间变化

向下的移动被底部更致密的土层所拦截，其移出量远小于上方的补充量，土壤逐渐密实，孔隙被填充和不断压实，所以其渗透系数会持续下降，但更为密实的土壤对颗粒的限制效果越大，所以这种下降趋势也在逐渐放缓。

为探究土壤各层渗透性变化对土壤总的渗透性变化的影响程度，利用 SPSS 软件，将三层土壤渗透系数的变化与总的土壤渗透系数的变化过程进行多元回归分析，结果见表3.7。通过 $R^2$ 和方差分析 $F$ 值可以看出各组回归方程的线性关系显著。从各层的回归分析结果来看，下层回归系数值最大，中层和上层土壤的回归系数值相对较小，这说明下层土壤渗透性变化对总的土壤渗透性变化的决策比重是最大的，而下层土壤渗透系数衰减幅度又最大，这将导致下层土壤渗透性变化对总的土壤渗透性变化的贡献程度最高。从各层土壤的标准化系数值来看，下层土壤的标准化系数值最大，中层和上层的标准化系数值较小，说明下层土壤渗透系数变化对于总的土壤渗透系数来说也是最重要的。在渗流的作用下，颗粒的移动趋势是向下的，相对于中上层土壤，下层土壤接受的颗粒量更多，孔隙率的下降让下层土壤更易朝着致密化和低透水化发展。

表 3.7　　　　　　　　　　　　　　　多元回归分析结果

| 方案 | 回归方程 | $R^2$ | 方差分析 $F$ 值 | 上 10cm | | 中 5cm | | 下 8cm | |
| --- | --- | --- | --- | --- | --- | --- | --- | --- | --- |
| | | | | 标准化系数 | $t$ 值 | 标准化系数 | $t$ 值 | 标准化系数 | $t$ 值 |
| NF1 | $y=0.146x_1+0.311x_2+0.548x_3-0.807$ | 0.99 | 6454.7 * | 0.223 | 21.12 * | 0.240 | 12.31 * | 0.765 | 39.16 * |
| NF2 | $y=0.182x_1+0.164x_2+0.549x_3-0.093$ | 0.99 | 4241.6 * | 0.213 | 12.51 * | 0.108 | 4.91 * | 0.958 | 44.36 * |
| NF3 | $y=0.131x_1+0.050x_2+0.540x_3+0.266$ | 0.99 | 1218.7 * | 0.363 | 3.58 * | 0.088 | 1.12 | 1.175 | 20.31 * |
| NR1 | $y=0.173x_1+0.364x_2+0.453x_3+0.006$ | 0.99 | 5152.8 * | 0.381 | 35.74 * | 0.407 | 29.36 * | 0.749 | 46.67 * |
| NR2 | $y=0.214x_1+0.285x_2+0.491x_3+0.007$ | 0.99 | 8747.8 * | 0.312 | 43.55 * | 0.389 | 51.36 * | 0.679 | 101.88 * |
| NR3 | $y=0.430x_1-0.096x_2+0.706x_3-0.070$ | 0.94 | 111.1 * | 0.611 | 4.54 * | −0.140 | −1.21 | 1.344 | 9.21 * |
| NR4 | $y=0.187x_1+0.205x_2+0.545x_3+0.063$ | 0.99 | 33525 * | 0.215 | 34.28 * | 0.249 | 27.4 * | 0.818 | 88.71 * |
| NR5 | $y=0.041x_1+0.347x_2+0.549x_3-0.046$ | 0.96 | 698.2 * | 0.154 | 2.35 * | 0.389 | 3.37 * | 0.547 | 10.26 * |

注　　* $P<0.05$（35个实测值）；$x_1$、$x_2$、$x_3$ 分别为土壤上层、中层和下层的渗透系数残余度；$y$ 为流量残余度。

通过对土壤各部分渗透系数变化趋势分析和多元回归分析的结果看，渗流作用下土颗粒的迁移导致了土壤各层渗透性发生了变化，而各时段土壤各层渗透性的变化综合起来，即反映为总的土壤渗透性的变化，在土壤各层中，下层土壤渗透性的变化会对总的土壤渗透性造成更大的影响。前面的分析也已经发现，土壤渗透性的变化是导致系统流量变化的主导因素，结合本节的分析结果看，土壤下层的渗透性会成为导致系统流量变化的关键因素。

**5. 土壤流失量和无纺布淤堵量**

Farias 等（2006）的研究发现，土工布的逐渐堵塞会导致其对土颗粒有更大的拦截能力，导致只有粒径更小的土颗粒能够穿过，而土工布的厚度越大，也会增加粒径穿过土工布的难度。王培俊等（2015）也通过试验验证了土工布越厚，等效孔径越小，对泥沙的拦截能力越强。

将排水口流出的土颗粒以及装置底部沉淀的土颗粒均通过滤纸过滤收集，并烘干称量得到土壤流失量；将试验后的无纺布表面浮土剥除后，烘干称量，减去无纺布的质量后得到无纺布淤堵量，其结果见表 3.8。

表 3.8　　　　　　　　　　　　土壤流失量和无纺布淤堵量

| 方案 | 无纺布厚度/mm | 等效孔径 $O_{90}$/mm | 土壤流失量/g | 无纺布淤堵量/g |
|---|---|---|---|---|
| NF1 | 0.26 | 0.08 | 0.18 | 1.15 |
| NF2 | 0.30 | 0.07 | 0.14 | 1.17 |
| NF3 | 0.49 | 0.05 | 0.11 | 1.36 |
| NR1 | 0.28 | 0.36 | 1.67 | 1.51 |
| NR2 | 0.35 | 0.23 | 2.65 | 1.68 |
| NR3 | 0.44 | 0.32 | 1.66 | 2.35 |
| NR4 | 0.38 | 0.18 | 1.04 | 1.68 |
| NR5 | 0.48 | 0.12 | 0.59 | 1.81 |

由于方案 NR2 的流量在 35d 观测时间内未达到稳定，其流量变化趋势先缓慢减小，在第 24d 达到最低点，然后又缓慢上升，因此，将其观测时间延长到 65d，直至流量连续 10d 无明显变化为止，所以 NR2 的土壤流失量远大于其他方案，但其无纺布淤堵量在热熔纺黏丝无纺布试验组中并不是最大。此外，相较于热熔纺黏丝无纺布试验组，纺黏 PP 无纺布各方案土壤流失量很小，其淤堵量也比热熔纺黏丝无纺布小。除 NR2 方案外，同种工艺的无纺布，其等效孔径越大，土壤流失量也越大，其厚度越厚，对颗粒的拦截能力越强。由于 NR3 方案的无纺布有着较大的孔径和厚度，其土壤流失量和无纺布淤堵量均最大，其较大的孔径会允许较大粒径范围的颗粒进入无纺布，而其较大的厚度又让这些颗粒不能完全的穿出，虽然内部大孔隙有利于土颗粒的迁移，但大部分颗粒还是会被截留在内，导致无纺布的透水效果被不断降低，这也是在热熔纺黏丝无纺布试验组中，NR3 方案无纺布渗透系数衰减幅度大的原因。无纺布由于被淤堵导致渗透系数的大幅度衰减，无疑会提高无纺布在整个系统中对流量的影响程度，由图 3.6 也可看到，NR3 方案无纺布对流量衰减的贡献度也最大。

6. 无纺布上方土壤颗粒的组成变化

纺黏 PP 无纺布保土效果和抗淤堵能力均要比热熔纺黏丝无纺布好，但其整体的出流效果普遍偏低，这说明织物内部截留土颗粒会对流量的衰减带来一定的影响，但这种影响并不具有主导性，前面介绍了织物机械淤堵的三种类型，并阐述了滤饼的形成会对透水性带来更大的影响，因此，试验结束后，对紧靠土工布的土壤用小刀刮下薄薄一层土样后，通过激光粒度仪测其颗粒组成（见表 3.9），进一步分析各织物的淤堵情况。

可以发现，在紧靠土工布的土层处，相对于原装土各方案的黏粒含量占比除 NR1 方案增加 0.7% 外，其他方案均略微降低 0.31%～0.91%，彼此之间差异不大，差异主要集中在粉粒和砂粒的含量上。在纺黏 PP 无纺布试验组中，土壤的粉粒含量略微升高 1.8%～2.8%，砂粒含量略微降低 1.2%～2.5%，对该部分的土样在多次重复检测后，其粉粒和砂粒的含量变化仍是小幅度的上升和下降，但土壤的 $d_{90}$ 值明显减小，说明一定

表 3.9 无纺布上方土壤颗粒分析

| 方案 | 质量分数/% | | | $d_{90}/\mu m$ |
|---|---|---|---|---|
| | 黏粒 | 粉粒 | 砂粒 | |
| NF1 | 2.74 | 71.16 | 26.10 | 76.78 |
| NF2 | 3.05 | 72.16 | 24.79 | 74.49 |
| NF3 | 2.97 | 71.88 | 25.15 | 75.82 |
| NR1 | 4.01 | 68.42 | 27.57 | 84.76 |
| NR2 | 2.45 | 62.17 | 35.38 | 105.47 |
| NR3 | 2.68 | 65.26 | 32.06 | 96.26 |
| NR4 | 2.71 | 65.67 | 31.62 | 94.41 |
| NR5 | 2.53 | 67.20 | 30.27 | 89.13 |
| 原装土 | 3.36 | 69.39 | 27.25 | 83.72 |

有颗粒在迁移；在热熔纺黏丝无纺布试验组中，土壤的粉粒含量降低 1.0%～7.2%，砂粒含量升高 0.3%～8.1%，土壤的 $d_{90}$ 值明显变大，其中 NR1 方案粉粒含量占比、砂粒含量占比和 $d_{90}$ 值变化最小，与原装土最为接近。

以往的研究表明，有效的土工布外包料会允许细颗粒流失，通过拦截大量粗颗粒形成高透水的土壤骨架，让排水系统维持高透水能力运行（李伟等，2013；易进蓉等，2015）。这也说明了细颗粒是相对而言更易移动的颗粒，但在渗流作用下，什么范围的颗粒属于易迁移的细颗粒，目前尚还未有明确的界定，可能与土质有关，也可能与外包料的选择有关。根据 Stuyt 等（2005）的建议，$O_{90}/d_{90} \geqslant 1.0$，并且其数值尽量接近可选择范围的上限。显然，本试验选用的纺黏 PP 无纺布的孔径明显偏小，小孔径决定了其能拦截更大范围粒径的颗粒，造成土壤流失极少，而流出的颗粒对于普通纺黏 PP 无纺布来说，属于易流失的细颗粒，并没有让纺黏 PP 无纺布上方形成高透水的粗颗粒骨架，因为其上方土壤的 $d_{90}$ 值变小了，说明有更多的细颗粒在土工布上方汇聚。土颗粒分为黏粒、粉粒和砂粒，当某一范围的颗粒含量增加时，其他范围颗粒的含量会相对减少，纺黏 PP 无纺布上方土壤中，粉粒的含量略微增加了，但并不意味着易迁移的细颗粒是粉粒，因为下降后的 $d_{90}$ 值仍处于砂粒的粒径范围内，也就是说，存在部分汇集的颗粒范围在 $50～76.78\mu m$ 的可能（$76.78\mu m$ 为纺黏 PP 无纺布试验组中土工布上层土壤的最大 $d_{90}$ 值），只是汇聚的细颗粒中，粉粒所占的比重略微大一点，该层土壤中汇聚的细颗粒也只能来自于更上层的土壤。在热熔纺黏丝无纺布试验组中，无纺布上方土壤的 $d_{90}$ 值均在变大，说明有较多的细颗粒流出，但从各类颗粒质量占比来看，只有粉粒的含量在明显降低，说明从该土层流出的细颗粒中，粉粒占的比重也是最大的，且粉粒从土层进入到无纺布的量已经远大于上方土层的粉粒进入到该土层的量。

纺黏 PP 无纺布，不仅其等效孔径 $O_{90}$ 普遍偏小，工艺上也导致其光滑程度要高于热熔纺黏丝无纺布，其过小的孔径容易将细小的颗粒拦截住，从而诱导低透水滤饼的形成。Luettich 等（1992）的研究表明，光滑的土工织物表面更有利于成片细颗粒薄饼的形成，即纺黏 PP 无纺布已经具备了诱导滤饼形成的条件，其上方土壤的 $d_{90}$ 值减小，说明了其容易诱导滤饼形成的趋势已经出现；Bourges 等（2014）的研究表明，这种早期形成的滤饼就已经会影响系统的渗透性能，由图 3.6 也可看出，除 NR3 方案的无纺布这个特例外，纺黏 PP 无纺布对流量衰减的贡献度均高于热熔纺黏丝无纺布。滤层的形成不仅会影响系统的出流效果，更会增加土颗粒进入土工织物的难度，导致土工织物内部的颗粒截留量在后续的时间内不会增加太多，所以纺黏 PP 无纺布试验组的无纺布淤堵量相对热熔纺黏丝无纺布试验组来说会略微偏小。但根据 Bhatia 等（1994）研究发现，土体-滤层交界面上形成的薄饼比等量细粒淤积在滤层内的透水性危害要大得多，这可能也是纺黏 PP 无纺布总体淤堵量少，但透水效果却普遍偏低的原因。

### 3.3.1.2　流量随时间变化的驼峰现象

基于宁夏土、安徽土不同级配土壤和 R1、R2、R4 和 R5 四种热熔纺黏丝无纺布试验，对比两种土壤在不同规格土工布防护作用下的流量衰减过程、无纺布的保土能力及防淤堵性能，从土壤颗粒动态迁移的角度出发，对系统流量随时间变化出现的"驼峰"现象产生原因进行分析。

**1. 流量随时间变化**

图 3.8 所示为安徽土和宁夏土 4 种规格无纺布防护作用下的流量随时间的变化过程。同前面的分析，试验初期，在渗透水流的作用下上层土壤细颗粒开始逐渐向下层迁移，下层土体密实度逐渐增加，渗透性减弱，反映在系统流量上为各方案前期流量出现了大幅衰减情况。试验进行到 10d 时，安徽土试验组各方案的流量衰减速度放缓，而宁夏土试验组各方案的流量仍然保持着较大的衰减速度，直至 15d 时开始有所放缓。在 15d 时，方案 AR1、AR2、AR4、AR5、NR1、NR2、NR4 和 NR5 的系统流量残余度分别为 69.6%、70.4%、73.2%、67.3%、81.7%、83.7%、81.4% 和 79.4%，可以看出安徽土的系统流量衰减程度高于宁夏土。

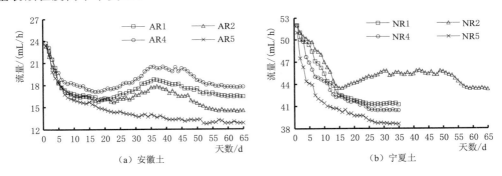

图 3.8　流量随时间的变化过程

观察各方案曲线走势，除方案 AR5、NR1、NR4 和 NR5 以外，其余方案均出现了流量不降反升的"驼峰"现象，不同的是宁夏土方案流量回升时间节点要早于安徽土方案，方案 NR2 在 15d 左右出现流量回升现象，而方案 AR1、AR2、AR4 的流量回升时间节点普遍在 20d 左右。在"驼峰"峰值持续时间上，方案 NR2 在 26～54d 均保持着较高的流量，"驼峰"峰值持续时长达 28d，反观安徽土试验组，方案 AR1、AR2、AR4 的"驼峰"峰值持续时长普遍为 15d 左右。另外,安徽土方案 AR1、AR2、AR4 均出现了"驼峰"现象,而宁夏土只有方案 NR2 出现了"驼峰"现象,说明安徽土的土质状况更容易导致"驼峰"现象的发生。

总体上来看,出现"驼峰"现象方案的流量要明显高于未出现该现象的方案,其中采用 90g/m² 和 68g/m² 无纺布的方案 AR4 和 NR2 对于安徽土和宁夏土分别表现出良好的透水效果,在整个试验过程中流量均保持在较高水平。对于安徽土,方案 AR1 和 AR2 透水效果居中,且 AR1 更好,方案 AR5 的透水效果表现不佳。对于宁夏土,除方案 NR2 以外,其余三个方案透水效果均较差。

2. 土壤各层和无纺布的渗透性变化

图 3.9 所示为各方案上、中、下层土体和土工布的渗透系数残余度随时间的变化过程。可以观察到出现"驼峰"现象的方案 AR1、AR2、AR4 和 NR2 的各层土体渗透系数残余度变化过程呈现与观测流量变化趋势相似的先下降后上升再下降的"驼峰型"曲线,而土工布渗透系数残余度变化呈现出与土层渗透系数残余度相反的"倒驼峰型"曲线,数据上表现为方案 AR1、AR2、AR4 和 NR2 的土工布渗透系数残余度分别从最低点的 36.1%、37.9%、48.2% 和 37.4% 回升至试验末期的 41.6%、42.9%、59.2% 和 46.3%。而对于试验时长相同的方案 AR5 却没有出现与之类似的变化情况,方案 AR5 各部分渗透性变化中上层和中层土体渗透系数残余度在试验后期的 40~45d 时有所回升,其下层土体和土工布渗透系数残余度在整个试验期间持续下降,至 55d 时保持平稳。对于试验时长均为 35d 的方案 NR1、NR4 和 NR5,其上层和中层土体的渗透系数残余度出现了由降转升的现象且普遍在试验进行至 25~30d 时进入平稳阶段,同时下层土体和土工布的渗透系数残余度均呈下降趋势。

此外,可以看出各组方案上层和中层土体的渗透系数残余度变化情况基本类似,均在初始下降后先后出现了回升趋势,不同在于出现"驼峰"现象的方案 AR1、AR2、AR4 和 NR2 上层和中层土体渗透系数残余度在试验后期再次回落,而这一现象没有在其他方案上出现,同时也可以看出上层和中层土体渗透系数残余度再次下降的现象多出现在安徽土方案上,而宁夏土方案中只有方案 NR2 出现这一情况。毛海涛等(2022)在浑水渗流作用下粗粒土渗透特性的研究中发现,随着浑水浓度和作用水头的增大将导致浑水中粉砂颗粒的运移、堵塞和淤积加剧,进而影响土体的渗透性。朱秦等(2021)对饱和状态下宽级配土渗透性的研究发现,渗流作用下土体内部细颗粒的运移和沉淀会引起土体渗透性的变化。Dierickx(1983)在研究排水暗管附近的水力梯度和土壤侵蚀时发现,对于无黏性砂土,渗透水流可能导致土壤颗粒移动到排水管内部,特别是对于结构不稳定的土壤,土壤骨料劣化和土壤侵蚀的程度将进一步加剧。因此,土体渗透性变化原因可根据水流作用下土壤颗粒动态迁移加以解释。试验初始,装置内部土壤经过统一筛分装填,土壤颗粒总体分布较为均匀,因此在渗透水流的作用下,土壤颗粒将向下迁移进而发生颗粒重新排列和孔隙填充现象,宏观上表现为土层沉降,使得各层土体的孔隙度出现不同程度的减小,继而引起各层土体的渗透性出现一定幅度的衰减。然而这种衰减不会一直持续,随着渗透水流的作用,上层土体细颗粒逐渐向下转移,使得原先部分被细颗粒填充的孔隙空间扩大或者新的孔隙生成,孔隙度增加,继而引起渗透性的回升。对于中层土体,其渗透性回升

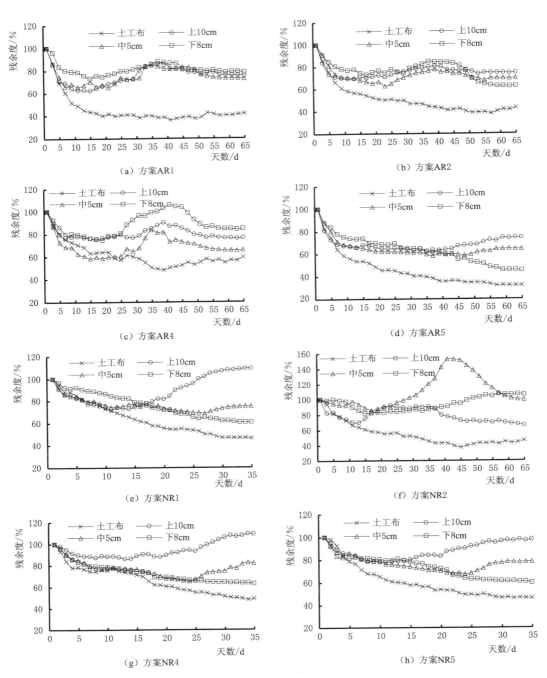

图 3.9　土体各层及土工布渗透系数残余度随时间的变化过程

时间节点相较于上层土体靠后，这是因为该层土体内部的土壤细颗粒发生了流失补充行为，在这种土壤颗粒动态迁移的过程中，可简单把中层土体看作是一个"土壤颗粒中转站"，一方面要承接上层土体向下迁移来的土壤颗粒，另一方面又要将这部分土壤颗粒连同自身内部的土壤颗粒转移到下层土体，在这种土壤颗粒的流失补充过程中，中层土体的渗透性由降转升的时间节点自然要落后于上层土体。至于上层和中层土体渗透性在回升以后再次下降的现象可能与土体内部渗流结构是否到达临界状态有关，随着各层土壤颗粒的向下迁移，原先上层构建的土壤骨架难以维持，当达到临界状态时，土体内部原本稳定的渗流结构发生破坏，继而再度发生土颗粒的重新排列分布和孔隙填充现象，从而使得渗透性再次出现下降。同时对于上层和中层土体渗透性再次下降的现象多出现在安徽土方案上，这与土壤的颗粒组成密切相关，试验开始后，粒径较小的黏粒和粉粒在渗透水流的作用下率先向下层迁移，由此导致上部土壤颗粒组成中砂粒含量的比重上升，上层和中层土体内部先后搭建相对稳定的渗流结构，这些渗流结构主要依靠因粒径较大而难以移动的砂粒搭建，通过对比表 3.2 中两种土壤的颗粒组成情况，可以看出宁夏土的砂粒含量明显多于安徽土。因此宁夏土上层和中层的渗流结构相比于安徽土而言更加稳定，不易被水流扰动而发生崩解，同时也解释了宁夏土方案普遍在较短时间内进入了稳定状态以及方案 NR2 "驼峰" 峰值持续时间相对较长的原因。

下层土体的渗透性变化取决于两个方面：一方面是由于中上两层迁移下来的细颗粒填充土壤内部孔隙使得下层土体朝着致密化和低透水化的方向发展，进而导致下层土体渗透性下降；另一方面是一部分土壤细颗粒穿过土工布使得土体内部孔隙度增加导致渗透性上升。在 15d 时，方案 AR1、AR2、AR4、AR5、NR1、NR2、NR4 和 NR5 的下层 8cm 土体渗透系数残余度分别为 73.2%、74.5%、76.4%、70.1%、78.7%、82.3%、77.6% 和 75.8%，可以看出下层土体在接受到来自上层和中层的土壤颗粒后，其渗透性或多或少都有所下降，同时安徽土各方案下层土体渗透系数残余度普遍小于使用相同土工布规格的宁夏土各方案，结合安徽土中黏粒、粉粒等细颗粒占比较高的土质特点，相比于宁夏土，安徽土各方案下层土体接受到的土壤细颗粒更多，致使下层土体渗透性下降程度更加明显，同时也进一步解释了试验初期安徽土系统流量衰减程度高于宁夏土的原因。再者，下层土体渗透性变化还需要结合土工布的渗透性进行分析，可以观察到出现 "驼峰" 现象的方案 AR1、AR2、AR4 和 NR2 土工布渗透性出现了 "倒驼峰" 走势，说明这几个方案的土工布确实起到了颗粒筛选的作用，拦截大颗粒，放行小颗粒，层层筛选，层层反馈，最终使得下层土体渗透性随之上升。而方案 AR5、NR4 和 NR5 所选用的土工布对于安徽土和宁夏土而言过于致密，对土颗粒的拦截强度过高，土壤颗粒堵塞在织物层表面，或被拦截在织物层内部，严重削弱了土工布的透水性能，而土工布透水性能的削弱会进一步反馈给土体，使得下层土体渗透性也随之下降。至于方案 NR1，是因为宁夏土中砂粒含量较高致使大颗粒很容易被拦截至织物层内部，堵住织物层内部过流通道，由此造成该方案的透水效果表现不佳。综上，"驼峰" 现象的出现与土工布周边是否建立良好的渗透结构有关，土工布是否被淤堵，土工布规格是否适配土壤，需要对各方案土工布淤堵量、土壤流失量和织物上方土壤颗粒粒度做进一步的分析。

3. 土壤流失量和无纺布淤堵量

表 3.10 给出了安徽土、宁夏土在不同规格土工布防护作用下的土壤流失量、土工布淤堵量、土工布等效孔径 $O_{90}$ 与土壤特征粒径 $d_{90}$ 的比值。为对比方便，表 3.8 中宁夏土 NR1、NR2、NR4 和 NR5 的结果一并列入表中

表 3.10　　　　　　　　　　土壤流失量、无纺布淤堵量和 $O_{90}/d_{90}$ 值

| 方案 | 无纺布厚度/mm | 土壤流失量/g | 无纺布淤堵量/g | $d_{90}/\mu m$ | $O_{90}/\mu m$ | $O_{90}/d_{90}$ |
|---|---|---|---|---|---|---|
| AR1 | 0.28 | 1.97 | 0.88 | 46.3 | 360 | 7.8 |
| AR2 | 0.35 | 1.88 | 0.97 | 46.3 | 230 | 5.0 |
| AR4 | 0.38 | 1.56 | 0.63 | 46.3 | 180 | 3.9 |
| AR5 | 0.48 | 0.87 | 1.44 | 46.3 | 120 | 2.6 |
| NR1 | 0.28 | 1.67 | 1.51 | 83.7 | 360 | 4.3 |
| NR2 | 0.35 | 1.73 | 1.09 | 83.7 | 230 | 2.7 |
| NR4 | 0.38 | 1.04 | 1.68 | 83.7 | 180 | 2.2 |
| NR5 | 0.48 | 0.59 | 1.81 | 83.7 | 120 | 1.4 |

　　对于土工布规格一致的方案 AR2 和 NR2，试验时长均为 65d，可以发现安徽土方案 AR2 的土工布淤堵量略小于宁夏土方案 NR2，而安徽土其他方案 AR1、AR4 和 AR5 尽管试验时间长，但土工布淤堵量均小于使用相同土工布规格的宁夏土方案。与较高的土工布淤堵量相对应的是普遍较低的土壤流失量，除方案 NR1、NR4 和 NR5 试验时间短所造成的土壤流失量相较于安徽土而言偏低以外，试验时长和土工布规格一致的宁夏土方案 NR2 的土壤流失量也略低于安徽土方案 AR2。结合安徽土和宁夏土颗粒级配之间的差异，安徽土土壤流失量普遍高于宁夏土的原因是安徽土黏粒和粉粒等细颗粒占比较高，存在较多数量的土壤颗粒穿过土工布发生流失行为，而宁夏土粗颗粒占比明显高于安徽土，土工布织物层对于土颗粒的拦截作用强，因此呈现较高的土工布淤堵量。

　　方案 AR1、AR2、NR1 和 NR2 采用 $50g/m^2$ 和 $68g/m^2$ 的土工布，其中 AR1、AR2 和 NR2 均出现了"驼峰"现象，而 NR1 却出现了流量持续下降的现象，对比土工布等效孔径与土壤特征粒径的比值 $O_{90}/d_{90}$，可以看出 AR1 和 AR2 的 $O_{90}/d_{90}$ 值较大，NR1 居中，NR2 较小。较高的 $O_{90}/d_{90}$ 值表明土工布等效孔径大，对于土壤颗粒的拦截作用弱，因此对应于细颗粒占比较高的安徽土壤特性，说明引起方案 AR1 和 AR2 在试验中期出现流量回升现象的原因是较多土颗粒的流失所导致的下层土体孔隙度增加，对应表中较高的土壤流失量 1.97g 和 1.88g。而对于以较粗颗粒为主的宁夏土，方案 NR1 所使用的土工布等效孔径大且厚度相对较小的特性使得土壤颗粒很容易进入织物层内部并被织物层内部交错复杂的纤维结构所拦截，进而滞留淤堵在织物层内部，形成土工布淤堵现象，对应表中较高的土工布淤堵量 1.51g，最终结果将引起系统流量持续走低。相较于其他方案，方案 NR2 和 AR4 的 $O_{90}/d_{90}$ 值适中，分别为 2.7 和 3.9，土壤流失量居中，土工布淤堵量最少，且在各试验组中透水效果表现最好，表明单位面积质量为 $68g/m^2$ 的土工布对于宁夏土质特性适配性更好，而单位面积质量为 $90g/m^2$ 的土工布对于安徽土质特性适配性更好。对于方案 AR5、NR4 和 NR5，可以看到三个方案均出现了较高的土工布淤堵量，将之与同样出现较高土工布淤堵量的方案 NR1 对比，可以发现 NR1 的土壤流失量和土工布淤堵量均大，而 AR5、NR4 和 NR5 只是呈现出较高的土工布淤堵量，而土壤流失量偏小，该现象说明造成这三个方案较高土工布淤堵量的原因与方案 NR1 不同。对于宁夏土方案 NR4 和 NR5，较小的 $O_{90}/d_{90}$ 值导致土工布对土壤颗粒的拦截作用强，土工布能够

将大部分土壤颗粒拦截在织物层表面，只允许较少细颗粒进入土工布内部，但是单位面积质量为 $90g/m^2$ 和 $120g/m^2$ 土工布的厚度较大，进入织物层内部的细颗粒难以克服较大的织物层纤维拦截阻力进而被滞留在织物层内部无法移动，从而产生了较大程度的土工布淤堵现象。对于安徽土方案 AR5，其 $O_{90}/d_{90}$ 值为 2.6，相比于其他方案处于中等水平，土壤颗粒相较于宁夏土方案 NR4 和 NR5 来说是比较容易进入织物层内部的，但是同样因为土工布较大的厚度导致土壤细颗粒难以迁出，再者结合安徽土方案细颗粒占比较高的土质特性，存在一定几率在织物层表面形成致密"滤饼"层。因此，为对比不同规格土工布对于两种土壤的反滤效果，需要对土工布上方土壤粒径做进一步的分析。

**4. 无纺布上方土壤颗粒的组成变化**

以往的研究表明，土工布作为暗管外包料，保护其不受到淤堵，体现在并不是把土壤颗粒完全拦截下来，而是起到一个颗粒筛选的作用，即允许一部分极细小颗粒透过土工布进入暗管，同时将一些粒径较大的土颗粒阻隔在外，进而随着时间的推移，逐渐在土工布外围形成由粗颗粒组成的高透水性土壤骨架。因此，土工布渗透性与其表面是否形成高透水性土壤骨架有关。目前国内外有关土工布反滤作用下能在暗管外围形成多大范围的土壤高效透水层还没有明确的界定，但是紧靠土工布的土壤受到土工布颗粒筛选作用的影响无疑是最大的。因此，试验结束后对土工布上方 0~3mm 范围内的土壤进行粒度分析，结果见表 3.11。为方便对比，表 3.9 中宁夏土 NR1、NR2、NR4 和 NR5 的结果一并列入。

**表 3.11**                            无纺布上方土壤颗粒分析

| 方案 | 质量分数/% | | | $d_{90}/\mu m$ |
|---|---|---|---|---|
| | 黏粒 | 粉粒 | 砂粒 | |
| AR1 | 4.92 | 83.78 | 11.3 | 51.33 |
| AR2 | 5.19 | 83.97 | 10.84 | 49.31 |
| AR4 | 5.09 | 82.12 | 12.79 | 55.82 |
| AR5 | 6.31 | 85.64 | 8.05 | 45.63 |
| 安徽原始土壤 | 6.59 | 84.87 | 8.53 | 46.34 |
| NR1 | 4.01 | 68.42 | 27.57 | 84.76 |
| NR2 | 2.45 | 62.17 | 35.38 | 101.31 |
| NR4 | 2.71 | 65.67 | 31.62 | 94.41 |
| NR5 | 2.53 | 67.20 | 30.27 | 89.13 |
| 宁夏原始土壤 | 3.36 | 69.39 | 27.25 | 83.72 |

可以看到，出现"驼峰"现象的方案 AR1、AR2、AR4、NR2 和未出现"驼峰"现象的方案 NR4、NR5 均出现了黏粒、粉粒颗粒质量分数同时下降而砂粒质量分数上升的现象，说明这几组方案所选用的土工布或多或少起到了拦截粗颗粒放行细颗粒的颗粒筛选作用，砂粒质量分数的上升表明土工布上方土壤有向着透水性良好的方向发展的趋势。其中透水效果表现最好的宁夏土方案 NR2 和安徽土方案 AR4，其黏粒、粉粒质量分数明显下降而砂粒质量分数明显上升，同时这两个方案 $d_{90}$ 值相较于原始土壤的 $d_{90}$ 值均提升了 20% 以上，表明这两个方案所使用的土工布促使土工布上方形成了高透水性土壤骨架，同

时通过对其更上层的土壤颗粒进行层层筛选，最终在土工布上方土壤中形成了土壤粒径由细渐粗，透水性由弱到强的"渐变型滤体结构"。对于方案 AR1 和 AR2，虽然 $d_{90}$ 值也出现了上升，但是结合两方案较高的土壤流失量，说明 AR1 和 AR2 较高的 $O_{90}/d_{90}$ 值导致部分本应该用于搭建透水骨架结构的土颗粒发生流失，$d_{90}$ 值的上升只是依靠过多流失土壤颗粒所带来的短暂效应。方案 NR4 和 NR5 的 $d_{90}$ 值也出现了上升，但是所期待的良好透水效果却并未出现，结合这两个方案较高的土工布淤堵量，表明来自土工布上方土体的土壤颗粒绝大多数被拦截至土工布织物层内部，从而使得这两个方案透水效果表现不佳。方案 NR1 的黏粒、粉粒、砂粒以及 $d_{90}$ 值与原始土壤基本持平，结合该方案较大的土壤流失量和土工布淤堵量，说明试验初期单位面积质量为 $50 g/m^2$ 的土工布较大的等效孔径对于黏粒、粉粒和砂粒均无法有效拦截，导致了较高的土壤流失量，但是随着时间的推移，宁夏土粗颗粒占比较高的土质特性使得部分粗颗粒被拦截到织物层内部，随着织物层内部过流通道的减少，使得土工布上方黏粒、粉粒等细颗粒穿过土工布的难度增加，加之上层和中层土体迁移下来的细颗粒逐渐弥补了试验初期所流失的细颗粒，最终在这种综合效应下，使得方案 NR1 出现了黏粒、粉粒、砂粒和 $d_{90}$ 值基本不变而土壤流失量和土工布淤堵量均较大的现象。方案 AR5 的 $d_{90}$ 值明显减小，粉粒质量分数上升而砂粒质量分数下降，表明该方案土工布织物层表面形成了以粉粒等细颗粒为主导的致密"滤饼"层，严重削弱了土工布的透水性能。Bhatia 等（1994）在研究土工布透水性能时发现，等量的细颗粒汇集在织物表面将使得土工布透水性能发生大幅衰减，结合安徽土本身的土质特征，说明方案 AR5 已经具备了生成"滤饼"的条件。

### 3.3.2　无纺布亲水处理后的反滤效果

纺黏 PP 无纺布在材料疏水性和织物小孔径的双重制约下，无水压时均不透水，找寻一种能替代聚丙烯且亲水性好的新材料无疑是一种耗时且工程量大的任务，亲水剂本身较为廉价，在现有材料上就可实施，更易于在实际应用中进行推广。为分析亲水处理的有效性，选择纺黏 PP 无纺布进行亲水处理，一是织物本身的透水性低，亲水处理带来的效果会更明显；二是纺黏 PP 无纺布在本试验中展现出容易诱导滤饼形成的趋势，滤饼本就是一种低渗透性的土层，如果亲水处理能在低透水滤饼形成的趋势下，仍能提高整体的透水性，那么就可以认为亲水处理是有效且具有一定的实际应用价值。试验选择单位面积质量为 $60 g/m^2$ 和 $100 g/m^2$ 的两种纺黏 PP 无纺布 F2 和 F3 进行了亲水处理，以宁夏土为研究对象，研究亲水处理前后系统的流量衰减过程、无纺布的保土能力、抗淤堵能力和无纺布上层土壤颗粒的变化情况，综合评估亲水处理的有效性。

1. 亲水处理前后的流量变化

亲水处理前后流量的变化情况如图 3.10 所示。可以看出，亲水处理后，系统的过流效果有了明显的提升，从试验开始到结束，亲水处理组的流量均大于对照组的流量，整体流量提高了 15% 左右。试验结束后方案 NF2T 的流量残余度为 76.7%，其对照方案 NF2 的流量残余度为 76.6%；方案 NF3T 的流量残余度 72.9%，其对照方案 NF3 的流量残余度为 79.5%，总体来看流量的残余度相差不大，流量变化的稳定性也较为一致，这说明了对土工织物进行亲水处理是能够有效提高整体的过流效果。

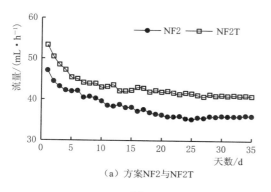

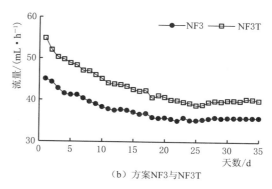

（a）方案NF2与NF2T　　　　　　　　（b）方案NF3与NF3T

图 3.10　亲水处理前后各方案流量随时间的变化情况

2. 土壤流失量和土工布淤堵量

亲水处理后，35d 后各方案试验装置底部基本上没有出现明显的土颗粒汇集现象，这说明纺黏 PP 无纺布在亲水处理后，其截留土颗粒的能力没有发生太大的变化，仍保持着较强的拦截土颗粒的能力。表 3.12 所示为各方案土壤流失量和无纺布淤堵量，可以看出，亲水处理前后的土壤流失量和无纺布淤堵量基本没有太大差异，这说明了亲水处理对织物孔隙结构的影响较小。

表 3.12　　　　　　　　　　　　　土壤流失量和无纺布淤堵量

| 方案 | 厚度/mm | 等效孔径 $O_{90}$/mm | 土壤流失量/g | 无纺布淤堵量/g |
|---|---|---|---|---|
| NF2 | 0.30 | 0.07 | 0.14 | 1.17 |
| NF2T | 0.29 | 0.07 | 0.15 | 1.09 |
| NF3 | 0.49 | 0.05 | 0.11 | 1.36 |
| NF3T | 0.49 | 0.05 | 0.11 | 1.31 |

3. 无纺布上方土壤颗粒的组成变化

表 3.13 所示为无纺布上层土壤颗粒分析结果。与未亲水处理的纺黏无纺布试验组相比，亲水处理后的上方土层土壤颗粒的变化趋势和变化范围均基本一致，仍然表现为：粉粒含量略微上升，砂粒含量略微下降，土壤的 $d_{90}$ 值显著变小，各级颗粒质量占比以及 $d_{90}$ 值均较为接近，说明亲水处理没有改变该种土工布对上方土层颗粒的诱导能力。

表 3.13　　　　　　　　　　　　　无纺布上层土壤颗粒分析结果

| 方案 | 质量分数/% | | | $d_{90}$/$\mu$m |
|---|---|---|---|---|
| | 黏粒 | 粉粒 | 砂粒 | |
| NF2 | 3.01 | 71.76 | 25.23 | 74.87 |
| NF2T | 2.99 | 71.54 | 25.47 | 75.83 |
| NF3 | 2.87 | 71.17 | 25.96 | 75.14 |
| NF3T | 3.01 | 72.20 | 24.79 | 76.13 |
| 原装土 | 3.36 | 69.39 | 27.25 | 83.72 |

　　纺黏 PP 无纺布亲水处理后没有降低滤饼形成的风险，但有效提高了整体过流效果，说明亲水处理对由于滤饼形成导致透水能力下降的现象有一定的抵抗作用。结合亲水处理前后土工布的淤堵量、土壤流失量、土工布的透水性能和整体流量大小来看，通过提高土工织物材料的亲水性来提高整体过流效果的方式具有一定的可行性，且这种方式没有破坏土工布与土颗粒的相互作用效果，具有一定的实用价值，为以后暗管外包料选取提供了一种可参考的处理方式。

## 3.4　双层无纺布外包料的反滤效果

### 3.4.1　无纺布单位面积质量相同情况下的反滤效果

　　控制单位面积质量相同是为了让土工织物具有一定的抗磨损强度，既不至于在施工以及应用过程中土工织物被划伤、戳破造成织物的保护效果降低，也能够避免由于选用的单层土工织物规格过高，孔隙过度均匀且致密化，导致拦截颗粒过度而造成整体透水性降低；同时还不会增加额外的材料成本。试验选择单位面积质量为 $50\mathrm{g/m^2}$ 的热熔纺黏丝无纺布 R1 和纺黏 PP 无纺布 F1 通过不同的叠加方式进行双层叠加试验，并与方案 NF3 的试验结果进行对照。参考前面的研究结论，为了促进土工织物外层形成高透水性土壤骨架，采用孔径大的放上层、孔径小的放下层的叠加方式。对叠加后系统流量的变化情况、土工织物淤堵量和土壤流失量进行了分析，综合探讨叠加方式的可行性。

　　1. 流量随时间的变化

　　无纺布叠加后的流量变化情况如图 3.11 所示。可以看出，将高规格的无纺布替换成两种规格更小的无纺布进行叠加，能够有效且持续地提高整体的流量。采用双层无纺布叠加方案的流量从试验开始到结束，均大于同时刻方案 NF3 的流量。而从双层叠加方案之间的流量对比情况来看：方案 NR1R1 的流量最大且流量变化的稳定性最高，最终流量残余度为 75.5%；方案 NR1F1 的流量大小居中，流量变化的稳定性最低，最终流量残余度为 66.4%；方案 NF1F1 流量最小，流量变化的稳定性居中，最终流量残余度为 70.0%。相较于方案 NF3，方案 NF1F1、方案 NR1F1 和方案 NR1R1 在 35d 的总体过流量分别提高了 11.4%、8.8% 和 19.0%。

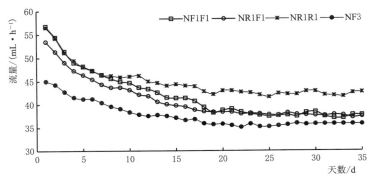

图 3.11　各方案流量随时间的变化

**2. 土壤流失量和无纺布淤堵量**

尽管将孔隙更小无纺布 F3 替换成两种孔径更大的无纺布进行叠加，但从装置底部的颗粒沉积情况可以看出，叠加组合中有无纺布 F1 的方案基本上没有明显的土颗粒汇集在底部的现象，这还是与纺黏 PP 无纺布孔径过小有关。无纺布 R1 的孔隙最大，采用双层无纺布 R1 进行叠加后，可以看到装置底部还是会有少许的颗粒沉淀出现，说明无纺布叠加后能够部分的提高拦截颗粒的能力，但不会导致颗粒被全拦住，上下大孔隙织物的叠加还是能够出现让一部分颗粒流失的孔隙通道。无纺布 R1 与无纺布 F1 叠加后，尽管 R1 能够允许细颗粒通过，但下方的无纺布还是会将大部分颗粒拦截住，导致总体颗粒流失较少。

试验结束后，对各方案的土壤流失量和无纺布淤堵量进行测量统计如表 3.14 所示。淤堵量的测试具体分为上方无纺布淤堵量和下方无纺布淤堵量，单一无纺布淤堵量测试需要剔除织物表面浮土，而下方无纺布也会存在部分土颗粒汇聚在织物表面的现象，由于这部分颗粒仍旧处于土工织物反滤层内，所以将这部分土颗粒统计在下方无纺布淤堵量上。

**表 3.14**         **土壤流失量和无纺布淤堵量**

| 方案 | 单位面积质量 /(g·m$^{-2}$) | 厚度 /mm | 土壤流失量 /g | 无纺布淤堵量/g | | |
| --- | --- | --- | --- | --- | --- | --- |
| | | | | 上方淤堵量 | 下方淤堵量 | 总淤堵量 |
| NF1F1 | 100 | 0.52 | 0.05 | 1.03 | 0.12 | 1.15 |
| NR1F1 | 100 | 0.54 | 0.12 | 1.47 | 1.51 | 2.98 |
| NR1R1 | 100 | 0.56 | 0.94 | 1.35 | 0.57 | 1.92 |
| NF3 | 100 | 0.52 | 0.11 | — | — | 1.36 |

采用单层无纺布时，被截留在无纺布内的土颗粒作为无纺布淤堵量，穿过无纺布的土颗粒作为土壤流失量，而当在无纺布下再放一层无纺布时，下层的无纺布会对穿过上层无纺布的土颗粒进行进一步的拦截，相当于下层无纺布的淤堵量是从上层无纺布流失量中截留了一部分，土颗粒只有穿过了下层无纺布，才会真正的流失。土颗粒要穿过两层无纺布流失掉，这与上下两层无纺布的孔径大小都有关。方案 NF1F1 所用的是双层小孔径的纺黏 PP 无纺布，其单层就已经具备了较强的拦截土颗粒的能力，上方无纺布会将大部分的颗粒给拦截住，导致上方无纺布的淤堵量大，能穿过上方无纺布的颗粒很少，所以下方无纺布的淤堵量会更少；方案 NR1F1 采用的是上方大孔径下方小孔径的组合形式，上方大孔径的无纺布会允许较多的土颗粒流失，所以下方小孔径的无纺布能够从中拦截大量的土颗粒，导致下方无纺布的淤堵量也非常大，能够流失的土依旧较少；方案 NR1R1 采用的是双层大孔径无纺布的叠加方式，其上方无纺布淤堵量与方案 NR1F1 的相比差距不大，由于能穿过上方无纺布的土颗粒对于下方无纺布来说，也属于较小易流失的颗粒，所以下方无纺布的淤堵量较少，土壤的流失量较多。总的来说，在控制单位面积质量相同的条件下，将孔隙更小的无纺布替换成两种孔径更大的无纺布进行叠加，其无纺布淤堵量和土壤流失量没有显现出一致的特性。

**3. 无纺布上方土壤颗粒的组成变化**

无纺布上方土壤颗粒分析结果如表 3.15 所示。可以发现，无纺布上方土层的颗粒分布情况，与该土层接触的无纺布的孔径大小有关，当纺黏 PP 无纺布在上方时，仍旧会展现出其容易诱导滤饼形成的特性，方案 NF1F1 的无纺布上方土壤 $d_{90}$ 值小于原装土则说明了这一点；选用大孔径的无纺布在上层，上方的土工织物依旧会允许小的土颗粒进入，导致靠近土工织物土壤的 $d_{90}$ 值变大，方案 NR1F1 和 NR1R1 均采用了较大孔径的土工织物在上方，所以其上方土壤的 $d_{90}$ 值均大于原装土。

表 3.15　　　　　　　　　　　　　无纺布上方土壤颗粒分析

| 方案 | 质量分数/% | | | $d_{90}/\mu m$ |
| --- | --- | --- | --- | --- |
| | 黏粒 | 粉粒 | 砂粒 | |
| NF1F1 | 2.79 | 71.16 | 26.05 | 74.87 |
| NR1F1 | 2.95 | 66.18 | 30.87 | 87.83 |
| NR1R1 | 3.04 | 65.69 | 31.27 | 90.54 |
| NF3 | 2.87 | 71.17 | 25.96 | 75.14 |
| 原装土 | 3.36 | 69.39 | 27.25 | 83.72 |

目前看来，将孔隙更小的无纺布替换成两种孔径更大的无纺布进行叠加时，无论叠加后是否会有诱导上方滤饼形成的趋势，叠加无纺布方案的流量依旧会更大。由前面可以看出，叠加后无纺布的渗透系数大于单层无纺布 F3 的渗透系数，根据亲水处理得出的结论：通过提高土工织物的渗透性是能够在滤饼形成的风险下持续提高系统的出流量，所以大孔径双层无纺布叠加后的出流效果会更好。织物的小孔隙和疏水性都会为水穿过织物带来阻力，亲水处理是通过提高织物材料的亲水性来实现的，而本试验的双层叠加方式，相当于是提高了织物孔隙大小，不仅确保了单位面积质量不变，叠加后各方案织物的厚度相对于方案 NF3 来说，也基本一致，相当于也是控制了织物厚度相同，在织物厚度基本一致的情况下，水穿过大孔隙织物的阻力自然会越小。

综上，在控制单位面积质量相同情况下，将小孔隙的无纺布替换成两种孔径更大的无纺布的叠加方式，可提高系统流量，具有一定的可行性和应用性，这也为以后暗管外包料选取提供了一种可参考的处理方式。

### 3.4.2　无纺布叠加前后的反滤效果

在实际应用中，如果选择的外包料孔径过大，土工织物无法有效地拦截土体内的大颗粒，导致在渗流作用下，土体内的颗粒会大量流失，土体结构发生破坏。合适的暗管外包料，不仅要具有一定的抗淤堵能力，以维持流量的稳定性，同时，还要具有一定的保土效果，确保在暗管排水的同时不会携带出过量的土颗粒，致原土层结构发生变化。

在渗流作用下，土体内能流失掉的土颗粒：一是与流失颗粒的大小有关，通常是较细的颗粒更易流失；二是与土质有关，如黏粒含量高的土壤，土颗粒之间的束缚能力强，颗粒流失不太容易；三是与渗流力的大小有关，渗流力越大，它拖曳颗粒产生移动的趋势也就越大。在控制土质和水压相同的情况下，还能流失掉的颗粒以及流失颗粒量的多少，就会很大程度上与土工织物的选择有关。对于特定的土质，在相同渗透压下，其易流失颗粒的粒径值在一定范围内，小孔径的土工织物，能穿过它进而流失掉的颗粒，其粒径是较小的，流失颗粒的粒径范围是较窄的；大孔径的土工织物在厚度不高于小孔径织物的前提下，其流失颗粒的量会变多，流失颗粒的粒径范围会扩大，显然也会将小孔径织物易流失的粒径范围囊括进去。通过前面的研究已经发现，一定颗粒的流失有助于促进高透水性土壤骨架的形成，提高整体出流效果，如热熔纺黏丝无纺布试验组的透水效果要高于纺黏PP 无纺布试验组，以及试验观测期间一些方案出现的"驼峰"现象，这均说明了一部分颗粒流失有助于系统渗透性改善。但是在单层无处理的无纺布反滤试验中，相较于方案NR2，方案 NR1 所用的无纺布更薄，孔径更大，为何它的流量变化不会出现"驼峰"现象，这值得令人深思和探究。针对该现象，选用孔径较大、土颗粒流失较多的热熔纺黏丝无纺布进行组合，设计方案 NR1R1 并与方案 NR1 对照，设计方案 NR2R4 并与方案 R2和 R4 对照，对叠加后系统流量的变化情况、土工织物淤堵量和土壤流失量进行分析。

1. 流量随时间变化

无纺布叠加前后的流量变化如图 3.12 所示。可以看出，双层无纺布叠加前后的流量变化情况各方案呈现出不同的效果。相对于方案 NR1，方案 NR1R1 的流量衰减幅度更小，在流量初值几乎相同的情况下，流量的衰减幅度小也意味着过流能力高，方案NR1R1 的过流效果要优于方案 NR1，前者流量残余度为 75.5%，后者流量残余度为72.9%，这表明对于无纺布 R1 来说，针对该土质，双层叠加方式带来的系统透水效果要比单层好。但对于无纺布 R2 和 R4 来说，采用双层叠加方式并没有带来透水效果的提升，反而还会抑制无纺布 R2"驼峰"现象的产生。

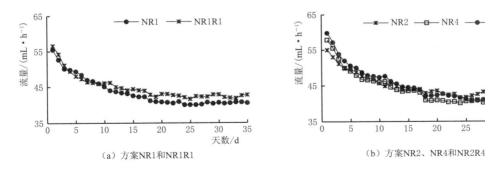

图 3.12  各方案流量随时间的变化情况

2. 土壤流失量和无纺布淤堵量

各方案 35d 后无纺布淤堵量和土壤流失量如表 3.16 所示，由于方案 R2 所测时间较长，故不与之进行比较。从表中可以看出，双层无纺布叠加后，相对于单层无纺布而言，其拦截颗粒的能力提高了，导致总的淤堵量更大，拦截颗粒能力的提高也自然会导致土壤的流失量减少。由于采用的均是较大孔径的无纺布，所以，上方无纺布截留的颗粒量较多，淤堵量大，而下方无纺布截留的是从上方无纺布流失的颗粒，其能截留住的颗粒相对较少，无纺布的淤堵量也较少。

3. 无纺布上方土壤颗粒的组成变化

无纺布上层土壤颗粒分析结果如表 3.17 所示，与方案 NR1 相比，方案 NR1R1 的土壤流失量减少了，但是流失量的减少没有让其上方土壤的 $d_{90}$ 值下降，反而 $d_{90}$ 值变大了。从各级颗粒质量占比来看，相对于原装土，方案 NR1R1 上方土壤的砂粒质量占比提

表 3.16　　　　　　　　　　　土壤流失量和土工布淤堵量

| 方案 | 单位面积质量/(g·m⁻²) | 厚度/mm | 土壤流失量/g | 无纺布淤堵量/g | | |
|---|---|---|---|---|---|---|
| | | | | 上方淤堵量 | 下方淤堵量 | 总淤堵量 |
| NR1 | 50 | 0.28 | 1.67 | — | — | 1.51 |
| NR1R1 | 100 | 0.56 | 0.94 | 1.35 | 0.57 | 1.92 |
| NR4 | 90 | 0.38 | 1.04 | — | — | 1.68 |
| NR2R4 | 158 | 0.73 | 0.63 | 1.36 | 0.80 | 2.16 |

高了 4.02%，粉粒质量占比下降了 3.7%，黏粒质量占比下降 0.32%，已呈现出与其他热熔纺黏丝无纺布试验组（除方案 NR1 外）相同的共性。流失的颗粒少了，而土壤砂粒的含量提高了，这说明方案 NR1 流失的颗粒中含有较多的粗颗粒，粗颗粒的流失导致无纺布上方无法构筑稳定高透水的土体反滤结构，最终导致系统出流的稳定性较差，流量的衰减幅度大。方案 NR2R4 上方土壤的 $d_{90}$ 值相较于方案 NR4 变小了，这也是由于双层无纺布拦截颗粒的能力增强了，R2 和 R4 叠加后，不仅没有带来流量上的提升，也没有体现出防淤堵性能上的优势性，这表明如果单层土工织物已经达到反滤要求时，则不需要再和其他土工织物叠加使用。

表 3.17　　　　　　　　　　　无纺布上层土壤颗粒分析

| 方案 | 质量分数/% | | | $d_{90}/\mu m$ |
|---|---|---|---|---|
| | 黏粒 | 粉粒 | 砂粒 | |
| NR1 | 4.01 | 68.42 | 27.57 | 84.76 |
| NR1R1 | 3.04 | 65.69 | 31.27 | 90.54 |
| NR4 | 2.71 | 65.67 | 31.62 | 94.41 |
| NR2R4 | 2.86 | 67.45 | 29.69 | 88.59 |
| 原装土 | 3.36 | 69.39 | 27.25 | 83.72 |

防淤堵准则要求织物的孔隙不宜过小，以允许小颗粒的流失来构筑高透水的土体反滤层，达到稳定出流的效果；保土准则又要求织物的孔隙不宜过大，尽可能地将土颗粒拦截住，以维持土体结构的稳定性。有观点认为防淤堵准则和保土准则是相矛盾的，其实不然，本试验的发现给了它们比较好的诠释：让土工织物具有一定的孔隙，能允许部分细颗粒的流失，同时又能将大的颗粒拦截住，这应该是防淤堵准则和保土准则共同追求的结果。

《土工合成材料　短纤针刺非织造土工布》（GB/T 17638—2017）中要求土工织物的等效孔径 $O_{90}$ 或 $O_{95}$ 在 0.07~0.2mm 之间即为合格，Stuyt 等（2005）对土工织物作为反滤外包料时建议 $O_{90}/d_{90} \geqslant 1.0$，这两种方法均给出了土工织物孔径的下限值，本试验结果也验证了该下限值的合理性，但针对该土质，这两种范围的下限值仍旧较低。试验土的 $d_{90}$ 值为 0.084mm，纺黏 PP 无纺布 F1 和 F2 的 $O_{90}$ 分别为 0.08mm 和 0.07mm，在 0.07~0.2mm 的范围内，与土壤 $d_{90}$ 的比值也接近于 1，但在试验中，该孔径值仍具有诱导滤饼形成的风险，所以针对该土质选择外包料时，土工织物等效孔径 $O_{90}$ 的下限值需要在这两种范围的基础上进行一定的提高。热熔无纺布试验组中，无纺布 R5 的 $O_{90}$ 值最低，为 0.12mm，该孔径值已能够促进一定的粗颗粒土壤骨架的形成，但从流量变化情况来看，方案 NR5 的过流效果不如其他使用热熔无纺布的方案，说明 $O_{90}$ 为 0.12mm 时已达到防淤堵的要求，但还不足以明显改善整体的透水效果，合适的 $O_{90}$ 孔径值在 0.12mm 的基础上也需进一步扩大，0.12mm 可作为针对该土质无纺布外包料 $O_{90}$ 值下限。无纺布 R4 和 R2 的孔径值分别为 0.18mm 和 0.23mm，均大于 0.12mm，不仅能够促进织物表层粗颗粒土壤骨架的形成，整体的过流效果也最好，尤其方案 NR2 出现的"驼峰"现象，说明这两种无纺布孔径值是较为合适的。方案 NR3 无纺布 $O_{90}$ 值又进一步增大，为 0.32mm，该孔径也能拦截住较大的土颗粒，促进粗颗粒土壤骨架的形成，但方案 NR3 与方案 NR2、NR4 相比，整体的过流效果降低了，在热熔纺黏丝无纺布试验组中，其过流能力也是最低的，这与该织物的孔径和厚度均过大有关，说明该孔径值可能已经到了限制粗颗粒移动的极限值，结合 $O_{90}$ 值为 0.36mm 的方案 NR1 结果来看，印证了 $O_{90}$ 为 0.32mm 已经临近织物满足保土和防淤堵的上限。综合来看，针对该土质，织物的等效孔径 $O_{90}$ 在 0.12～0.32mm 会有较好的反滤效果，能够同时满足防淤堵和保土的要求，也能保障稳定的过流效果，对应 $O_{90}/d_{90}$ 的比值范围在 1.5～3.8。

## 3.5　小结

　　基于室内土柱试验，采用 3 种纺黏 PP 无纺布、5 种热熔纺黏丝无纺布，研究了宁夏土在不同土工布防护措施下系统的流量衰减过程、土工布的保土能力以及防淤堵性能，在此基础上选择其中的 4 种热熔纺黏丝无纺布，研究了安徽土在不同土工布防护措施下系统的流量衰减过程、土工布的保土能力以及防淤堵性能，并与宁夏土进行了对比，从土壤颗粒动态迁移角度出发，对两种土质流量随时间变化出现的"驼峰"现象产生机理进行了分析。此外，采用宁夏土开展了纺黏 PP 无纺布亲水处理以及双层无纺布叠加渗透淤堵试验，控制无纺布工艺、透水性、厚度、单位面积纤维密度等因素，研究不同处理下无纺布的反滤效果。取得的主要结论如下：

　　（1）土体渗透性降低是导致流量衰减的主要因素，在很大程度上决定了流量的走势，不同土工布与土体的组合决定了整体流量的大小。纺黏 PP 无纺布由于其孔径过小，质地光滑，有易诱导滤饼形成的风险，整体出流效果均弱于热熔纺黏丝无纺布试验组；孔径和厚度较大的无纺布会截留大量的颗粒，导致织物的透水能力持续变弱，造成整体流量衰减幅度大。

　　（2）对于粗颗粒占比较高的宁夏土，单位面积质量为 50g/m² 的土工布较大的等效孔径，不仅会产生较大的土壤流失量，而且会引起织物层内部的淤堵现象，单位面积质量为 90g/m² 和 120g/m² 的土工布较大的厚度使得土壤细颗粒难以顺利穿过土工布而被滞留在织物层内部，进而产生较大程度的土工布淤堵现象。对于细颗粒占比较高的安徽土来说，单位面积质量为 50g/m² 和 68g/m² 的土工布虽然能够提供较高的系统排流量，但存在着比较严重的土壤流失现象，而单位面积质量为 120g/m² 的土工布使得土壤颗粒堆积的织物层表面形成了透水性极差的致密"滤饼"层。

（3）"驼峰"现象的形成原因主要集中在下层土体和土工布之间颗粒动态迁移所引起的渗透性变化上，该现象的出现表征了土壤与土工布之间的良好适配性，适配土壤的土工布所起到的颗粒筛选的作用，能够诱导织物上方高透水性土壤骨架的形成，进而通过层层反馈，最终在土体内部形成高渗透性且相对稳定的渗流结构，在整个"驼峰"期间持续提高暗管系统的出流量。

（4）从透水性、保土性和防淤堵性等方面综合考虑，宁夏土与单位面积质量为 $68g/m^2$ 的土工布、安徽土与单位面积质量为 $90g/m^2$ 的土工布之间的适配性较好，土工布能够通过颗粒筛选作用使得土工布上方土壤的 $d_{90}$ 值明显增大，诱导暗管外围土壤形成高透水性土壤骨架，从而最大程度发挥土工布的透水性能和防淤堵性能。

（5）对纺黏 PP 无纺布进行亲水处理后，能在滤饼形成风险下持续提高系统出流效果，且对土工布的保土效果和抗淤堵能力没有太大影响，通过提高织物材料亲水性来抵抗由滤饼引起的整体透水能力下降是可行的。

（6）当织物的孔隙过大，土颗粒流失过多，织物上方无法形成稳定的粗颗粒土壤骨架时，流量的衰减幅度也会较大，在保持厚度和单位面积纤维密度一致的情况下，采用双层叠加的方式限制粗颗粒的流失，能够减缓流量的衰减和提升系统的出流效果；如果织物的孔隙和厚度已满足反滤要求时，则不建议与其他土工织物叠加使用。

# 第4章 暗管虹吸增流除涝降渍性能

暗管排水以其不占用耕地、降渍效果好、有利于排盐压盐、可有效提高土壤的通气条件等优势，在控制地下水位、改良盐碱地中广泛应用。但是传统暗管仍存在排水流量小，难以快速排除田间积水等问题，限制了它在易涝易渍地区的发展。为提高暗管排水的排水效果、提高排水效率，提出了一种在吸水管出口处增设虹吸管的方法，以降低排水口高度，增大排水暗管的作用水头。本章利用理论公式分析了排水地段几何参数对渗流阻抗系数的影响；基于室内排水试验，探究了在地表积水条件下虹吸排水措施的除涝降渍效果，以及虹吸负压随水头的变化情况；基于大田试验分析了虹吸条件下的排水能力；利用理论公式与试验结果相结合的方式，计算验证了较为适宜的虹吸管内径。最后，基于室内排水试验和田间排水试验的观测结果，对 HYDRUS－2D 模型参数进行了率定和验证，分析了虹吸负压在土壤中的分布等情况。

## 4.1 暗管排水能力影响因素及提升方法

暗管所依据的工作原理，是渗流理论中关于流量和水头（水位）的关系服从达西定律和伯努利定律。根据达西定律，恒定运动情况下地表积水入渗条件的常规暗管排水渗流量的理论公式如第 2 章式（2.5）所示。

由式（2.5）可以看出，暗管排水能力与排水地段含水层的平均渗透系数 $K$ 和作用水头 $H_s - H_d$ 呈正相关关系，与排水地段的渗流阻抗系数 $\Phi$ 呈负相关关系，增大 $K$ 和 $H_s - H_d$，或减小 $\Phi$，都可提高暗管排水能力。对于不同类型的涝渍地区，田间土壤渗透性能是客观存在的，无法改变，通过耕作对表土进行深松使土壤 $K$ 发生改变也存在一定限度。通过加大暗管埋深 $h_d$ 提高作用水头，可以使暗管的排水流量增大，但会提高施工成本并增加施工难度。

由第 2 章式（2.6）、式（2.9）、式（2.10）和式（2.13）可知，渗流阻抗系数 $\Phi$ 与暗管埋深、暗管间距、暗管半径以及含水层厚度等因素有关。采用实例分析计算排水地段各项几何参数对 $\Phi$ 的影响，暗管（含外包料）半径取目前市场上广泛应用的 0.04m 和 0.05m，暗管中心埋深取 $h_d = 0.5m$ 和 1.0m，当含水层较厚（$L \leqslant 2T$）时，用式（2.6）或式（2.10）计算不同暗管间距条件下的 $\Phi$ 值；当含水层较薄（$L > 2T$）时，用式（2.9）或式（2.13）计算不同含水层厚度条件下的 $\Phi$ 值。由于位氏和努氏公式两种方法计算得出的 $\Phi$ 值很接近，相差不到 1%，表 4.1 仅给出位氏公式计算的结果。

从表 4.1 可以看出，随暗管半径 $r_0$ 增加，$\Phi$ 值减小，随暗管埋深 $h_d$ 增加，$\Phi$ 值增大；当间距和含水层都增大到一定程度时，$L$ 和 $T$ 对 $\Phi$ 的影响都很小。例如，当暗管间距从 5m 增加到 10m 时，两种埋深和管径条件下 $\Phi$ 值减小 1.47%~4.7%，从 5m 增加到

**表 4.1** 排水地段几何参数对渗流阻抗系数 Φ 的影响

| $h_d$/m | $r_0$/m | L/m（L≤2T） | | | | T/m（L>2T） | | |
|---|---|---|---|---|---|---|---|---|
| | | 5 | 10 | 20 | 30 | 5 | 10 | 20 |
| 0.5 | 0.04 | 0.522 | 0.515 | 0.513 | 0.512 | 0.513 | 0.512 | 0.512 |
| | 0.05 | 0.487 | 0.479 | 0.477 | 0.477 | 0.478 | 0.477 | 0.476 |
| 1.0 | 0.04 | 0.662 | 0.633 | 0.625 | 0.624 | 0.628 | 0.624 | 0.623 |
| | 0.05 | 0.627 | 0.597 | 0.590 | 0.588 | 0.592 | 0.588 | 0.587 |

20m 时，Φ 值减小 1.85%～5.94%；当含水层厚度从 5m 增加到 10m 时，两种埋深和管径条件下 Φ 值减小 0.2%～0.7%，从 5m 增加到 20m 时，Φ 值减小 0.2%～0.9%，含水层厚度对 Φ 值的影响很微弱；暗管埋深越小，间距的变化对 Φ 的影响越小，总体来说，暗管间距变化对 Φ 值的影响也较小，可以忽略。当暗管半径从 0.04m 增加到 0.05m，即增加 25% 时，两种埋深条件下 Φ 值减小 5.4%～7.0%，暗管埋深越小，管径增加对 Φ 值减小的影响越大。当埋深从 1.0m 减小到 0.5m 时，Φ 值减小 17.9%～22.4%。总体来说，对 Φ 值影响大小的顺序为：暗管埋深≈暗管管径>暗管间距>含水层厚度。

除含水层厚度不可控制外，以往通常采用增大暗管埋深、增大暗管半径、缩小暗管间距来提高其排水能力。暗管管径对排水能力的影响主要反映在对 Φ 值的影响，其对 Φ 值的影响程度接近暗管埋深但大于暗管间距，管径大小选择的原则是保证排除设计排水量，管径增大，Φ 值减小，排流量增大。土壤渗透性是决定暗管排水能力的一个关键要素，黏性土地区土壤渗透性弱，地下排水能力也弱，在暗管上方至耕作层之间回填高透水性材料作为反滤体，可促进水流通过耕作层从反滤体周边直接汇入暗管来提高整个排水系统的效率，也相应地减小了水流入管的阻力，相当于扩大了暗管管径，同时也起到防止暗管淤堵的作用。暗管埋深对排水能力的影响反映在对作用水头和 Φ 值的影响，是所有影响排水能力因素中作用最显著的一个因素。在自由出流条件下，增大暗管埋深，则加大了作用水头，使排水能力增大，虽然也略微增大了渗流阻抗系数，但渗流阻抗增大使排水能力减小的幅度不及作用水头增大使排水能力增大的幅度，最为关键的不利因素是增大了铺管的开挖工作量和成本；反之，作用水头减小，渗流阻抗系数相应减小，因此，作用水头和渗流阻抗是互为制约的两个因素。利用浅埋暗管施工成本低、渗流阻抗小的特点，在不加重成本负担的基础上，加大暗管作用水头，是提高暗管排水能力的一个有效方法。

## 4.2　暗管排水虹吸增流技术

受土壤渗透能力的限制，暗管排水的流量远低于明沟排水。如前面的分析，考虑到暗管排水能力受互为制约的作用水头和渗流阻抗两个主要因素的影响，借助虹吸管可在进出口水头差的作用下产生负压的原理，提出了在浅埋暗管出口处增设可降低出口高度的虹吸管，在不增加渗流阻抗系数 Φ 的同时，提高作用水头，以实现排水能力的提升。这种暗管排水虹吸增流技术由吸水管和虹吸管两部分组成。只需在排水暗管的出口处安装虹吸管即可克服浅埋暗管排水流量小的缺点，实现排水能力的提升。因此，该技术具有安装简便、成本较低、易于改进现有排水暗管的优点。暗管排水虹吸增流技术示意图如图 4.1 所示。

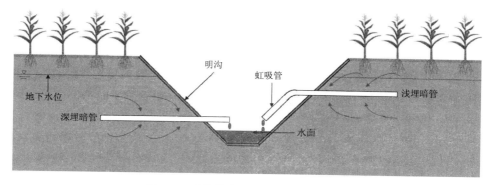

图 4.1　暗管排水虹吸增流技术示意图

## 4.3　试验和模拟评估方法

　　本节主要介绍室内外试验设计和观测方法、试验相关的参数测定方法以及用到的数值模拟方法等，其中室内排水试验主要探究降低出口高度的虹吸排水等形式下，地表积水及积水消退过程的除涝降渍效果；田间排水试验主要分析地下水位较高情况下不同虹吸管径的排水能力。

### 4.3.1　试验评估方法

#### 4.3.1.1　室内排水试验

　　1. 试验装置及材料

　　本试验模型以田间工程为参照，按照 1∶20 的比例设计了室内模拟排水装置，如图 4.2 所示。砂槽净尺寸为 50cm×20cm×30cm（长×宽×高），采用厚度为 1cm 的有机玻璃板制成。试验所用土体材料分为上下两层：下层是在底部铺设 4cm 厚的强透水材料（直径为 2～4mm 的石英砂）；上层为土体介质，厚度为 22.5cm。考虑到试验以探讨不同排水措施的排水规律和排水效果为目的，因此，选用透水性较好的 80～120 目石英砂作为土体介质，方便充水和排气，缩短试验周期，该做法已被开展同类型渗流理论物理模拟研究的学者所广泛采用（Lennoz - Gratin，1989；Kaboosi，2012）。土体介质分层装填，确保土体容重均等（1.72g/cm³）。两层土体材料之间铺设纱布防止上部土体介质流失。沿槽长方向在底部铺设直径为 1cm 的开孔紫铜管，两端伸出槽壁约 3cm。土体介质未饱和时通过槽底部开孔的紫铜管充水排气；当土体饱和出现薄层积水时，通过上部进水管连接固定高度的平水箱供水。

　　室内砂槽试验装置中设置不同埋深的传统暗管排水（即暗管排水）和改进暗管排水（简称"改进暗排"）两种。其中改进暗管排水是在传统暗管排水的基础上，将排水暗管周围的原装土置换为渗透性较大的反滤体材料。暗管采用外径为 6.35mm、壁厚 0.7mm 的开孔紫铜管制成，密布孔距为 1.0cm、孔径 1.0mm 的小孔。反滤体采用

（a）未填装

（b）填装后

图 4.2　室内砂槽排水试验

0.5mm 厚不锈钢多孔板（孔径和孔间距为 1.0mm）制成，采用底宽 1.0cm 的半模型结构件，分别制成高为 1.0cm（对应于田间 20cm 高）的薄改进暗排和 2.0cm（对应于田间 40cm 高）的厚改进暗排两种长方体槽，槽内装填直径为 2~4mm 的石英砂模拟强透水材料，以提高该位置处的渗透性能。试验中所采用暗管、反滤体外部均用纱布缠绕包裹用于透水及防止淤堵。砂槽背板距土体表面 2.5cm、4.0cm 和 5.5cm 设置三排测压管，用以观测不同位置处的水头。

图 4.3　室内土柱排水试验

为探究暗管排水虹吸增流技术在不同地下水位埋深条件下的负压变化情况，利用土柱装置进行室内模拟试验。以田间工程暗管埋深 50cm，暗管外径 7.5cm，反滤体高度和宽度为 20cm 为参照，近似按 1∶6 的比例进行缩小，土柱装置内径 18.8cm、外径 20cm、高 100cm，如图 4.3 所示。土柱试验布设暗管和测压管等。暗管采用内径为 1.0cm、外径 1.2cm 的开孔紫铜管制成，其余装置均与室内砂槽试验一致。试验中所采用的土体介质、充水排气方式以及地下水位控制方式均与砂槽排水试验一致。

**2. 试验设计**

埋深的选择主要考虑到中国南方涝渍易发地区作物耐渍深度和经济适用性，分别设置了浅埋（2.5cm）、中埋（4.0cm）和深埋（5.5cm）三种方案，对应田间实际深度 50cm、80cm 和 110cm，分别用 s、m、d 表示。

为探究虹吸增流技术在土壤饱和、地表稳定积水及积水消退条件下的排水性能，设计了降低暗排出口高度的砂槽试验。排水措施紧贴砂槽一侧布设，选择暗管排水（SD）、薄改进暗排（ID-1）和厚改进暗排（ID-2）三种地下排水在不同埋深条件下设置不同的出口高度。综合考虑暗排埋深与虹吸管的降低出口高度，设计浅埋暗排分别降低至中埋深、深埋深位置，以及中埋暗排降低至深埋深位置等情况。排水试验条件均采用自由出流。虹吸排水形式试验设计如表 4.2 所示。以浅埋薄改进暗排为例，当无虹吸情况时用 s-ID-1

表示，当虹吸管出口高度下降至深埋时用 s‑ID‑1（d）表示，其中（d）表示浅埋薄改进暗排的出口高度在深埋深位置处。

**表 4.2** 砂 槽 试 验 设 计

| 排水措施 | 埋深 | 出 口 高 度 | | |
|---|---|---|---|---|
| | | s | m | d |
| 暗管排水（SD） | s | s‑SD | s‑SD（m） | s‑SD（d） |
| | m | — | m‑SD | m‑SD（d） |
| | d | — | — | d‑SD |
| 薄改进暗排（ID‑1） | s | s‑ID‑1 | s‑ID‑1（m） | s‑ID‑1（d） |
| | m | — | m‑ID‑1 | m‑ID‑1（d） |
| | d | — | — | d‑ID‑1 |
| 厚改进暗排（ID‑2） | m | — | m‑ID‑2 | m‑ID‑2（d） |
| | d | — | — | d‑ID‑2 |

为探究虹吸增流技术在不同地下水位条件下的虹吸负压情况，设计了降低暗排出口高度的土柱试验，主要考虑初始地下水位、暗排出口高度以及暗排措施三种因素对负压值的影响（表 4.3）。地下水位埋深分别为 1.0cm、3.0cm、5.0cm 和 7.0cm；设计虹吸管的下降出口高度分别为 0cm（无虹吸）、2.5cm、5.0cm、7.5cm、10.0cm 和 12.5cm 六种情况；暗排措施选择 SD、ID 两种。排水试验条件均采用自由出流，利用平水箱持续供水以维持地下水位不变。利用测压管记录不同情况下的水头，通过与无虹吸时测压管示数的对比得到不同地下水位时虹吸管出口处的负压情况。

**表 4.3** 土 柱 试 验 设 计

| 因 素 | 水 平 | | | | | |
|---|---|---|---|---|---|---|
| | 1 | 2 | 3 | 4 | 5 | 6 |
| 初始地下水位埋深/cm | 1.0 | 3.0 | 5.0 | 7.0 | | |
| 虹吸管下降高度/cm | 0.0 | 2.5 | 5.0 | 7.5 | 10.0 | 12.5 |
| 排水措施 | SD | ID | | | | |

3. 观测内容和方法

设计两种排水条件：保持 2.0cm 积水层的稳定排水和初始条件 2.0cm 积水层的非稳定排水（即积水层消退）。在稳定排水情况下，将供水管口与平水箱相连以保证积水层高度不变，记录不同处理的排水流量，重复 5 次测量。在观测积水层消退情况时，基于初始条件为 2.0cm 积水层，在平水箱停止供水的同时开始排水计时，定时记录排水流量以及测压管的数据，排水前期每 2min 记录一次，排水稳定以后每 5～10min 记录一次。

4. 土壤参数测定

土壤的渗透系数通过达西定律［式（3.2）］并利用一维土柱试验测得，试验装置如图 3.2 所示。试验土柱上部采用直径为 11.0cm、高为 40.0cm 的有机玻璃桶制成；下部为底部球形结构的圆柱桶。试验期间，通过底部充水口缓慢注水，待土壤完全饱和、土壤表层出现薄层积水后，通过顶部充水口与固定高度的平水箱相连，保证积水层高度相同。当流量稳定后，石英砂的平均渗透系数为 0.00228cm/s，反滤体的平均渗透系数为 0.0045cm/s。

### 4.3.1.2　田间排水试验

**1.试验地概况**

田间试验在安徽省（水利部淮河水利委员会）水利科学研究院新马桥农水综合试验站

图 4.4　新马桥试验站试验区俯视图

开展，站址位于淮北平原中部的固镇县境内，属涝渍严重的典型区域。试验地降雨多集中在 7 月中旬至 8 月中旬，多暴雨或连阴雨天气（乔丛林等，2000），降水量在 610～1500mm 之间，最大日降雨量达到 130mm。由于地势平坦，地下水位埋深较小，在降雨过后极易形成农田涝渍交替。试验区俯视图如图 4.4 所示。

田间试验期间利用小型气象站（FY-1000）观测逐日大气温度、降水等气象要素，如图 4.5 所示。试验期间 2020 年、2021 年和 2022 年最大

日降水量分别为 66.6mm、80.3mm 和 73.8mm，降水主要集中于 7 月前后，且多有连续降雨，地下水位长时间处于较高水平。

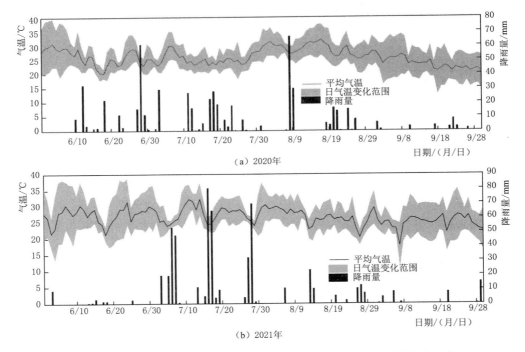

（a）2020年

（b）2021年

图 4.5（一）　新马桥农水试验站 2020—2022 年日降雨量、平均气温变化

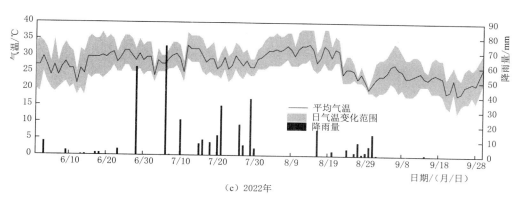

图 4.5（二）　新马桥农水试验站 2020—2022 年日降雨量、平均气温变化

**2. 试验设计**

暗管排水试验小区采用暗管长度为 50m、间距为 10m 的规格布局，纵比降为 1/1000。暗管为直径 7.5cm（用 $d$ 表示）的波纹塑料管，开孔率为 1.2%，外包土工布防止土壤流失。为探讨虹吸管管径对排水效果的影响，设计排水暗管的埋深为 50cm，考虑出口高度（有虹吸时出口高度为 80cm、无虹吸时出口高度为 50cm）和虹吸管管径（分别为 $\frac{2}{3}d$、$\frac{1}{3}d$ 和 $\frac{1}{5}d$ 三种），共设置了 6 种试验方案处理。按照不同组合设计试验处理方案，每种处理布置 3 根排水暗管，试验小区面积为 50m×30m（1500m²）。吸水暗管末端利用 PVC 实管与波纹管相连，并利用泡沫胶做好密封。为利用水表量化各处理的排水流量，选用与出口直径相匹配的水表型号与 PVC 实管相连。

在暗管排水的出口处开挖 1.0m×1.0m×0.8m 观测井，主要用于试验中暗管排水量的观测，各观测井通过实管串联，最后汇入南边的 1.5m×1.5m×3.0m 大集水井中，并通过潜水泵集中抽水的方式排除井水，及时排出多余水分，以减轻各处理暗管出口受淹没的影响程度，力争自由出流。试验布置如图 4.6 所示（详细处理介绍见表 4.4）。试验小区地面需整平处理，确保不出现明显的凹凸不平。

（1）2020 年试验设计。

试验区内暗管埋深为 50cm，暗管外包滤料为 68g/m² 的土工布，在暗管出口处分别设置虹吸管降低出口高度以提高作用水头；Ⅰ号小区（s - D₂）暗管出口处连接的 PVC 实管直径为吸水管直径的 $\frac{1}{3}d$，并做成斜向布设的虹吸管，其出口降深为 30cm；Ⅱ号小区 s - D₁ 出口处连接的 PVC 实管直径为吸水管直径的 $\frac{2}{3}d$，

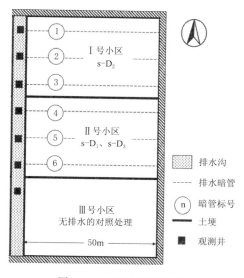

图 4.6　试验小区布置图

同样做成斜向布设的虹吸管，其出口降深也为 30cm。为对比排水效果，留有一处无排水地块，为Ⅲ号小区。为对比相同条件下虹吸排水措施的增流效果，利用球阀和三通，在Ⅰ、Ⅱ号小区设计了一套可实现有无虹吸排水交替开启的试验装置。利用三通，一端与暗管水平出流口连接，保证排水暗管以 50cm 的实际埋深出流；另一端与虹吸管道连接，使出流高度下降 30cm，达到相当于暗管埋深 80cm 的出流高度。当下部球阀关闭而上部球阀打开时，为传统的暗管排水；当上部球阀关闭而下部球阀打开时，水流通过虹吸管流出，为暗管虹吸排水。以 $s-D_1$ 为例，其中"$s-D_1-NS$"为未设置虹吸管处理，"$s-D_1-S$"为设置虹吸管的处理，s 表示浅埋深，$D_n$ 表示虹吸管管径的处理，S 表示降低出口高度的虹吸排水，NS 表示未降低出口高度的无虹吸排水。出水口与集水井的内部结构如图 4.7 所示。试验设置如表 4.4 所示。

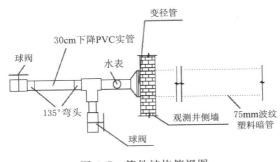

图 4.7　管件结构俯视图

表 4.4　　　　　　　　　　　　虹吸管直径田间试验处理设置

| 埋深/cm | 出口高度/cm | 土工布规格/(g/m²) | 虹吸管直径 | 处　理 |
|---|---|---|---|---|
| 50 | 50 | 68 | $\frac{2}{3}d$ | $s-D_1-NS$ |
| | 80 | | | $s-D_1-S$ |
| | 50 | | $\frac{1}{3}d$ | $s-D_2-NS$ |
| | 80 | | | $s-D_2-S$ |
| | 50 | | $\frac{1}{5}d$ | $s-D_3-NS$ |
| | 80 | | | $s-D_3-S$ |

（2）2021 年和 2022 年试验设计。

在 2020 年试验的基础上，为发挥末级浅沟的排涝作用，于两条暗管中间增设一条 30cm 深的浅明沟，与地下暗管形成明暗组合排水。为探究不同虹吸管对排水效果的影响，于 2021 年 7 月 8 日，将Ⅱ号试验小区暗管出口处连接的虹吸管由直径为 50mm（$\frac{2}{3}d$）的 PVC 实管变为直径 15mm（$\frac{1}{5}d$）的 PVC 实管（$s-D_3$），其他不变。

（3）观测项目及方法。

在强降雨或持续降雨之后，从地下水位接近地表或形成地面积水开始试验。考虑到排水前期所产生的排水流量较大，易于形成淹没出流的现象，观测研究不同淹没水深对暗管排水流量的影响；在无淹没水深而呈现自由出流情况下，研究不同处理的排水流量随地下水位降落的变化。

降雨期间采用试验站自记雨量计记录降雨过程，并观测地下水位的变化过程，以及地下排水情况。其中，地下水位及淹没出流水深的监测采用 HOBO 水位传感器，每 15min 监测一次，并不定期结合人工自测的方法校核其准确性。排水暗管出口流量通过精度为

$0.001\text{m}^3$ 的远传水表记录，在自由出流或淹没出流情况下实时记录暗管排出流量。因试验前期暗管的排水流量较大并且变化比较明显，观测其变化过程的时间间隔较小，出口阀门初始开启时每 10min 左右观测一次，随着时间的推移，排水量逐渐减小，后续每 1～2h 观测一次。在地表积水条件下，同时测量各小区的地表积水深度；淹没出流情况下，定时记录观测井内水位的高度。为研究虹吸增流效果，采用虹吸管交替开启、关闭的方法进行观测。

（4）土壤参数测定。

室内试验测定各层土壤容重、田间持水量、饱和含水率。取样深度分别为 0～20cm、20～40cm、40～60cm、60～80cm，各剖面取 3 个重复；同时取土风干碾碎过 2mm 筛，用马尔文激光粒度分析仪测得各土层土壤颗粒级配分布组成，土壤颗粒级配如图 4.8 所示，土壤物理性质见表 4.5。结果显示，除 60～80cm 土层为砂质壤土外，其余各层均为粉砂黏壤土。农田排水中田间土壤渗透系数的测定采用钻孔水位回升法（《农田排水工程技术规范》，SL/T 4—2020），经田间试验结果计算，渗透系数为 0.708m/d。

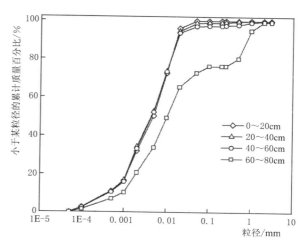

图 4.8　田间试验土壤颗粒级配分布图

表 4.5　　　　　　　　　　　　　　试验区土壤物理性质

| 土层深度/cm | 土壤容重/(g/cm³) | 饱和含水率/% | 田间持水率/% | 土壤类别 |
| --- | --- | --- | --- | --- |
| 0～20 | 1.634～1.673 | 34.5～43.7 | 34.5～36.6 | 粉砂黏壤土 |
| 20～40 | 1.497～1.558 | 34.3～44.0 | 36.2～39.0 | 粉砂黏壤土 |
| 40～60 | 1.344～1.368 | 37.4～52.0 | 36.0～37.2 | 粉砂黏壤土 |
| 60～80 | 1.506～1.530 | 45.0～53.1 | 38.0～41.2 | 砂质壤土 |

## 4.3.2 数值模拟评估方法

### 4.3.2.1 HYDRUS 模型介绍及评价指标

HYDRUS 是用来模拟一维到三维条件下饱和-非饱和多孔介质中水分、能量和溶质运移的有限元计算模型，能够模拟水盐在土壤中的分布、时空变化和运移规律、地下水动态及排水排盐过程，模型经过不断改进和完善，得到了普遍的认可与应用。

HYDRUS 模型在农田排水中较为常用，不仅可很好地反映土壤中水分的分布和运动，还可反映地下水位的动态变化，模型模拟中可通过设置边界条件，较好地还原降雨、蒸发过程，经过大量学者的研究实践，证明了 HYDRUS 模型的可靠性。HYDRUS 模型通过对水流区域进行不规则网格划分，对研究不规则水流边界、各向异性的非均质土壤质地等具有很好的模拟效果，其水流控制方程采用 Richards 方程，以下对 HYDRUS 模型中的土壤水分运动方程、土壤水力特性参数以及边界条件等进行简要介绍。

1. 土壤水分运动方程

HYDRUS 模型中各向同性的土壤水流运动采用有源汇项的 Richards 方程描述：

$$\frac{\partial \theta(h)}{\partial t} = \frac{\partial}{\partial x_i}\left[K(h)\left(K_{ij}^A \frac{\partial h}{\partial x_j} + K_{iz}^A\right)\right] - S(h) \tag{4.1}$$

式中：$h$ 为压力水头，cm；$\theta(h)$ 为土壤体积含水量，$cm^3/cm^3$；$t$ 为时间，d；$x_i (i=1, 2)$ 为空间坐标，cm；$S(h)$ 为作物根系吸水源汇项，$1/d$；$K(h)$ 为土壤非饱和导水率，cm/d；$K_{ij}^A$ 为各向异性导水率张量的无量纲分量。

2. 土壤水力特性参数

HYDRUS 模型中用于描述土壤水力特性参数的函数形式包括：van Genuchten（VG）公式、Vogel - Cislerova 公式、Brooks - Corey 公式、Kosugi 公式和 Durner 公式，采用 VG 公式表达土壤含水量 $\theta(h)$ 和导水率 $K(h)$，其表达式如下：

$$\theta(h) = \begin{cases} \theta_r + \dfrac{\theta_s - \theta_r}{(1 + |\alpha h|^n)^m} & h < 0 \\ \theta_s & h \geqslant 0 \end{cases} \tag{4.2}$$

$$K(h) = K_s S_e^l \left[1 - (1 - S_e^{1/m})^m\right]^2 \tag{4.3}$$

$$S_e = (\theta - \theta_r)/(\theta_s - \theta_r) \tag{4.4}$$

$$m = 1 - 1/n \quad n > 1 \tag{4.5}$$

式中：$\theta_r$、$\theta_s$ 分别为土壤残余含水量和土壤饱和含水量，$cm^3/cm^3$；$S_e$ 为有效饱和度；$\alpha$、$n$、$l$ 是决定土壤非饱和特征曲线的经验系数，其中 $\alpha$ 的单位为 $cm^{-1}$，一般情况下 $l$ 取值为 0.5。

3. 边界条件

HYDRUS 三维模型提供了三类独立边界以及三类非独立边界。独立边界中的第一类边界条件为压力水头边界（Dirichlet 边界），如常水头或变水头边界：

$$h(x,y,z,t) = \Psi(x,y,z,t) \quad (x,z) \in \Gamma_D \tag{4.6}$$

第二类边界条件为通量边界（Neumann 边界），如常通量边界或变通量边界：

$$-\left[K(h)\left(K_{ij}^A \frac{\partial h}{\partial x_j} + K_{iz}^A\right)\right]n_i = \sigma_1(x,y,z,t) \quad (x,z) \in \Gamma_N \tag{4.7}$$

第三类边界条件为给定梯度边界：

$$\left(K_{ij}^A \frac{\partial h}{\partial x_j} + K_{iz}^A\right)n_i = \sigma_2(x,y,z,t) \quad (x,z) \in \Gamma_G \tag{4.8}$$

式中：$\Gamma_D$、$\Gamma_N$、$\Gamma_G$ 分别为三类边界的取值范围；$\Psi$、$\sigma_1$、$\sigma_2$ 均为 $x$、$y$、$z$、$t$ 的函数，其中 $\Psi$、$\sigma_1$ 的单位分别为 cm、cm/d；$n_i$ 为边界 $\Gamma_N$、$\Gamma_G$ 的法向分量。

　　土壤-大气边界属于非独立边界中的第一类边界条件，其潜在的通量可通过外界条件的设定获得，如地表蒸发量、降雨量以及灌溉量，但实际的通量仍需根据土壤水分条件分析确定。大气边界可随着地表压力水头的变化在通量和水头边界之间自行切换：

$$\left| K(h) \left( K_{ij}^A \frac{\partial h}{\partial x_j} + K_{iz}^A \right) n_i \right| \leqslant E \tag{4.9}$$

$$h_A \leqslant h \leqslant h_S \tag{4.10}$$

式中：$E$ 为潜在入渗速率或者蒸发速率；$h$ 为地表压力水头；$h_A$ 为土表所允许的最小压力水头，当表土压力水头小于 $h_A$ 时，地表形成干土层，抑制了土壤蒸发，模型上边界由通量边界自动转为压力水头边界；$h_S$ 为土表所允许的最大压力水头，当地表允许的最大压力水头设置为正时，认为上边界为积水边界，此时允许地表形成一定深度的积水层，在最大压力水头范围内，随降雨或灌溉增加而增加，随入渗而减少，可自行计算实际的积水深度；当地表允许的最大压力水头为零时，代表地表不积水，超过地表最大入渗速率的水量将被自行计算获得并扣除，扣除部分被默认为地表径流。

　　渗流边界属于非独立边界中的第二类边界条件，由用户设定压力水头临界值，当边界上压力水头超过此值时，开始出现排水，通常设定该值为零。非独立边界中的第三类边界条件主要是考虑排水暗管的作用，当暗管位于土壤饱和区时，暗管可作为压力汇项，其周围的压力水头设定为零，而当暗管位于土壤非饱和区时，暗管被简化为零补给量的节点源汇项，当采用节点代替暗管时，假定赋予该节点修正的渗透系数 $K_{drain} = K_p \times C_d$，其中 $K_p$ 为暗管临近网格单元处的渗透系数，$C_d$ 为与暗管直径及网格尺寸等相关的修正系数。

　　4. 模拟结果评价指标

　　为了定量检测模拟值与实测值的差异程度，选取决定系数（$R^2$）、均方根误差（$RMSE$）、标准化均方根误差（$NRMSE$）三个统计指标对模拟结果进行评价，三个指标的计算公式如下：

$$R^2 = \frac{\left[ \sum_{i=1}^{n} (P_i - P)(O_i - O) \right]^2}{\sum_{i=1}^{n} (P_i - P)^2 \sum_{i=1}^{n} (O_i - O)^2} \tag{4.11}$$

$$RMSE = \sqrt{\frac{\sum_{i=1}^{n} (O_i - P_i)^2}{n}} \tag{4.12}$$

$$NRMSE = \frac{RMSE}{P} \tag{4.13}$$

式中：$O_i$ 和 $P_i$ 分别为实测值和模拟值；$n$ 为实测点的个数；$O$ 为实测值的平均值；$P$ 为模拟值的平均值。决定系数（$R^2$）越接近于 1，表示相关程度越好；均方根误差（$RMSE$）衡量模拟值和观测值的平均差异，其值越接近于 0，表示模拟值和观测值偏差越小；标准化均方根误差（$NRMSE$）表示模型模拟性能好坏，当 $NRMSE < 10\%$，表示模型模拟性能极好；当 $10\% \leqslant NRMSE < 20\%$，则表示模型模拟性能较好；当 $20\% \leqslant$

$NRMSE < 30\%$，则表示模型模拟性能一般；如果 $NRMSE \geqslant 30\%$，则认为模拟性能较差。

#### 4.3.2.2　室内排水试验模型设置

图 4.9 给出了 HYDRUS 模型中暗管排水和改进暗排的建模示意图，图中 $S_1$ 和 $S_2$ 分

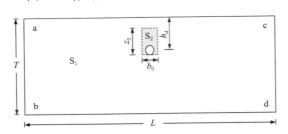

图 4.9　改进及常规暗排 HYDRUS 模型示意图

别表示土壤和反滤体的渗透系数，$b_0$ 和 $z_0$ 分别为反滤体宽度和高度，$h_d$ 表示暗管埋深，$L$ 表示暗管间距，$T$ 为含水层平均厚度，即不透水层表面至地面的距离。由于室内试验中使用的砂槽四周不透水，因此将模拟二维区域的边界 ab – bd – dc 设置为无通量边界（no – flux boundary）。暗管边界设置为渗流边界（seepage

boundary），并根据实际情况，设置特定水头值（specified pressure head）；当无虹吸排水时，设置为零；当虹吸排水时根据测压管示数，设置为相应的负压值。由于室内试验均处于满管出流且测压管示数维持不变，负压值按实际试验结果进行设计，如表 4.6 所示。非稳定排水从初始 2.0cm 积水高度开始，水位逐渐下降至耕层深度以下。在试验过程中，水头随时间动态变化。在饱和条件时，将 a – c 边界设置为变水头边界（variable head boundary）；在非饱和条件时，设置为大气边界（atmospheric boundary）；为反映不同积水高度下虹吸排水的增流效果，将 a – c 边界设置为定水头边界（constant head boundary）。试验中，土体初始状态为饱和条件。结合室内土壤水力参数测试值，并经 HYDRUS – 2D 模型的率定，得到模型中土壤参数情况如表 4.7 所示。对于暗管排水，$z_0$ 和 $b_0$ 均为 0；对于改进暗排，$z_0$ 和 $b_0$ 根据实际情况设置。

表 4.6　　　　　　　　　　　　　　虹吸排水渗透边界压力值

| 渗透边界值 /cm | 处　　理 | | | | | | |
|---|---|---|---|---|---|---|---|
| | s – SD (m) | s – SD (d) | m – SD (d) | s – ID – 1 (m) | s – ID – 1 (d) | m – ID – 1 (d) | m – ID – 2 (d) |
| | −1.5 | −2.7 | −1.5 | −1.6 | −3.2 | −2.1 | −2.3 |

表 4.7　　　　　　　　　　　　　　室内排水试验土壤水力特性参数

| 土壤 | $\theta_r/(cm^3 \cdot cm^{-3})$ | $\theta_s/(cm^3 \cdot cm^{-3})$ | $a/cm^{-1}$ | $n$ | $K_s/(cm \cdot min^{-1})$ | $l$ |
|---|---|---|---|---|---|---|
| 石英砂 | 0.051 | 0.37 | 0.046 | 2.52 | 0.1367 | 0.5 |
| 反滤体 | 0.045 | 0.41 | 0.046 | 2.23 | 0.2670 | 0.5 |

#### 4.3.2.3　田间排水试验模型设置

对于田间排水试验，取暗排或明暗组合控制区域的一半作为模拟研究区域，视为零通量边界，bd 为不透水层位置，视为零通量边界。排水暗管设置为渗流边界，边界 ac 则设置为大气边界，由于几次模拟试验过程从降雨后较高地下水位开始模拟且排水持续时间较短，大气边界中降雨量和蒸发量均设置为零。根据地下水位埋深的实测值，设置相应的初始条件。结合田间土壤水力参数测试值，经 HYDRUS 模型率定，得到模型中土壤参数情

况如表 4.8 所示。其中反滤体的参数取值参考前期田间试验结果（陶园，2017）。土工布由于其规格的不同作了不同的近似处理：将土工布近似为 5mm 厚的另一种土壤介质，该土壤介质除渗透系数与田间土壤不同外其余参数均保持一致。土工布的渗透系数采用前期试验所得到的结果，68g/m² 的土工布渗透系数为 2.64cm/min（荣臻等，2021）。当虹吸排水时，根据第 5 章中流量及虹吸负压随地下水位埋深的变化规律，对渗流边界进行简化处理。田间排水试验中，随地下水位的下降，会打破虹吸负压条件，地下水位埋深小于30cm 时，负压值根据实际情况设置；当地下水位埋深继续增大时，渗透边界负压设置为 0。

**表 4.8** 田间排水试验土壤水力特性参数

| | $\theta_r/(\text{cm}^3 \cdot \text{cm}^{-3})$ | $\theta_s/(\text{cm}^3 \cdot \text{cm}^{-3})$ | $a/\text{cm}^{-1}$ | $n$ | $K_s/(\text{cm} \cdot \text{min}^{-1})$ | $l$ |
|---|---|---|---|---|---|---|
| s - D₂ | 0.058 | 0.44 | 0.027 | 1.90 | 0.048 | 0.5 |

## 4.4 暗管虹吸增流除涝降渍效果

### 4.4.1 稳定积水条件下排水流量变化

在积水层稳定条件下，室内排水试验有无虹吸的排水流量对比如图 4.10 所示。暗排埋深相同时，与无虹吸处理对比，虹吸结构可明显提高暗管排水和改进暗排在浅埋和中埋情况时的排水能力。对暗管排水来说，与无虹吸处理相比，虹吸结构的应用使暗管排水流量在浅埋情况时，提高 30.6%～60.4%；中埋情况时，流量提高 27.1%。对薄改进暗排来说，在浅埋情况时，虹吸处理的排水流量可提高 41.8%～89.8%；中埋情况时，排水

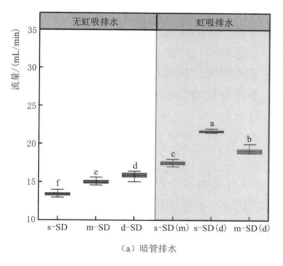
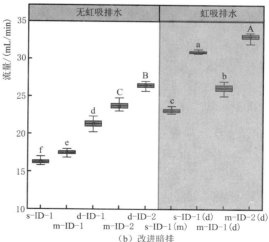

（a）暗管排水 　　　　　　　　　（b）改进暗排

图 4.10　有无虹吸式排水在稳定积水条件下的排水流量

注：不同字母代表同一埋深不同排水措施处理间差异显著（$P < 0.05$）；在图 4.10（b）中，小写字母表示 ID - 1处理之间的差异，大写字母表示 ID - 2 处理之间的差异；图中 SD、ID - 1 和 ID - 2 分别为暗管、薄改进和厚改进。

流量提高 50.5%。对厚改进暗排来说，虹吸处理的应用可使中埋情况下的排水流量提高 39.3%。

当出流高度为中埋时，与无虹吸中埋暗管的 m-SD 处理和改进暗排的 m-ID-1 处理流量相比，浅埋暗排出口高度降低至中埋深的 s-SD（m）处理和 s-ID-1（m）处理（地下暗排为浅埋，虹吸出口高度为中埋）流量分别提高了 31.9% 和 16.7%；当出流高度为深埋时，对暗管排水来说，有虹吸处理的 s-SD（d）和 m-SD（d）较无虹吸处理的 d-SD，流量分别增加了 35.2% 和 19.6%；对薄改进暗排来说，有虹吸处理的 s-ID-1（d）和 m-ID-1（d）较无虹吸处理的 d-ID-1 流量分别提高了 44.8% 和 23.3%；对厚改进暗排来说，有虹吸处理的 m-ID-2（d）比无虹吸处理的 d-ID-2 流量提高了 24.9%。显著性分析表明，相同排水措施下，有无虹吸处理的流量差异显著（$P<0.05$）。在相同的出流高度下，深埋与中（深）间的主体间效应检验如表 4.9 所示。由表可知，排水类型、有无虹吸与双因素交互作用对试验结果具有极显著的关系（$P<0.01$）。

表 4.9　　　　　　　　　　　　　主体间效应检验

| 源 | Ⅲ型平方和 | d$f$ | 均方 | $F$ | Sig. |
|---|---|---|---|---|---|
| 排水措施 | 753.682 | 2 | 376.841 | 922.582 * * | .000 |
| 有无虹吸 | 179.390 | 1 | 179.390 | 439.182 * * | .000 |
| 排水措施×有无虹吸 | 14.978 | 2 | 7.489 | 18.335 * * | .000 |

注　　* 表示显著性水平为 $P<0.05$。

虹吸原理是在重力和水头差的作用下产生负压从而提高出水流量，它不仅能提高相同埋深条件下地下暗排的排水流量，而且其虹吸排水流量仍高于排水出流高度相同的无虹吸暗管排水流量。当采用虹吸处理时，暗排埋深相同时出流高度越低，作用水头越大，虹吸效果越明显，单位时间的排水量越大。与出流高度相同的中埋和深埋相比，浅埋虹吸处理排水流量大于无虹吸的中埋和深埋处理，其原因主要为在相同的出流高度下，无虹吸处理的阻抗较大，影响了排水流量；同理，在相同出流高度时，利用虹吸处理的浅（深）大于中（深）情况。所以浅（深）即通过增大作用水头使流量增大，又利用了浅埋管阻抗较小的优势，增大了流量，提高了效率，还可降低工程成本。

### 4.4.2　积水消退过程除涝降渍效果

1. 室内排水试验

从地表 2.0cm 积水到地下水位降低至暗管出口高度的整个过程中，有无虹吸的排水流量随时间变化情况如图 4.11 所示。从图中可以看出，在积水层逐渐降低的过程中，可视为三个阶段：第一阶段，在地表存在积水时排水流量较大，随时间的推移，排水流量由初始的最大值按较稳定的曲线斜率逐渐减小；第二阶段，当积水降低到地表时，流量在较短时间内出现迅速衰减的现象，流量下降较快，曲线斜率变化明显；第三阶段，从积水消退到地下水位降低至排水出口附近，此阶段为土壤排渍阶段，地下水位逐渐下降，排水流量以较小的斜率衰减，当地下水位降低至排水出口高度附近时，单位时间的排水量较小，直到趋近于零。

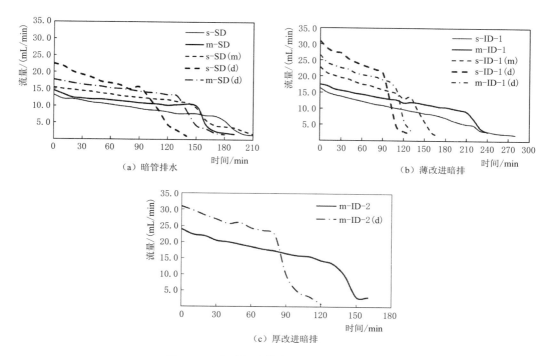

（a）暗管排水

（b）薄改进暗排

（c）厚改进暗排

图 4.11 有无虹吸排水流量随时间的变化

有无虹吸的排水流量随水头高度的变化情况如图 4.12 所示。以地面为 0 基准线，水头大于 0 表示地表有积水，小于 0 表示积水消失，地下水位处于降落阶段。定义地表积水开始消退时的流量到地表积水消失时流量的变化程度为流量衰减度。对暗管排水来说，虹吸排水的应用使 s-SD（m）、s-SD（d）处理的衰减度由无虹吸浅埋 s-SD 处理的 44.8% 减少到 37.5% 和 33.1%；m-SD（d）处理的衰减度由 m-SD 处理的 44.9% 降低至 31.9%。对薄改进暗排来说，虹吸排水的应用使 s-ID-1（m）、s-ID-1（d）处理的衰减度由无虹吸浅埋 s-ID-1 处理的 66.0% 减少到 43.5% 和 34.3%；m-ID-1（d）处理的衰减度由中埋 m-ID-1 处理的 54.2% 减小到 32.8%。对厚改进暗排来说，虹吸排水的应用使 m-ID-2（d）的衰减度由 m-ID-2 处理的 44.8% 降低至 37.9%。虹吸排水的应用，提高了单位时间的排水量，积水消失前的流量衰减有所降低，进一步提高除涝效率。

通过水头随时间的变化可直观地表现虹吸排水形式的排涝降渍效果。图 4.13 所示为虹吸排水作用下水头高度随时间的变化情况。地表积水从 2.0cm 消退到 0cm（无积水）时的时间定义为排涝用时，地下水位降低至耕作层以下的时间定义为降渍用时。就暗管排水来说，浅埋虹吸处理的 s-SD（m）、s-SD（d）比 s-SD 处理除涝用时减少 10.3% 和 37.9%，降渍用时减少 25.0% 和 62.5%；m-SD（d）处理比 m-SD 处理的除涝和降渍用时分别减少 15.2% 和 33.3%。就薄改进暗排来说，虹吸排水的应用可使浅埋条件的 s-ID-1（m）和 s-ID-1（d）处理除涝时间减少 41.7% 和 57.9%，降渍用时减少 40.0% 和 60.0%；m-ID-1（d）处理除涝和降渍用时比 m-ID-1 处理减少 47.1% 和 60.0%。

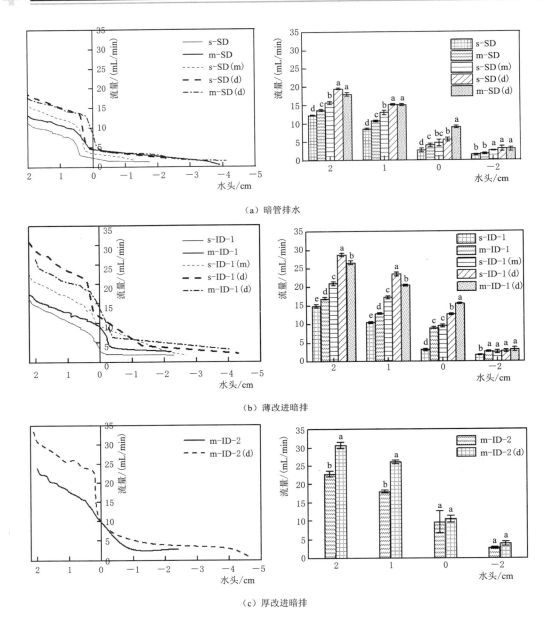

（a）暗管排水

（b）薄改进暗排

（c）厚改进暗排

图 4.12　有无虹吸排水流量随水头高度的变化

对厚改进暗排来说，应用虹吸排水的 m-ID-2（d）处理除涝和降渍用时比 m-ID-2 处理减少 35.7％和 30.0％。

总的来说，从增流效果来看，厚改进暗排应用虹吸原理后，m-ID-2（d）排除地表积水所用时间最少，并且各组虹吸处理出流高度降低至深埋时的除涝效果要明显优于其对照情况；单从地下水降低至耕作层的降渍用时来看，由于耕作层内土壤水量相对较小，改进暗排虹吸排水降渍用时差别不大。

水头损失是水力优化设计中的一个重要参数，影响因素主要包括管壁粗糙度、管道

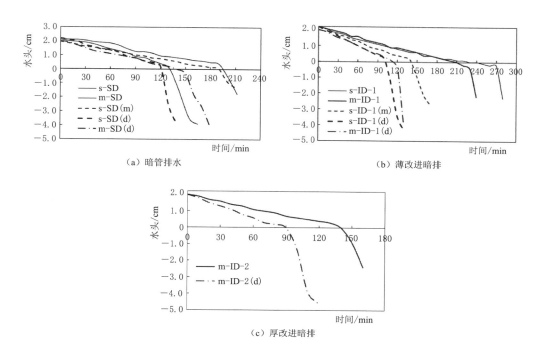

（a）暗管排水

（b）薄改进暗排

（c）厚改进暗排

图 4.13 有无虹吸排水的除涝降渍效果

横截面面积、转弯角度、转弯半径等（李彦均等，2008）。室内砂槽排水试验除考虑了地下暗排种类、暗排埋深、出流高度外，还考虑了相同出口高度下不同的虹吸管长度（固定转角）和固定虹吸管与吸水管间的转角（固定虹吸管长度）。但结果表明，虹吸管长度和转角对流量影响不大，排水管产生的沿程水头损失和局部水头损失可以忽略不计。

2. 田间排水试验

采用 50cm 埋深暗管上下交替开启的方法对比虹吸增流效果，如图 4.14 所示，分别为 2020 年 7 月 23 日、2020 年 8 月 10 日、2021 年 7 月 8 日、2022 年 7 月 6 日、2022 年 7 月 20 日、2022 年 7 月 28 日六次大田试验的数据。六次试验中，暗管的出流情况均为自由出流。由图可知，$s-D_1$ 处理、$s-D_2$ 处理与 $s-D_3$ 处理均存在相同的变化规律，即：随着地下水位埋深的增大，有效水头不断减小，排水流量逐渐减小。整体上看，在排水前期开启有、无虹吸处理存在较为明显的差异，而且下方虹吸出口的流量明显大于上方出口；排水后期，虹吸增流效果逐渐减弱，有无虹吸处理的排水流量趋于一致。

根据实时观测的地下水位动态变化，可通过不同小区内的地下水位在相同时间内的下降速率来更直观地反映不同处理的排水效果，图 4.15 给出 2021 年 7 月 1 日至 2021 年 9 月 5 日和 2022 年 6 月 27 日至 2022 年 9 月 6 日期间的降雨及地下水位变化情况。

地下水位的下降过程如表 4.10 和表 4.11 所示。从整体上看，地下水位的动态变化与降雨直接相关：在降雨时地下水位呈现明显的上升趋势，在降雨结束后达到最高峰；降雨

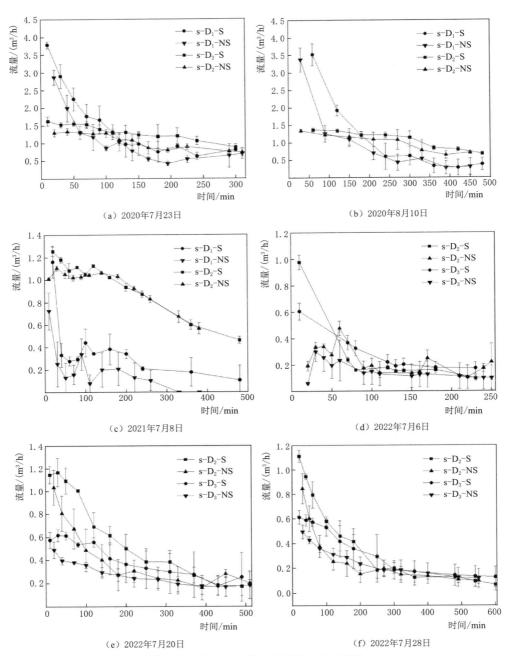

图 4.14　有无虹吸排水流量随时间的变化

注：图中 $D_1$、$D_2$ 和 $D_3$ 分别表示虹吸管径与暗管管径之比为 2/3、1/3 和 1/5；S 表示虹吸排水，NS 表示无虹吸排水。

后，在农田排水措施的作用下，地下水位以一定速率逐渐下降，直至下一降雨过程结束下降。因土壤水分蒸发和作物生长需要，在长期无降雨情况下，地下水位持续下降，出现地下水位低于暗管埋深的情况。

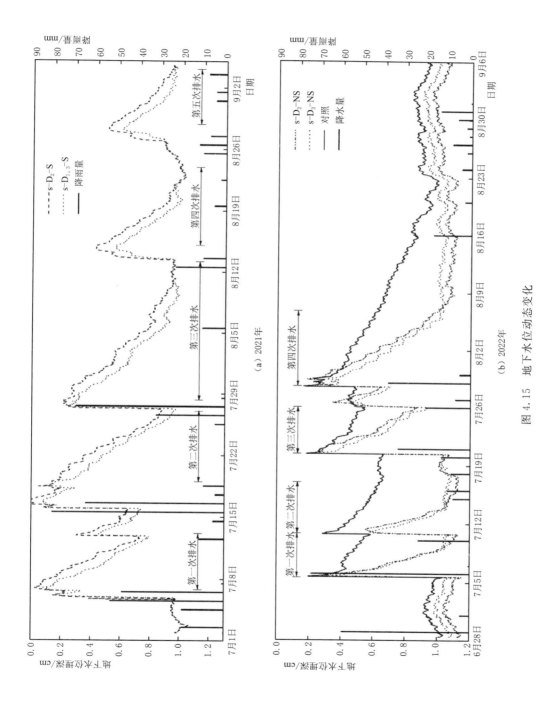

图 4.15 地下水位动态变化

(a) 2021年

(b) 2022年

表 4.10　　　　　　　　　　　　　　2021 年地下水位下降过程

| 排水过程 | 地下水位埋深/cm | 地下水位下降速度/(mm/h) | |
|---|---|---|---|
| | | $s-D_2-S$ | $s-D_{1,3}-S$ |
| 第一次排水 | <30 | 5.45 | 6.40 |
| | 30~50 | 5.04 | 5.35 |
| | <50 | 5.49 | 5.84 |
| | 50~80 | 4.27 | 3.97 |
| | 整个过程 | 4.78 | 5.03 |
| 第二次排水 | <30 | 5.77 | 5.65 |
| | 30~50 | 3.58 | 3.36 |
| | <50 | 4.35 | 4.36 |
| | 50~80 | 4.27 | 4.14 |
| | 整个过程 | 4.30 | 4.23 |
| 第三次排水 | <30 | — | — |
| | 30~50 | 4.76 | 4.42 |
| | <50 | 4.76 | 4.42 |
| | 50~80 | 2.50 | 2.49 |
| | 整个过程 | 2.98 | 2.83 |
| 第四次排水 | <30 | — | — |
| | 30~50 | — | — |
| | <50 | — | — |
| | 50~80 | 3.43 | 3.54 |
| | 整个过程 | 3.43 | 3.54 |
| 第五次排水 | <30 | — | — |
| | 30~50 | — | — |
| | <50 | — | — |
| | 50~80 | 3.53 | 3.25 |
| | 整个过程 | 3.53 | 3.25 |

表 4.11　　　　　　　　　　　　　　2022 年地下水位下降过程

| 排水过程 | 地下水位埋深/cm | 地下水位下降速度/(mm/h) | | |
|---|---|---|---|---|
| | | $s-D_2-S$ | $s-D_{1,3}-S$ | 对照 |
| 第一次排水 | <30 | — | — | — |
| | 30~50 | 13.19 | 12.63 | 2.55 |
| | <50 | 13.19 | 12.63 | 2.55 |
| | 50~80 | 8.96 | 8.13 | 1.66 |
| | 整个过程 | 10.84 | 10.21 | 2.35 |
| 第二次排水 | <30 | — | — | — |
| | 30~50 | — | — | 3.66 |
| | <50 | — | — | 3.66 |
| | 50~80 | 9.48 | 8.29 | 1.51 |
| | 整个过程 | 9.48 | 8.29 | 2.26 |

续表

| 排水过程 | 地下水位埋深/cm | 地下水位下降速度/(mm/h) | | |
|---|---|---|---|---|
| | | s－D$_2$－S | s－D$_{1,3}$－S | 对照 |
| 第三次排水 | ＜30 | 13.31 | 12.23 | 6.72 |
| | 30～50 | 5.90 | 5.90 | 3.50 |
| | ＜50 | 6.29 | 6.55 | 4.41 |
| | 50～80 | 4.42 | 4.40 | 1.11 |
| | 整个过程 | 4.53 | 5.33 | 2.67 |
| 第四次排水 | ＜30 | — | — | 10.16 |
| | 30～50 | 5.10 | 5.13 | 2.51 |
| | ＜50 | 5.10 | 5.13 | 3.53 |
| | 50～80 | 3.69 | 3.24 | 1.22 |
| | 整个过程 | 4.15 | 3.85 | 1.75 |

对比埋深为 50cm 的暗排处理，2021 年 7 月 8 日前后第一次降雨期间虹吸管直径为 $\frac{2}{3}d$ 的 s－D$_1$－S 处理地下水位下降速度大于虹吸管直径为 $\frac{1}{3}d$ 的 s－D$_2$－S 处理。2021 年 7 月 13 日前后，将原来虹吸管直径由 50mm 的 PVC 实管（$\frac{2}{3}d$）换成了 15mm 的 PVC 实管（$\frac{1}{5}d$），用 s－D$_{1,3}$－S 表示（s－D$_1$－S 处理的虹吸管更换后可用 s－D$_3$－S 表示，因处于同一地块故用 s－D$_{1,3}$－S 表示）。更换前，s－D$_1$－S 比 s－D$_2$－S 处理地下水位下降速度快 6.1%～16.6%，差距较大的阶段主要出现在地下水位埋深＜30cm 时；更换后，地下水位下降速度在地下水位埋深达到 50cm 以前（＜30cm、30～50cm 和＜50cm）整体呈现 s－D$_2$－S 大于 s－D$_{1,3}$－S 的情况，s－D$_2$－S 处理比 s－D$_{1,3}$－S 处理地下水位下降速度快 2.1%～8.8%。埋深 50cm 的 s－D$_2$－S 与埋深为 80cm 的 d－G$_1$－NS 处理相比，地下水位埋深小于 30cm 时，虹吸排水可有效缩小两处理间地下水位下降速度的差距，差距为 7.1%～8.4%。

由 2022 年试验数据发现，地下水位的下降速度明显大于 2021 年，出现这种情况的主要原因是：2022 年半年缺乏有效降雨，地下水位埋深较大，土壤含水率较低，7 月主要降水量约 246.8mm，与上年同期的 433.4mm 相比减少 56.8%，土壤长期处于非饱和状态，地下水位下降较快。

整体来看，暗管埋深为 50cm 的处理在地下水位埋深小于 30cm 时，地下水位下降速度较快；当地下水位埋深在 30～50cm 时水位下降速度明显减小，当地下水位埋深大于 50cm 以后，暗管基本停止排水，地下水位的下降主要依靠集水明沟的侧向渗漏以及蒸发作用。试验中末级浅沟的开挖深度较浅（25～30cm），在地下水位较高时，浅沟排水作用明显，而在地下水位较低时，浅沟排水难以控制地下水位；在降雨期间，浅沟可汇聚雨水径流排出积水，减小地下水位上升的速度。

根据地下水位 HOBO 传感器和水表读数得到流量随地下水位埋深的变化关系。对 s－D$_2$ 处理（50cm 埋深，虹吸管径为吸水暗管直径的 1/3）来说，在 2020 年 7 月 23 日排水期间，地下水位埋深在 11～17cm 范围内时虹吸排水的 s－$D_2$－S 处理（s 表示埋深为 50cm，S 为虹吸排水处理）流量比无虹吸排水的 s－$D_2$－NS 处理（NS 为无虹吸排水处理）提高 8.5%～48.8%；2020 年 8 月 10 日排水期间，地下水位埋深在 13～20cm 范围时，s－$D_2$－S 处理流量比 s－$D_2$－NS 处理提高 5.0%～25.1%；2021 年 7 月 8 日排水期间，地下水位埋深在 14～21cm 范围内，s－$D_2$－S 处理流量比 s－$D_2$－NS 处理提高－17.5%～30.0%。2022 年 7 月 20 日排水期间，地下水位埋深在 25～28cm 范围内，s－$D_2$－S 处理流量比 s－$D_2$－NS 处理提高－13.9%～62.3%。对 s－$D_1$ 处理（50cm 埋深，虹吸管径为吸水暗管直径的 2/3）处理来说，2020 年 7 月 23 日排水期间，地下水位埋深在 13～19cm 范围内，虹吸排水的 s－$D_1$－S 处理流量比无虹吸排水的 s－$D_1$－NS 处理提高 31.9%～78.6%；2020 年 8 月 10 日排水期间，地下水位埋深在 13～25cm 范围内，s－$D_1$－S 处理流量比 s－$D_1$－NS 处理提高－14.2%～53.3%；2021 年 7 月 8 日排水期间，地下水位埋深在 10～16cm 时，多根暗管出现 s－$D_1$－NS 处理无流量的情况，而打开 s－$D_1$－S 处理时，又存在明显出流的情况。究其原因，可能在排水暗管中积聚了较多的空气，上方出水口打开后，在有效水头作用下不足以产生足够的压力使水分排出，而下方出口的打开增加了暗管排水的有效水头，进而促使土壤水的排出。对 s－$D_3$ 处理（50cm 埋深，虹吸管为吸水暗管直径的 1/5）来说，2022 年 7 月 20 日排水期间，地下水位埋深在 26～34cm 范围内，虹吸排水的 s－$D_3$－S 处理流量比无虹吸排水的 s－$D_3$－NS 处理提高 17.8%～55.5%。2022 年 7 月 28 日排水期间，地下水位埋深在 31～33cm 范围内，s－$D_3$－S 处理流量比 s－$D_3$－NS 处理提高－9.1%～47.4%。当地下水位下降至某一埋深时，虹吸增流效果开始减弱、消失。

总体而言，虹吸管的田间应用可提高浅层暗管的排水能力，但是发挥虹吸作用有一定条件，如降水较多、地下水位高、土壤含水量大、地面积水以及暗管入渗水量大于排出水量等，随着地面积水消失，地下水位的下降，土壤含水量降低，出现虹吸增流效果减弱、消失的现象。与 s－$D_2$ 处理相比，s－$D_1$ 处理流量减少幅度较为明显。分析其原因主要为，由于 s－$D_1$ 处理采用了出口管径较大的管材，因此可在较短时间内将暗管内多余水排出；然而由于土壤的渗透能力有限，因此会出现非满管出流的情况，影响虹吸作用的发挥。除此之外，与其配对的水表精度受限，也存在一定误差。而 s－$D_3$ 处理流量衰减较慢，排水流量也相对较小。分析其原因主要为，由于 s－$D_3$ 处理采用了比 s－$D_2$ 处理更小出口管径的管材，容易满足满管出流，进而能保证更长时间的负压条件发挥虹吸效应，但其口径较小，影响了排水流量。

水工建筑物中，虹吸管一般分为两类：一类是正虹吸，如从高处河渠等水源地不破堤自流引水；另一类是倒虹吸，如跨越路涵等交叉建筑物的自流泄水。两者结构形式不一样，但其作用原理相同，在上下游水位差作用下，管内充满水，呈有压管道流，实现自流引水和泄水。对于出流处设置虹吸管的浅埋暗管，虹吸管出口高度越低，作用水头越大，虹吸增流愈显著。由于虹吸管只有在充满水的情况下，才能发挥虹吸作用，要求暗管能够接纳的入渗水量较大，以满足虹吸管正常工作所需，如果来水量偏小不足以充满虹吸管，虹吸管中有空气进入，则打破负压条件，失去虹吸作用，影响排水效果（Beecham，2015）。为了避免气泡进入排水管，通常采取两种措施：一是使用内径较小的虹吸管，这样可以最大限度地满足虹吸条件（Mei 等，2017；Sun 等，2017；Cai 等，2014）；二是将虹吸管的出口浸入水中，形成真空环境（Yu 等，2019）。之前学者利用变管径虹吸的方法提高虹吸排水的能力，并保证了虹吸排水的长期可靠（Zheng等，2021）。通过研究发现，选择合适的虹吸管径可提高除涝降渍效率。

综上，虹吸排水在地表存在积水或者地下水位埋深较小时，具有较明显的增流效果；随着地下水位埋深逐渐增大，虹吸增流作用减弱消失，有无虹吸处理间流量的差距逐渐减小。暗管埋深为 50cm 时，当地下水位埋深在 $20\sim30$cm 时，$s-D_1$ 和 $s-D_2$ 增流效果逐渐减弱消失；当地下水位埋深在 $30\sim35$cm 时，$s-D_3$ 处理增流效果逐渐减弱消失。

### 4.4.3　地表积水消退过程水头变化特征

以深沟（管）底部高程为 0 基准线，图 4.16 所示为不同地下排水措施，沿室内砂槽的槽长方向各点的水头变化情况。图中曲线分别为各处理的初始时刻、地表积水 1.0cm 时、地表积水消失前后以及完成排水时槽体各位置处水头动态变化。

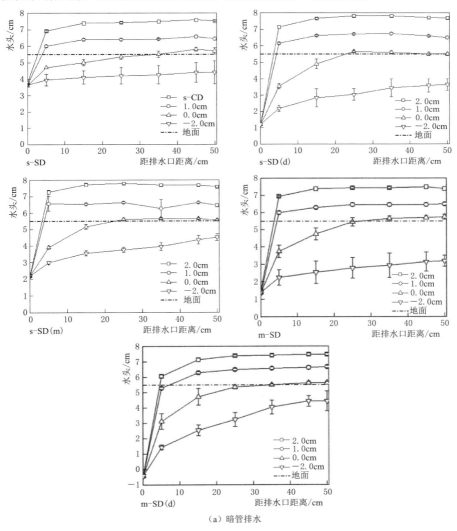

(a) 暗管排水

图 4.16（一）　虹吸排水不同部位水头随时间变化

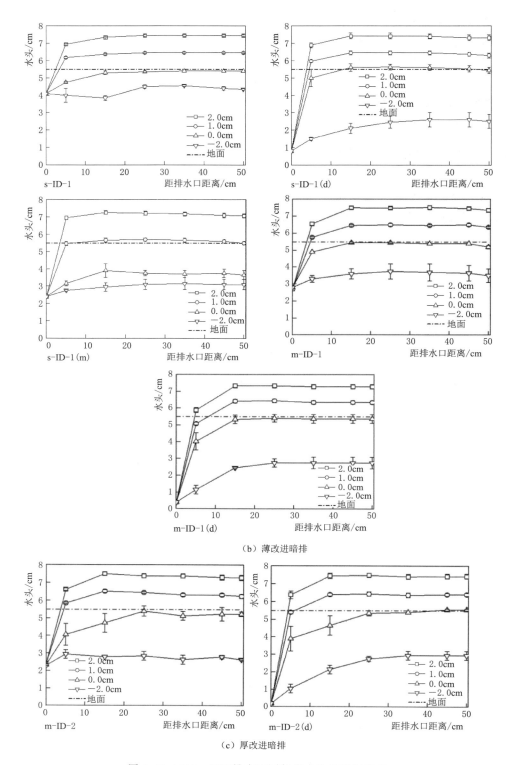

（b）薄改进暗排

（c）厚改进暗排

图 4.16（二）　虹吸排水不同部位水头随时间变化

随着时间的推移，各位置处水头呈现出逐渐下降的趋势。在同一时刻，排水出口附近水头值较低并且变化较大；距排水出口越远，水头变化越小。对暗管排水来说，当浅埋深时，相对于 s‒SD，s‒SD（m）和 s‒SD（d）分别增加 1.5cm 和 2.7cm 的作用水头；当中埋时，m‒SD（d）比 m‒SD 增加 1.5cm 的作用水头。对改进暗排来说，当薄改进为浅埋深时，s‒ID‒1（m）和 s‒ID‒1（d）与 s‒ID‒1 出口处水头值相比，增加 1.6cm 和 3.2cm 的作用水头；当薄改进为中埋深时，m‒ID‒1（d）较 m‒ID‒1 增加 2.1cm 的作用水头。对厚改进来说，m‒ID‒2（d）较 m‒ID‒2 相比增加 2.3cm 的作用水头。室内虹吸排水试验大部分时间处于满管出流状态，管道内满管流形成一定的作用水头，受到管道内外压差的作用，增大了管道的流量，提高了虹吸排水形式的排水能力。

### 4.4.4 虹吸负压随水头的变化特征

虹吸效果随地下水位下降会逐渐减弱，探究其负压值变化过程可以了解虹吸的增流规律。室内砂槽排水试验由于试验模型较小，无法准确地获得虹吸排水出口位置处负压值随地下水位埋深的动态变化数据，设计利用室内土柱排水试验研究其变化规律。图 4.17 所示为地下暗排埋深为 8.0cm（对应田间试验暗排埋深约为 50cm）时，不同虹吸管高度下虹吸负压随地下水位的变化，其中地下水位埋深利用平水箱控制，虹吸负压值为不同下降高度时测压管示数与无虹吸排水（0.0cm）的测压管示数的差值。随地下水位的下降，虹吸负压值会出现上下波动的情况，由趋势线显示，整体呈现出下降趋势；虹吸作用对增加地下暗排的排水流量效果明显，在地下水位接近暗管时仍保持较大的增流效果（图4.18）。

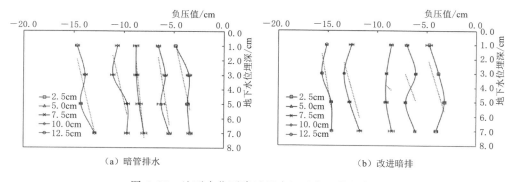

（a）暗管排水　　　　　　　　　　　　（b）改进暗排

图 4.17　地下水位下降过程中虹吸负压值的变化

根据室内土柱排水试验发现，在地下水位下降过程中，负压值整体出现减小的趋势，但直至地下水位下降到接近暗排位置处仍未出现负压值为零的情况。分析其原因为：为保持地下水位的恒定，本研究利用平水箱持续供水，因此即使地下水位下降至地下暗排附近，仍能持续从土壤中接纳土壤毛细水；由于试验中采用的石英砂具有较大渗透性以及给水度，在持续供水条件下，水分在土体介质中能以较大速率进行传输和补给，管内水位或管顶水位维持在虹吸管顶上，所以保持有负压存在。同理，由于室内排水试验平水箱持续供水和土体介质较大的给水度，造成有无虹吸处理的室内外排水试验结果存在一定差异。

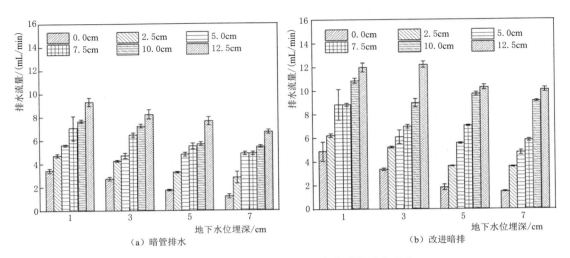

图 4.18　虹吸处理在不同地下水位时的排水变化

### 4.4.5　虹吸管内径确定方法

田间浅埋暗管应用虹吸作用可提高排水能力，虹吸作用的发挥满足的基础条件须保证虹吸管满管出流，暗管入渗水量大于排出水量。在降水较多、地下水位高、土壤含水量大时虹吸效果明显，地下水位低、土壤含水量低，暗管入渗水量减少不能保证虹吸管满管出流时虹吸增流作用消失。当吸水暗管口径较大，而虹吸管口径较小时，可能出现进水不足以充满吸水暗管，但仍能使虹吸管满管出流，在暗管内产生负压吸收入渗水，虹吸暗管增加排水流量的作用仍能正常发挥。随着地下水位降低，进水量不能满足虹吸管满管出流，则虹吸管在无压管流状态下运行，虹吸管脱空，大气从出口处进入，破坏了负压状态，虹吸作用消失。由于虹吸管出口高度要低于暗管出口，要求集水沟有一定深度，或将暗管直接通入较深的斗沟或支沟，使虹吸管获得足够大的降深，以更好地发挥其增流作用。选用合适的虹吸管口径和下降深度才能更好发挥虹吸作用。

根据《农田排水工程技术规范》（SL/T 4—2020）中暗管和集水管内径计算公式，虹吸管与集水管在输送水流方面都属均匀流，且虹吸管与吸水暗管通连共同作用。因此，将计算吸水暗管内径的非均匀流公式与计算集水管内径的均匀流公式联合使用，对虹吸管口径进行理论计算。假定通过虹吸管排出的流量与来自吸水暗管的流量相等，因此，两个公式中的设计流量 $Q$ 应相等。吸水管和集水管管径计算公式如下所示。

吸水管管径计算公式：

$$d = 2\left(\frac{nQ}{\alpha\sqrt{3i}}\right)^{3/8} \tag{4.14}$$

集水管管径计算公式：

$$d = 2\left(\frac{nQ}{\alpha\sqrt{i}}\right)^{3/8} \tag{4.15}$$

除涝排水前期、中期阶段，排水流量较大，虹吸管和吸水暗管内充满水，两者都呈满管流状态运行，其充盈度相同，有关的系数 $\alpha$ 也一样。吸水暗管选用波纹塑料管 $n_{吸}=0.016$，虹吸管选用光壁塑料管 $n_{虹}=0.011$；吸水暗管水力梯度采用暗管比降 $i_{吸}=0.001$，虹吸管沿集水沟边坡布设，取边坡系数 $m=1.0$，推导得：

$$d_{虹}=0.312d_{吸} \tag{4.16}$$

吸水暗管 $d_{吸}=75\text{mm}$，田间小口径虹吸管处理 $d_{虹}=25\text{mm}$，为吸水暗管直径 $d_{吸}$ 的 $1/3$，与优化计算结果相近，大口径虹吸管处理 $d_{虹}=50\text{mm}$，为吸水暗管直径 $d_{吸}$ 的 $2/3$，远大于优化计算值。如前所述，设置大口径虹吸管的 $s-D_1-S$ 处理在排水初期流量大于设置小口径虹吸管的 $s-D_2-S$ 处理，但随时间推移，流量减小较快。在 2021 年将 $s-D_3-S$ 处理的虹吸管更换为直径为 15mm 的 PVC 实管后，为吸水暗管直径 $d_{吸}$ 的 $1/5$，流量出现了明显的减小。

通过试验结果分析，虹吸管直径规格的选择可设定为吸水暗管直径的 0.3 倍左右为宜。虹吸管径太粗，前期排水较快，但虹吸作用发挥时间短，影响整体效果。虹吸管径太细，受过水断面限制，在暗管出水量较大情况下，尽管虹吸效应持续时间较长，但会严重阻水，明显降低虹吸管的增流作用，在整个排水过程中，总排水量的增流效果可能大打折扣。

### 4.4.6 数值模拟结果与分析

#### 4.4.6.1 室内排水试验

1. 模型率定

室内排水试验以虹吸排水形式的 m-SD（d）、m-ID-1（d）、m-ID-2（d）试验的结果作为 HYDRUS 模型参数的率定数据。图 4.19 所示为模型率定阶段流量实测值和模拟值排水流量的对比，表 4.12 列出了模拟值和实测值的统计分析结果。在整个除涝降渍过程中，虹吸排水形式的统计参数 $R^2$、$RMSE$ 和 $NRMSE$ 的变化范围分别为 0.87~0.96、1.22~3.58mL/min 和 9.0%~16.2%，表明该模型具有良好的模拟性能。

表 4.12　　　　　　　　　　　　　　率定阶段排水流量模拟评价

| 评价指标 | m-SD（d） | m-ID-1（d） | m-ID-2（d） |
|---|---|---|---|
| $R^2$ | 0.96 | 0.92 | 0.87 |
| $RMSE/(\text{mL/min})$ | 1.22 | 1.83 | 3.58 |
| $NRMSE/\%$ | 9.0 | 9.8 | 16.2 |

2. 模型验证

除用于率定的结果外，其余结果作为模型参数的验证数据。图 4.20 所示为模型验证阶段模拟值和实测值排水流量的对比，表 4.13 列出了模拟值和实测值的统计分析结果。在整个除涝降渍过程中，虹吸排水形式的统计参数 $R^2$、$RMSE$ 和 $NRMSE$ 的变化范围分别为 0.91~0.97、1.42~3.50mL/min 和 9.0%~15.8%，表明经率定的模型参数较好地反映了排水流量的动态变化。

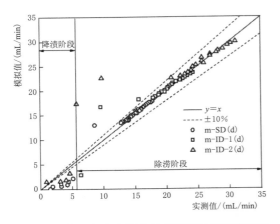

图 4.19  模型率定阶段流量实测值与模拟值对比

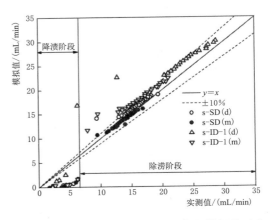

图 4.20  模型验证阶段流量实测值与模拟值对比

注：SD、ID-1、ID-2 分别为暗管排水、薄改进暗排和厚改进暗排，s、m、d 分别为浅埋、中埋和深埋，m-SD（d）
为中埋暗管降低出口至深埋。

**表 4.13**                                  验证阶段排水流量评价

| 评价指标 | s-SD（d） | s-SD（m） | s-ID-1（d） | s-ID-1（m） |
|---|---|---|---|---|
| $R^2/\%$ | 0.95 | 0.97 | 0.92 | 0.91 |
| $RMSE$/(mL/min) | 1.97 | 1.42 | 3.50 | 2.34 |
| $NRMSE/\%$ | 14.3 | 12.2 | 15.8 | 13.9 |

在除涝阶段，模拟值与实测值有较好的拟合效果，结果分布在 $y=x$ 线附近，误差总体在 ±10% 以内。降渍阶段误差较大，实测值大于模拟值。室内排水试验在降渍阶段模拟值与实测值误差较大的原因：一是由于土壤中储存的水量有限，地下水位会迅速下降到排水暗管埋深处；二是测压管的变化可能滞后于实际地下水位，测量值可能出现系统误差；三是当土壤处于非饱和状态时，HYDRUS 模型在初始条件设置上不灵活，导致实测值大于模拟值，在排渍阶段，误差可能会放大。

3. 模型结果分析

图 4.21 模拟了相同排水措施和埋深条件下，室内虹吸排水形式的增流效果随水头的变化。结果表明，虹吸排水形式的增流效果随水头的降低而增大，并呈指数形式变化。当积水高度逐渐减小时，流量减少迅速，其增流效果达到最大。对于暗管排水来说，与 s-SD 相比，s-SD（m）和 s-SD（d）的流量分别增加了 24.7%～49.9% 和 49.5%～94.0%；与 m-SD 相比，m-SD（d）的流量增加了 24.7%～37.1%。对于薄改进暗排来说，s-ID-1（m）、s-ID-1（d）的流量比 s-ID-1 增加了 34.5%～62.1%、85.9%～144.9%，m-ID-1（d）的流量比 m-ID-1 增加了 33.2%～49.8%。对于厚改进暗排来说，m-ID-2（d）的流量比 m-ID-2 增加了 36.5%～54.1%。当地表积水即将排完时，由于此时排水流量较小，公式中分母较小，进而出现虹吸增流效果达到相对最大的现象。

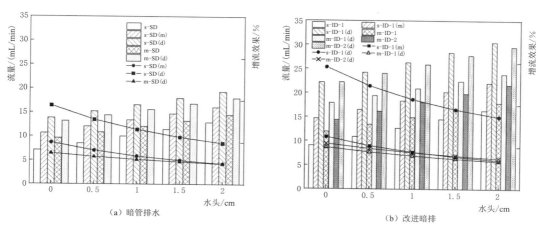

图 4.21 虹吸排水形式流量和增流效果随水头变化的情况

图 4.22 模拟了稳定排水条件下（2.0cm 积水高度）有无虹吸排水的水头分布。结果表明，虹吸排水在暗管附近会产生负压，负压水头的绝对值随出口高度的降低而增大。由于改进暗排的有效半径大于暗管排水（Tao 等，2016），在虹吸排水条件下，改进暗排的负压水头影响范围大于暗管排水。

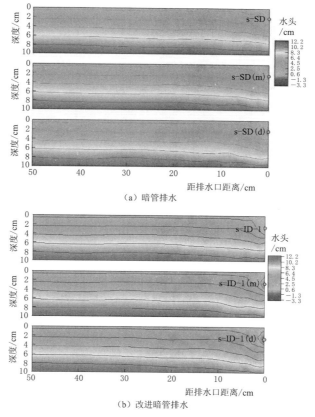

图 4.22 虹吸排水条件稳定时的水头分布（2.0cm 积水高度）

**4.4.6.2　田间排水试验**

1. 模型率定

以 2020 年 7 月 23 日和 2020 年 8 月 10 日的大田排水试验作为 HYDRUS 模型参数的率定数据，为方便探究其排水性能以及减少其他因素影响，试验期间各出流口均为自由出流情况。图 4.23 和图 4.24 所示为率定阶段 $s-D_2-S$ 处理排水流量和地下水位的模拟值与实测值对比。

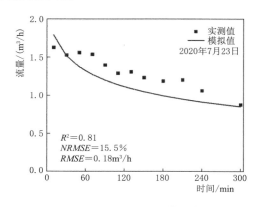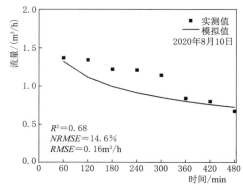

图 4.23　模型率定阶段排水流量实测值与模拟值对比

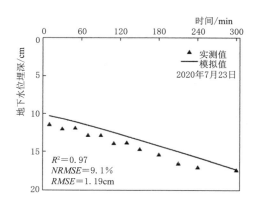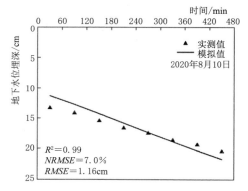

图 4.24　模型率定阶段地下水位实测值与模拟值对比

排水流量的决定系数（$R^2$）范围为 $0.68\sim0.81$，地下水位埋深的范围为 $0.97\sim0.99$cm，整体上看排水流量和地下水位埋深的模拟值与实测值均存在较好的相关程度；排水流量和地下水位埋深的标准均方根误差（$NRMSE$）范围分别为 $14.6\%\sim15.5\%$ 和 $7.0\%\sim9.1\%$，表明排水流量和地下水位埋深的模拟性能较好甚至达到极好的水平；排水流量的均方根误差（$RMSE$）范围为 $0.16\sim0.18$m³/h，地下水位埋深的范围为 $1.16\sim1.19$cm，表明排水流量的模拟值与实测值偏差较小，地下水位埋深的偏差不大，模型可以用于模拟研究区的排水流量和地下水位动态特征。

2. 模型验证

以 2021 年 7 月 8 日、2022 年 7 月 20 日排水试验作为模型参数的验证数据。图 4.25

和图 4.26 所示为验证阶段 s－$D_2$－S 处理排水流量和地下水位的模拟值与实测值对比。由图可知，排水流量的决定系数（$R^2$）范围为 $0.80\sim0.83$，地下水位埋深的范围为 $0.81\sim$ $0.98$；排水流量和地下水位埋深的标准均方根误差（$NRMSE$）范围分别为 $11.9\%\sim$ $18.7\%$ 和 $2.1\%\sim5.1\%$；排水流量的均方根误差（$RMSE$）范围为 $0.13\sim0.14\mathrm{m^3/h}$，地下水位埋深的范围为 $0.83\sim2.57\mathrm{cm}$。结果表明，经率定的模型参数较好地反映了排水流量和地下水位的动态变化。

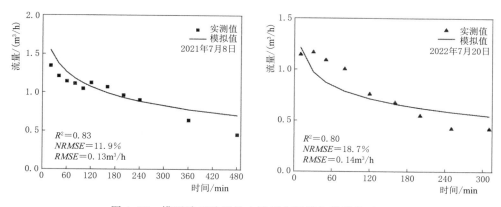

图 4.25　模型验证阶段排水流量实测值与模拟值对比

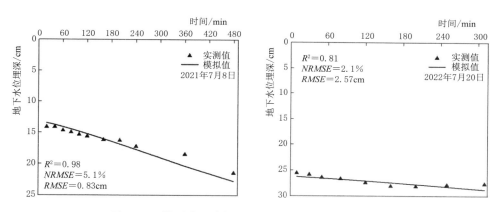

图 4.26　模型验证阶段地下水位实测值与模拟值对比

在 HYDRUS 模型中，边界条件的设置是数值模拟的关键，但常常被简化。在实际应用中，地下排水暗管主要由波纹塑料管和合成土工布组成，波纹塑料管的开孔率和合成土工布的规格影响排水性能（Dierickx，1980）。原则上，开孔率应尽可能大，以减小入口阻力，开孔又应尽量小，以防止土壤颗粒进入并堵塞管道（Nijland 等，2005）。在 HYDRUS 模型中，地下排水通常被视为渗流边界（Ebrahimian 等，2014），但在实际应用中排水管的开孔率往往低于 3%（Qian 等，2021；Liu 等，2021）。不同的土质类型暗管应选择适宜规格的土工布作为外包料，防止土质颗粒进入管道（Li 等，2022）。土工布的规格会影响常规地下排水的有效半径和流量（Rollin，1987），但是 HYDRUS 模型未考虑此因素，如何更合理地设定边界条件仍需进一步探讨。

# 4.5　小结

本章在分析给出影响暗管排水能力的主要影响因素基础上，提出暗管虹吸增流排水技术，基于室内外排水试验、数值模拟方法分析了虹吸排水条件下的暗管排水能力，主要结论如下：

（1）通过降低出口高度的虹吸排水可以增加地下暗排的排水流量。在积水稳定条件下，当埋深相同条件下，虹吸排水形式可使暗管排水和改进暗排的排水流量分别提高27.1%～45.7%和39.3%～89.8%；当暗排埋深不同出流高度相同时仍具有较大的优势，可使暗管排水和改进暗排的排水流量分别提高19.6%～35.2%和16.7%～44.8%。

（2）在积水消退过程中，虹吸排水可减少地表积水层消失时流量的衰减，并有效提高除涝降渍效率。与无虹吸相比，虹吸排水的暗管排水和改进暗管排水的除涝用时分别减少10.3%～37.9%和35.7%～57.9%，降渍用时分别减少25.0%～62.5%和30.0%～60.0%。

（3）虹吸管直径的不同会影响排水效率，采用虹吸管直径与吸水暗管直径比为2/3的$s-D_1-S$处理在排水初始时优势明显，但衰减也较明显；而直径比为1/5的$s-D_3-S$处理在排水过程中增流效果较稳定，但流量相对较小；通过试验结果和理论计算发现，直径比为1/3的$s-D_2-S$处理在排水中优势较明显。

（4）随着地下水位的下降，在水位埋深20～30cm时，$s-D_1$和$s-D_2$增流效果逐渐消失，在30～35cm时$s-D_3$处理的增流效果逐渐减弱消失。

（5）较常规暗管排水来说，只需在吸水暗管的出口处安装一个可降低出口高度的虹吸管即可，具有安装简单、成本低、易于提高现有暗管排水能力的优点。

# 第 5 章　改进暗管排水除涝降渍性能

　　世界上高产的农业多是建立在排水良好的土地上，我国洪涝灾害频繁，现有农田排水工程抵御涝渍灾害的能力受到严峻挑战，作为不占用耕地的农田排水方式，暗管排水更符合我国现阶段耕地保护政策，具有更大的发展潜力。为进一步提高暗管排水能力，提出连续式和间歇式改进型暗管排水技术，以实现农田涝渍兼治的目标。本章介绍了基于常规暗管排水结构改进的连续式改进暗管排水和间歇式改进暗管排水技术，基于田间试验手段，分析了不同改进型暗管排水技术次排水和累积排水特性，评估了积水条件以及地下水位下降过程中改进型暗管排水技术的排涝和降渍作用，此外，基于模型模拟的方法分析了关键设计参数对于连续式改进暗管排水和间歇式改进暗管排水技术除涝降渍作用的影响。

## 5.1　暗管排水技术结构改进

　　明沟相对占用较多耕地，农民为获取更多耕地会填平田间明沟，使排水系统失效，针对这个问题考虑两种暗管改进结构，连续式改进暗管排水技术和间歇式改进暗管排水技术，以期通过增加土壤渗透性能、改变水流运动情况来提升暗管排水能力，实现涝渍兼治。

### 5.1.1　连续式改进暗管排水技术

　　在常规暗排开挖的基础上，以合理级配的砂砾石（或秸秆等其他强透水材料配合防淤堵措施）作为反滤体，采用分层或混合的方法由暗管底高程向上铺设至田面以下 0.3～0.5m，铺设宽度取 0.2～0.6m，并在反滤体上方回填原土作为耕作层如图 5.1 所示。该结构具有增加暗管上方土体的渗透性能、提高了暗排的排水能力的作用，具有排水流量较常规暗排大大提高且占用耕地面积少的显著优点。与控制排水技术相结合，对于旱作物，可在雨季加速田面积水消退，减轻旱作物受淹历时；对于水稻田，可以实现控灌控排及雨季涝水的有效排除。该技术可大大增加土壤的透气性能，已有的研究表明，透气性好的土壤可为作物根系生长提供良好条件，利于有机质分解和速效养分的供应以及粮食产量的提高。

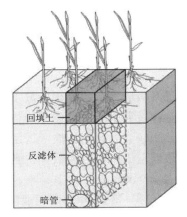

图 5.1　连续式改进暗管排水
结构示意图

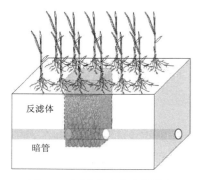

图 5.2 间歇式改进暗管排水
结构示意图

### 5.1.2 间歇式改进暗管排水技术

结合竖井及暗管排水，形成间歇式改进暗管排水，间歇式改进暗排由常规暗管、方块式（圆柱式）直通地表的砂石填层组成，砂石填块的尺寸可依据其排水能力进行选择，初步建议垂直暗管方向宽度 20～400cm，沿暗管方向长度 20～400cm，田块间距可按照实际需求进行设置，2～200m 均可（图 5.2）。涝水和渍水均可通过设置的砂石料渗流进入管道，具备迅速排除涝水的能力，同时由于块体上部为细沙或其他小颗粒材料，且占地面积较小，不会对耕作产生影响。

## 5.2 试验和模拟评估方法

### 5.2.1 试验方法

田间试验主要开展于新马桥农水综合试验站和安徽省利辛县示范区，试验站地处淮北平原中部固镇县境内，属暖温带半湿润季风气候区，降雨充沛，年均降雨量 911.3mm，年际变幅大且年内分布不均匀，暴雨及连阴雨多，降雨多集中在汛期的 6～9 月，雨量占全年总数的 60%～70%，地下水埋深较浅，极易发生涝渍灾害。

新马桥农水综合试验站主要开展了不同反滤体材料的连续式改进暗管排水能力试验，共设置了 5 个 18m×17m（宽×长）的试验小区，包括卵石反滤体改进暗排小区、秸秆反滤体改进暗排小区、分层级配砂石反滤体改进暗排小区、混合级配砂石反滤体改进暗排小区以及常规暗排小区（图 5.3）。为防止不同试验方案间的水流交互影响，每个试验小区铺设 3 根暗管，暗管间距 6m，暗管长度 17m。暗管采用 75mm 直径、出厂前预包土工布的打孔波纹塑料管。考虑到当地农田排水的主要任务是除涝降渍，且耕地以旱作为主，在满足降渍设计要求的条件下，选择暗管埋深 0.8m。为便于观测以及较小范围的施工，反滤体的宽度选择为 0.4m、高度为 0.5m，回填表土厚度（耕作层厚度）为 0.3m。所有暗管的排水均经地下管道连接系统流入 2 个观测井。观测井主要用于排水量观测及水样采集，两井之间用地下管道联通并经水泵抽排积水。

考虑到土壤渗透系数对暗排排水量的影响远超其他土壤物理参数，故假定各小区内除渗透系数外的土壤物理参数一致。采用环刀取土方式，在室内测定土壤容重、土壤饱和含水量以及残余含水量的平均值分别为 1.45g/cm³、0.44cm³/cm³ 和 0.05cm³/cm³。由于小区面积较大，采用土壤渗透系数室内测定结果难以反映土壤综合渗透性，故利用双环试验原位测定土壤渗透系数，得到卵石、秸秆、分层、混合和常规暗排小区的土壤渗透系数分别为 0.916m/d、0.916m/d、0.916m/d、0.805m/d 和 0.805m/d。

2015—2016 年，利用灌溉积水、暴雨产生的积水或暴雨条件下地下水位接近地表的情况共进行了 6 次排水试验，每次排水试验前需测量地下水埋深以及非饱和区的土壤含水量，结果见表 5.1。排水过程中观测了不同时刻不同暗排结构形式的排水量，探究了不同

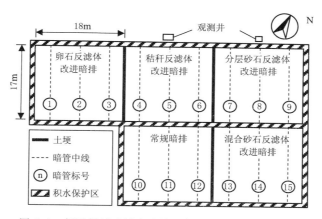

图 5.3　新马桥试验站点连续式改进暗排试验区布置图

暗排结构形式的排涝能力。观测井各暗管出口均设置数字水表，可精确至 0.001m³。观测排水量变化过程中水阀初始开启时每 10min 左右观测一次，随着排水时间的增加，后续每 1~2h 观测一次，在地表积水的条件下，还需同时测量各小区的地表积水深度。

表 5.1　　　　　　　　　新马桥改进暗排试验前的初始地下水埋深及土壤含水量

| 时　间 | 方　法 | 积水深度<br>/cm | 地下水埋深<br>/cm | 非饱和土壤含水量<br>/(cm³·cm⁻³) |
|---|---|---|---|---|
| 2015 年 8 月 12 日 | 灌水产生积水 | 7/1 | 0 | — |
| 2015 年 8 月 13 日 | 灌水使地下水位上升 | 0 | 25 | 0.34 |
| 2015 年 10 月 18 日 | 灌水产生积水 | 1 | 0 | — |
| 2016 年 6 月 5 日 | 暴雨使地下水位上升 | 0 | 20 | 0.345 |
| 2016 年 6 月 7 日 | 暴雨使地下水位上升 | 0 | 5 | 0.38 |
| 2016 年 6 月 24 日 | 暴雨使地下水位上升 | 0 | 5 | 0.38 |

利辛县示范区试验共设置间距为 20m 的常规暗排小区、连续式秸秆砂石改进暗排小区、间歇式改进暗排小区、明暗组合排水小区、矩形秸秆沟暗管组合排水小区等 5 个典型试验区以及 40m 和 60m 间距的 2 个常规暗排试验区。吸水管采用 90mm 管径的外包纤维无纺布透水管，平均埋深 0.8m，详细布置如图 5.4 所示。

所有暗管出口排入观测沟进行测量。典型试验区暗管长度均为 30m，对于连续式秸秆砂石改进暗排小区，反滤体宽度为 40cm，高度为 50cm；间歇式改进暗排小区砂石填块垂直暗管方向宽度 180cm，沿暗管方向长度 130cm，30m 暗管中间设置 1 个填块，即填块间距为 30m。土壤容重、土壤饱和含水量、田间持水量以及残余含水量的平均值分别为 1.45g/cm³、0.44cm³/cm³ 和 0.05cm³/cm³。采用双环试验进行原位土壤渗透系数测量，通过计算得到利辛试验区渗透系数为 0.72~1.15m/d。对于暗管排水流量进行观测，包括一次排水及连续排水两种排水形式。次排水主要发生在 2020 年 7 月 15 日、7 月 20 日以及 7 月 23 日至 24 日，连续排水过程主要发生在 2021 年 7 月 15 日至 11 月 2 日，共产生 3 个排水过程。

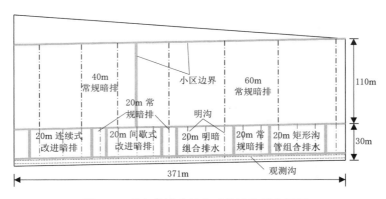

图 5.4　利辛县试验站点暗排试验区布置图

## 5.2.2　数值模拟结果分析

### 5.2.2.1　模型设置

连续式改进暗排、常规暗排可采用二维模型进行模拟，模型介绍见第 4 章。考虑到间歇式暗排的砂石填块对于垂直和平行暗管的水流均有影响，且填块间距也需要在三维模型模拟中体现。图 5.5 给出了 HYDRUS 模型中连续式改进暗排、间歇式改进暗排的建模草图，图中 $S_1$ 和 $S_2$ 分别表示土壤和反滤体的渗透系数，$b_0$ 为反滤体宽度，$z_0$ 为反滤体高度，$h_d$ 表示暗管埋深，$L$ 表示暗管间距，$T$ 为不透水层深度，$d_i$ 为明沟宽度，$h_{di}$ 为明沟深度，$L$ 为间距，$F_w$ 为间歇式改进暗排砂石填块垂直暗管的宽度，$F_L$ 为间歇式改进暗排砂石填块沿暗管的长度，$F_D$ 为间歇式改进暗排砂石填块间距。

对于连续式改进暗排的二维模拟来说，边界 $ab - bd - dc$ 设置为无流量边界，考虑到实际试验操作存在开关暗管的控制操作，因此暗管边界设置为变水头边界，在暗管关闭时设置为 1000000cm，暗管开启且无淹没时，设置为 0，当暗管出口存在淹没时按照淹没出流进行设置。边界 $ac$ 则考虑降雨及蒸发条件选用大气边界。对于间歇式改进暗排的三维模型来说，除顶部 $egik$ 面设置为大气边界，其他面为无流量边界，暗管边界也设定为变水头边界。

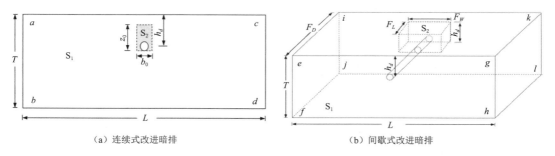

（a）连续式改进暗排　　　　　　　　（b）间歇式改进暗排

图 5.5　HYDRUS 模型模拟示意图

### 5.2.2.2　模型率定验证

1. 连续式改进暗管排水技术

以安徽省新马桥农水综合试验站排水试验小区获得的 2015 年 8 月 13 日、2015 年 10

月 18 日和 2016 年 6 月 5 日的排水试验结果作为 HYDRUS 模型参数的率定数据，而以 2015 年 8 月 12 日（积水）、2016 年 6 月 7 日、2016 年 6 月 24 日的排水试验数据作为验证。由于在田间排水性能分析中发现分层和混合反滤体的排水过程大致相同，因此假定二种反滤体的参数相同，率定验证得到的 HYDRUS 模型土壤及各反滤体材料的水力特性参数见表 5.2。

表 5.2　　　　　连续式改进暗排条件下率定的土壤及反滤体材料的水力特性参数

| 土壤质地 | $\theta_r/(\mathrm{cm}^3/\mathrm{cm}^3)$ | $\theta_s/(\mathrm{cm}^3/\mathrm{cm}^3)$ | $a/\mathrm{cm}^{-1}$ | $n$ | $K_s/(\mathrm{cm/d})$ | $l$ |
|---|---|---|---|---|---|---|
| 土壤（常规、分层、混合） | 0.05 | 0.44 | 0.014 | 1.8 | 80.64 | 0.5 |
| 土壤（卵石、秸秆） | 0.05 | 0.44 | 0.014 | 1.8 | 91.58 | 0.5 |
| 卵石 | 0.005 | 0.42 | 0.1 | 2.1 | 2880 | 0.5 |
| 秸秆 | 0 | 0.48 | 0.018 | 1.9 | 993.6 | 0.5 |
| 分层和混合砂石 | 0.01 | 0.42 | 0.016 | 1.85 | 2592 | 0.5 |

为了定量评估 HYDRUS 模型参数率定和验证期间的数值模拟效果，选取决定系数 $R^2$、相对误差 $RE$ 和纳什系数 $NSE$ 三个统计指标对模拟值和实测值进行统计分析，三个指标的计算公式如下：

$$R^2 = \frac{\left[\sum_{i=1}^{n}(P_i - P)(O_i - O)\right]^2}{\sum_{i=1}^{n}(P_i - P)^2 \sum_{i=1}^{n}(O_i - O)^2} \tag{5.1}$$

$$RE = \frac{\sum_{i=1}^{n}(P_i - O_i)}{\sum_{i=1}^{n}O_i} \times 100\% \tag{5.2}$$

$$NSE = 1 - \frac{\sum_{i=1}^{n}(O_i - P_i)^2}{\sum_{i=1}^{n}(O_i - O)^2} \tag{5.3}$$

式中：$O_i$ 和 $P_i$ 分别为实测值和模拟值；$n$ 为实测点的个数；$O$ 为实测值的平均值；$P$ 为模拟值的平均值。

对 5 种试验处理而言，常规暗排、秸秆反滤体改进暗排、卵石反滤体改进暗排、分层砂石反滤体改进暗排以及混合砂石反滤体改进暗排率定期 $R^2$ 的范围依次为 0.96～1、0.98～1、0.97～1、0.99 和 0.99；$RE$ 的范围依次为 3.3%～11.5%、−6.5%～7.5%、7.5%～9.7%、8.6%～9.9% 和 0.6%～14.1%；$NSE$ 的范围依次为 0.91～0.99、0.95～0.99、0.89～0.98、0.89～0.97 和 0.92～0.99，验证期 $R^2$ 的范围依次为 0.99、0.99～1、0.98～1、0.99 和 0.98～0.99；$RE$ 的范围依次为 −11.2%～−8.8%、9.5%～9.9%、6.6%～7.7%、8.7%～9.9% 和 9.0%～10.2%；$NSE$ 的范围依次为 0.98、0.93～0.97、0.96、0.96～0.98 和 0.94～0.98，上述参数分布范围说明了模型参数率定的有效性，详见《农田涝灾预测评估与排水调控技术》。

**2. 间歇式改进暗管排水技术**

以 2020 年 7 月 15 日到 7 月 24 日排水过程中 7 月 15 日和 7 月 20 日次排水为率定期，以 7 月 23 日至 24 日次排水为验证期开展模型率定和验证，同时增加整个排水过程中地下水埋深的验证。以 7 月 15 日 9：20 作为初始排水时间，模拟步长为 1h，率定验证的土壤参数结果见表 5.3。

表 5.3　　　　间歇式改进暗排条件下率定的土壤及反滤体材料的水力特性参数

| 土壤质地 | $\theta_r/(\text{cm}^3/\text{cm}^3)$ | $\theta_s/(\text{cm}^3/\text{cm}^3)$ | $a/\text{cm}^{-1}$ | $n$ | $K_s/(\text{cm}/\text{d})$ | $l$ |
|---|---|---|---|---|---|---|
| 土壤 | 0.05 | 0.44 | 0.018 | 1.49 | 81.98 | 0.5 |
| 砂石 | 0.01 | 0.42 | 0.028 | 2.0 | 1680 | 0.5 |

排水流量模拟值与实测值对比如图 5.6 和图 5.7 所示，计算得到间歇式改进暗排排水流量及地下水位相关统计参数，对于排水流量来说，间歇式改进暗排模拟率定期的决定系数（$R^2$）为 0.98，相对误差（$RE$）为 6.4%，纳什系数（$NSE$）为 0.98；验证期的决定系数（$R^2$）为 0.99，相对误差（$RE$）为 $-3.5\%$；纳什系数（$NSE$）为 0.87。对于地下水埋深来说，间歇式改进暗排模拟率定验证的决定系数（$R^2$）为 0.89，相对误差（$RE$）为 3.99%；纳什系数（$NSE$）为 0.60。

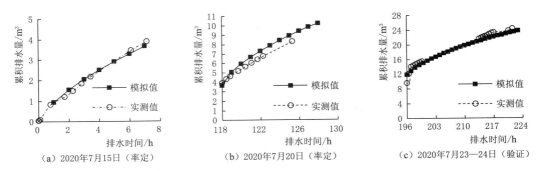

（a）2020 年 7 月 15 日（率定）　　（b）2020 年 7 月 20 日（率定）　　（c）2020 年 7 月 23—24 日（验证）

图 5.6　间歇式改进暗管排水排水量模拟及实测值对比

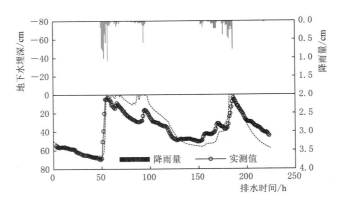

图 5.7　间歇式改进暗管排水地下水埋深模拟及实测值对比

# 5.3　改进暗管排水除涝降渍效果

## 5.3.1　积水条件下连续式改进暗排排水能力

在 2015 年 8 月 12 日的新马桥田间排水试验中，测定了积水层深度分别为 7cm 和 1cm 时的各暗排排水量，考虑到 5 个小区的土壤渗透系数之间有所差异，故对单位渗透系数下的暗排排水量进行对比分析。如图 5.8 所示，积水层深度 7cm 时，常规暗排、秸秆改进暗排、卵石改进暗排、分层砂石改进暗排以及混合砂石改进暗排排水量分别为 0.237m/d、0.445m/d、0.450m/d、0.428m/d 和 0.454m/d，这意味着在相同土壤渗透系数和积水层深度下，4 种改进暗排的排水量之间相差不大，均约为常规暗排排水量的 1.9 倍。

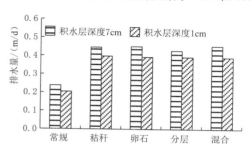

图 5.8　不同地表积水下各暗排形式的
排水量对比

## 5.3.2　地下水位下降过程中改进暗排排水能力

### 1. 新马桥试验站点次排水

如图 5.9 所示，在单位土壤渗透系数下，改进暗排的累计排水量均大于常规暗排，以 2016 年 6 月 7 日和 24 日初始地下水埋深 5cm 下的排水试验为例，当排水历时达到 600min 时，改进暗排的累计排水量为常规暗排的 1.4～1.9 倍，卵石反滤体改进暗排的累计排水量要大于其他 3 种改进暗排，且初始排水短时间内的累计排水量差别较大，主要原因在于卵石的持水性能较差，开始排水后卵石反滤体范围内的水量被迅速排除。

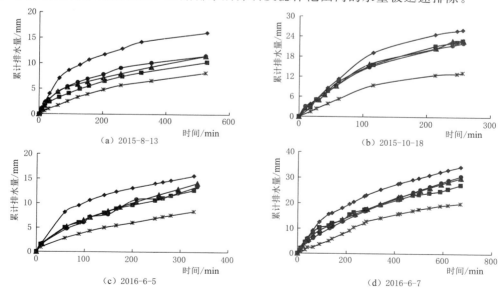

图 5.9（一）　2015—2016 年不同暗排形式下的累计排水量时间过程线

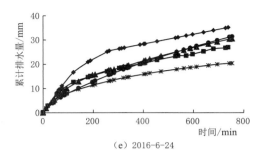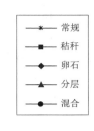

(e) 2016-6-24

图 5.9 （二）　2015—2016 年不同暗排形式下的累计排水量时间过程线

　　从图 5.9 还可看到，分层砂石反滤体与混合砂石反滤体改进暗排的排水过程相差不大，但对秸秆反滤体改进暗排来说，在 2015 年 8 月 13 日、2016 年 6 月 7 日、2016 年 6 月 24 日排水试验中，单位渗透系数下的累计排水量时间过程线略低于砂石反滤体改进暗排，而在 2015 年 10 月 18 日、2016 年 6 月 5 日的排水试验中，相同时间下的累计排水量时间过程线却高于或接近砂石反滤体改进暗排。较大秸秆反滤体改进暗排排水量下的田间排水试验均发生在前期较短时间内未进行过排水试验且未发生大降雨的日期，此时秸秆由较干状态变为较湿或饱和状态，而前期排水后的秸秆则已处于较湿或饱和状态一段时间，故两种情况下秸秆的渗透性能和持水性能可能存在一定差别。虽然秸秆相比于砂石滤料易发生变化，秸秆反滤体的排水性能会出现周期性小幅变化，但试验期间秸秆反滤体改进暗排并未出现排水量显著减少的现象。

　　2. 利辛县试验站点次排水

　　采用单长暗管排水流量作为分析对象，对 2020 年 7 月 15 日、7 月 20 日以及 7 月 23 至 24 日排水过程进行分析（图 5.10）。2020 年 7 月 15 日，开始试验时，地下水埋深基本在 50cm 左右，存在较小差异，但连续式改进暗排由于前期开启排水导致局部地下水埋深较大，无法与其他进行比较。2020 年 7 月 15 日间歇式改进暗排排水流量约为常规暗排的 1.7 倍，且排水初期的作用更显著。此外，间歇式改进暗排可增加地下水埋深 9.5cm，而常规暗排仅为 7.7cm，可见间歇式改进暗排降低地下水位的作用更明显。

　　2020 年 7 月 20 日上午 6 时 30 分开启排水试验，常规暗排、间歇式和连续式改进暗排初始地下水埋深有所差别，常规暗排较间断式改进暗管排水小区地下水埋深小 7cm，较连续式改进暗排的地下水埋深小 23cm。从累积排水量上看，与常规暗排相比，虽然初始地下水埋深比常规暗排小区大，但间歇式改进暗排和连续式改进暗排的累积排水量均显著大于常规暗排，试验时段内间歇式改进暗排和连续式改进暗排的累积排水量均约为常规暗排的 1.6 倍，若初始地下水埋深相同，二者的排水效果更加明显。2020 年 7 月 23 日至 24 日排水试验共持续了 28h 左右，21 日 18 时至 23 日 9 时共降雨 45.19mm，23 日 13：00 开始排水试验，常规暗排较间断式改进暗管排水小区初始地下水埋深小约 13cm，较连续式改进暗排的地下水埋深小 20cm，排水时间段内间歇式改进暗排和连续式改进暗排的累积排水量分别为常规暗排的 1.4 倍和 1.3 倍。

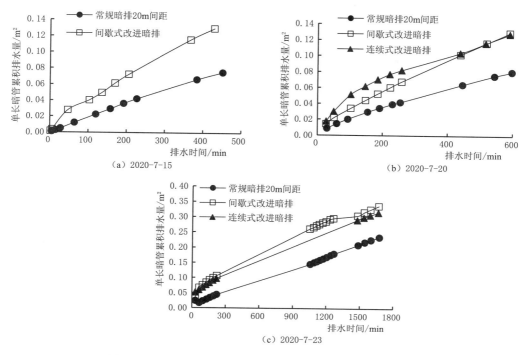

图 5.10　2020 年不同暗排形式下的累计排水量时间过程线

**3. 利辛县试验站点日排水**

图 5.11 给出了 2021 年三次连续降雨单日排水累积量，2021 年 7 月 15 日和 16 日降雨量分别为 42.6mm 和 33.6mm，由于 7 月 15 日降雨初期地下水埋深较大、土壤较干，降雨当日产生的排水量较小，此时间歇式暗排的排水量较常规暗排仅增加 6%，随着降雨通

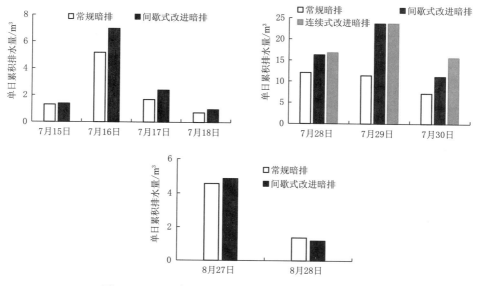

图 5.11　2021 年 3 次主要排水过程单日累积排水量

过土壤入渗量的不断增加，间歇暗排的作用更为明显，7 月 16 日和 7 月 17 日较常规暗排增加 34% 和 42%，随着排水的进行，间歇式改进暗排的作用有所削弱，7 月 18 日的排水量较常规暗排增加 34%。7 月 28 日的降雨量更大，间歇式和连续式改进暗排的作用更为显著，7 月 28 日间歇式和连续式改进暗排的排水量是常规暗排的 1.35 倍和 1.39 倍，由于 7 月 28 日降雨量很大，地下水位上升至地面，7 月 29 日间歇式和连续式改进暗排的排水量是常规暗排的 2.07 倍和 2.08 倍。然而 8 月 27 日的降雨量不大，间歇式改进暗排的作用并不是很显著。综上，地表积水或短历时强降雨时间歇式和连续式改进暗排的作用更为显著，当地下水埋深较大的情况下，二者会增加排水流量，但作用小于地下水埋深较浅的情况。

### 5.3.3　数值模型模拟结果与分析

#### 5.3.3.1　地表积水下连续式改进暗排的排水性能影响因素

1. 反滤体渗透系数影响

参考淮北平原暗排工程中的相关参数，暗管直径设定为 0.075m，选取 $b_0 = 0.4$m、$z_0 = 0.7$m、$h_d = 0.9625$m、$L = 40$m 为暗排工程基础尺寸，不透水层深度取 10m，假定积水层深度为 7cm。土壤和反滤体的水力特性参数分别采用田间卵石小区的土壤率定参数以及卵石和分层小区的反滤体率定参数。连续式改进暗排的排水量取为卵石及砂石反滤体作用下的平均值，不同影响因子下的模拟方案取值见表 5.4。

表 5.4　　　　　　　　　　　反滤体渗透系数及暗排尺寸取值表

| 影 响 因 子 | 参 数 取 值 |
| --- | --- |
| 反滤体渗透系数 $S_2/S_{2f}$ | 0.03、0.1、0.3、0.5、0.8、1、1.2、1.5、1.8、2、3 |
| 反滤体宽度 $b_0$/m | 0、0.1、0.2、0.3、0.4、0.5、0.6 |
| 反滤体高度 $z_0$/m | 0、0.1、0.2、0.3、0.4、0.5、0.6、0.7 |
| 暗管埋深 $h_d$/m | 0.7625、0.8625、0.9625、1.0625、1.1625、$z_0 = 0.5$m |
| 暗管间距 $L$/m | 5、10、20、30、40、50、60 |

**注**　$S_{2f}$ 表示田间试验率定的卵石反滤体渗透系数。

图 5.12 显示出模拟的连续式改进暗排和常规暗排排水量之比随反滤体与土壤渗透系数比值而变化的趋势。通常反滤体设计准则中要求反滤体的渗透系数至少应为土壤渗透系数的 10 倍，当 $S_2/S_1$ 小于 10 时，连续式改进暗排的排水量迅速增大；$S_2/S_1$ 等于 10 时，连续式改进暗排的排水量约为常规暗排的 2 倍；当 $S_2/S_1$ 继续增至 30~40 时，连续式改进暗排的排水量仍有明显增幅，约为常规暗排的 2.1 倍；当超过 30~40 后，连续式改进暗排的排水量增幅很小。换句话说，这表明了随着连续式改进暗排的长时间运行，反滤体的渗透系数逐渐减小至土壤渗透系数的 30~40 倍之前，并不影响改进暗排的排水

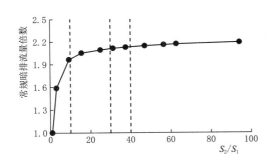

图 5.12　反滤体与土壤渗透系数的差别对连续式
改进暗排排水量的影响

能力，当反滤体渗透系数仅为土壤的 10 倍时，连续式改进暗排的排水能力仍显著大于常规暗排。

2. 反滤体的宽度和高度影响

以卵石和分层反滤体连续式改进暗排的排水量均值为因变量，从图 5.13 (a) 可以看到，随着反滤体宽度增加，模拟的改进暗排排水量不断增大，但增幅却减小。当反滤体高度不变时，模拟的改进暗排的排水量与反滤体宽度之间呈现为较好的二次抛物曲线关系，当反滤体宽度由 0 增至 0.2m 时，排水量增加 83%，反滤体宽度为 0.2～0.6m 时，宽度每增大 0.1m，排水量将在之前的基础上再增加约 8%。反滤体高度对模拟的连续式改进暗排排水量的影响与反滤体宽度相同 [图 5.13 (b)]。相同反滤体宽度下，模拟的连续式改进暗排排水量与反滤体高度之间也为二次抛物曲线关系，当反滤体高度由 0 增至 0.2m 时，排水量增加 54%，反滤体高度为 0.2～0.7m 时，高度每增大 0.1m，排水量将在之前的基础上再增加约 4%。由此可见，改变反滤体的尺寸将直接影响连续式改进暗排的排水能力，且反滤体尺寸设计还事关造价成本，故设计中应因地制宜、合理考虑投入产出关系，实现优化布局。

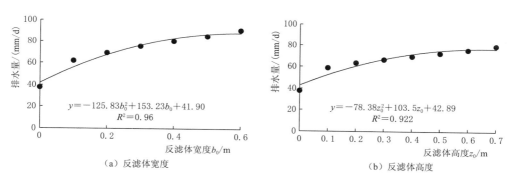

图 5.13　反滤体宽度和高度对连续式改进暗排排水量的影响

3. 暗管的间距和埋深影响

从图 5.14 给出的结果可以看到暗管间距对模拟的连续式改进暗排排水量的影响。随着暗管间距增大，常规暗排和连续式改进暗排的排水量均呈幂函数趋势下降，在相同的暗管间距下，连续式改进暗排的排水量约为常规暗排 2.1 倍。此外，从图 5.14 显示的拟合公式可以看到，指数拟合参数为 -0.98，略大于 -1，基于常规暗排的排水量计算公式，可对产生该现象的原因进行解释，即在其他参数不变的情况下，暗管间距在一定程度影响了暗排地段的阻抗系数，但在模拟取值范围内暗管间距对该阻抗系数的影响与暗管间距的影响相比较小，故出现了指数拟合参数略大于 -1 的情况。若去掉较小暗管间距对应的排水量，指数拟合指数接近 -1，间接反映出与较大暗管间距相比，较小暗管间距对暗排阻抗系数的影响更大。由地表积水下的常规暗管排水量计算公式可知，暗管埋深主要影响暗管的作用水头，在其他条件相同下，暗管排水量与作用水头呈线性关系。从图 5.14 给出的结果可以看到，模拟的连续式改进暗排排水量与暗管埋深之间也呈现线性正相关性，该规律与常规暗排相一致。

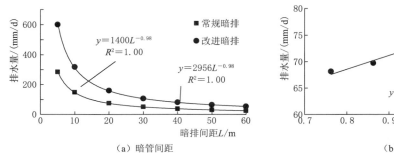

图 5.14　暗管间距和埋深对连续式改进暗排排水量的影响

### 5.3.3.2　地表无积水下连续式改进暗排的降渍性能

一旦地表积水排除后，暗管排水需承担农田降渍功能，其控制地下水位的能力直接影响作物受渍历时，进而影响作物生长及产量。因此开展地下水位与地表齐平且地表无积水条件下连续式改进暗排的降渍性能分析。

1. 排水量分析

图 5.15（a）给出在排水 96h 内模拟的连续式改进暗排和常规暗排排水量变化过程。随着排水时间增加，地下水位逐渐下降，排水量逐渐减小，改进暗排与常规暗排排水量间的差值也逐渐减小，但前者始终大于后者。由于反滤体材料的持水能力较小，排水初始阶段在反滤体内的水分将通过暗管排出，并在其范围内形成非饱和区域，致使连续式改进暗排在排水后短期内的排水量很大。随后，随着反滤体附近的土壤重力水被排出，地下水位不断下降，与反滤体接触的水体范围逐渐减少，连续式改进暗排的排水量不断接近常规暗排。

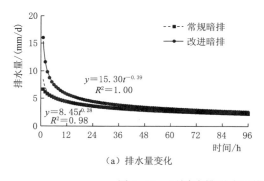

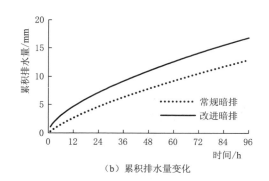

图 5.15　不同暗排形式下模拟的排水量和累积排水量变化

此外，还可发现连续式改进暗排和常规暗排的排水量随时间变化均呈现幂函数下降趋势，且具有很好的相关性。图 5.15（b）给出在排水 96h 内模拟的连续式改进暗排和常规暗排累计排水量变化过程。相应于排水后 6h、12h、24h、48h、72h 和 96h，常规暗排对应时刻的累计排水量分别为 1.5mm、2.6mm、4.6mm、7.8mm、10.5mm 和 12.9mm，连续式改进暗排分别为 3.1mm、4.7mm、7.1mm、11.0mm、14.1mm 和 16.8mm，后者比前者分别增长 107%、81%、54%、41%、34%和30%。由于反滤体材料的持水性能低于土壤，排水后在反滤体范围的水量被迅速排除，使得连续式改进暗排的累计排水量在排水初期与常规暗排间的差别较大。由此可见，连续式改进暗排在控制地下水位能力上明显强于常规暗排，特别是在排水初期尤为显著。

2．地下水埋深变化过程分析

我国农田排水降渍标准为旱作农田在渍害敏感期采用 3～4d 内使地下水位降至田面以下 0.4～0.6m，水稻田在晒田期 3～5d 内使地下水位降至田面以下 0.4～0.6m，选取降低地下水位至田面以下 0.4m 为降渍目标。图 5.16 给出模拟的连续式改进暗排和常规暗排下距离暗管 $L/8$、$L/4$ 和 $L/2$ 处的地下水埋深变化过程。随着排水时间增加，地下水位逐渐下降，改进暗排的排水量逐渐变小，控制地下水位的能力有所减弱，且在距暗管越远的断面处地下水位下降越为缓慢。常规暗排下距离暗管 $L/8$、$L/4$ 和 $L/2$ 处的地下水位降至田面以下 0.4m 分别需要 36h、68h 和 93h，而连续式改进暗排下则分别需要 26h、55h 和 79h，比前者分别节省 10h、13h 和 14h，时间分别缩短 28%、19%和15%。由此可见，连续式改进暗排对降低地下水位的时效更高，尤其是在距暗管较近的断面处。

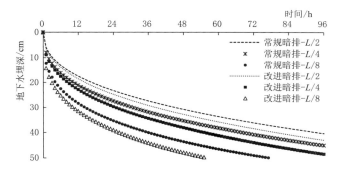

图 5.16 不同暗排形式下模拟的地下水埋深变化过程

### 5.3.3.3 地表积水下间歇式改进暗排的排水性能影响因素

1．砂石填块尺寸影响

基础参数取暗管间距 40m，暗管埋深为 0.8m，暗管管径 0.09m，砂石填块宽度 1.2m（垂直暗管方向），砂石填块长度 1.2m（沿暗管方向），砂石填块间距 20m（沿暗管方向），设置其他模拟参数见表 5.5。通过模拟计算得到基础条件下常规暗管排水流量为 1.54m³/h，砂石填块长度 1.2m 时，砂石填块宽度为 0.2m、0.4m、0.8m、1.2m、1.6m、2.0m、2.5m 和 4.0m 对应的间歇式改进暗管排水流量分别为 2.14m³/h、2.35m³/h、2.72m³/h、3.03m³/h、3.49m³/h、3.82m³/h、4.28m³/h 和 5.83m³/h，为常规暗管排水流量的 0.39～2.79 倍。图 5.17（a）给出了砂石填块长度固定时，砂石填块宽度对暗管排水流量的影响，可以看到对于固定的砂石填块长度来说，模拟试验中的暗管排水流量与砂石填块宽度大致呈线性相关关系，砂石填块长度越长，斜率越大。此外还可以看到砂石填块长度为 2.5m 和 4m 时暗管的排水流量相差不大。

表 5.5　　　　　　　　　间歇式改进暗排模拟参数取值表

| 影　响　因　子 | 参　数　取　值 |
| --- | --- |
| 砂石填块宽度 $FW$/m | 0.2, 0.4, 0.8, 1.2, 1.6, 2.0, 2.5, 4.0 |
| 砂石填块长度 $FL$/m | 0.2, 0.4, 0.8, 1.2, 1.6, 2.0, 2.5, 4.0 |
| 砂石填块间距 $FD$/m | 10, 20, 40, 60, 80, 100 |
| 暗管间距 $L$/m | 20, 40, 60, 80, 100 |

当砂石填块宽度为 1.2m 时，砂石填块长度为 0.2m、1.2m、1.6m、2.0m 和 4.0m 对应的间歇式改进暗管排水流量分别为 2.82m³/h、3.03m³/h、3.27m³/h、3.58m³/h 和 3.95m³/h，为常规暗管排水流量的 0.83～1.56 倍。砂石填块长度增加单位百分比时其影响的暗管排水流量作用小于砂石填块宽度增加相同百分比产生的效果，见图 5.17（b）。

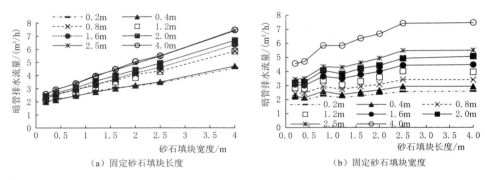

图 5.17　不同砂石填块宽度和长度对间歇式改进暗排排水流量的影响

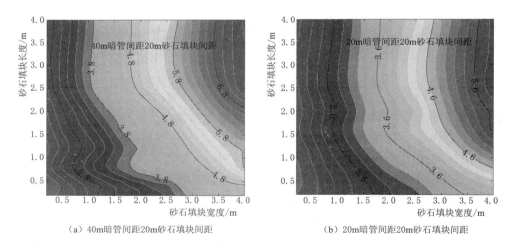

（a）40m 暗管间距 20m 砂石填块间距　　　　　　（b）20m 暗管间距 20m 砂石填块间距

图 5.18　40m 和 20m 间距下砂石填块长度和宽度对应的间歇式改进暗排排水流量 m³/h

图 5.18 给出了 40m 和 20m 间距下不同砂石填块长度和宽度下的排水流量，可以看到，砂石填块长度和宽度均增加时，暗管排水流量会明显增加，总体来说，相同面积的砂石填块，砂石填块宽度越大，暗管排水流量越大。以 40m 暗管间距、20m 砂石填料间距为例，砂石填块面积为 0.32m² 时，砂石填块宽度分别为 0.2m、0.4m、0.8m 和 1.6m 对

应的流量分别为 $2.26\mathrm{m}^3/\mathrm{h}$、$2.58\mathrm{m}^3/\mathrm{h}$、$2.46\mathrm{m}^3/\mathrm{h}$ 和 $3.07\mathrm{m}^3/\mathrm{h}$，砂石填块面积为 $1.6\mathrm{m}^2$ 时，砂石填块宽度分别为 $0.4\mathrm{m}$、$0.8\mathrm{m}$、$2\mathrm{m}$ 和 $4\mathrm{m}$ 对应的流量分别为 $2.92\mathrm{m}^3/\mathrm{h}$、$3.07\mathrm{m}^3/\mathrm{h}$、$4.07\mathrm{m}^3/\mathrm{h}$ 和 $4.71\mathrm{m}^3/\mathrm{h}$，砂石填块面积为 $3.2\mathrm{m}^2$ 时，砂石填块宽度分别为 $0.8\mathrm{m}$、$1.6\mathrm{m}$、$2\mathrm{m}$ 和 $4\mathrm{m}$ 对应的流量分别为 $3.39\mathrm{m}^3/\mathrm{h}$、$3.99\mathrm{m}^3/\mathrm{h}$、$4.2\mathrm{m}^3/\mathrm{h}$ 和 $5.84\mathrm{m}^3/\mathrm{h}$。

**2. 砂石填块间距影响**

在砂石填块间距影响分析中，以单位面积的排水流量作为参数，单位面积暗管排水流量随着砂石填块间距增加有所减少，二者大致呈幂指数关系，暗管间距 20～100m 时，相关系数大于 0.95。以 40m 暗管间距来说，砂石填块间距 20m、40m、60m、80m 和 100m 间歇式改进暗管排水流量分别为 4.41mm/h、3.93mm/h、3.64mm/h、3.57mm/h 和 3.57mm/h，相比于常规暗管单位面积排水流量 1.96mm/h，分别增加了 125%、101%、86%、82%和82%［图 5.19（a）］。图 5.19（b）给出了不同暗管间距下，间歇式改进暗排不同砂石填块间距下排水流量较常规暗排的增加百分比，可以间接反映间歇式改进暗排的作用，可以看到总体来说，暗管间距越大，相同砂石填块间距的间歇式改进暗排作用越小，但即便是 100m 暗管间距、100m 砂石填块间距条件下，仍可以较常规暗管排水流量增加 50%，排水除涝效果更为显著。此外砂石填块间距 60m、80m 及 100m 时，其较常规暗管排水增加的百分比相差不大。

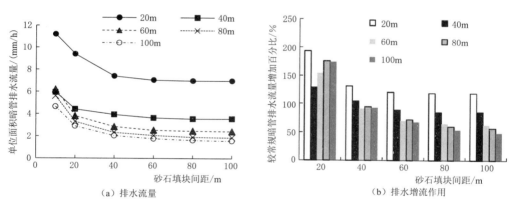

（a）排水流量　　　　　　　　　　　　　（b）排水增流作用

图 5.19　砂石填块间距下的排水流量及排水增流作用分析

### 5.3.3.4　地表无积水下间歇式改进暗排的降渍性能

图 5.20（a）给出了土壤饱和且地表无积水的初始条件下，48h 内间歇式改进暗排（$FW$、$FL=1.2\mathrm{m}$、$4\mathrm{m}$）和常规暗排的排水流量变化过程。随着排水时间的增加，地下水位逐渐下降，暗排的排水流量逐渐减小，间歇式改进暗排与常规暗排的排水流量差值也逐渐减小。间歇式改进暗排和常规暗排的排水流量随时间的变化均呈现幂函数下降的趋势，且具有很好的相关性。常规暗排 1h、6h、12h、24h 和 48h 的排水流量分别为 $0.74\mathrm{m}^3/\mathrm{h}$、$0.42\mathrm{m}^3/\mathrm{h}$、$0.32\mathrm{m}^3/\mathrm{h}$、$0.25\mathrm{m}^3/\mathrm{h}$ 和 $0.18\mathrm{m}^3/\mathrm{h}$，1.2m 填块间歇式改进暗排对应的排水流量分别为 $0.95\mathrm{m}^3/\mathrm{h}$、$0.47\mathrm{m}^3/\mathrm{h}$、$0.36\mathrm{m}^3/\mathrm{h}$、$0.27\mathrm{m}^3/\mathrm{h}$ 和 $0.20\mathrm{m}^3/\mathrm{h}$，2.0m 填块间歇式改进暗排对应的排水流量分别为 $1.12\mathrm{m}^3/\mathrm{h}$、$0.52\mathrm{m}^3/\mathrm{h}$、$0.39\mathrm{m}^3/\mathrm{h}$、

0.29m³/h 和 0.21m³/h。与常规暗排排水流量相比，1.2m 填块间歇式改进暗排 1h、6h、12h、24h 和 48h 的排水流量增加 28%、13%、11%、10% 和 9%，2.0m 填块间歇式改进暗排 1h、6h、12h、24h 和 48h 的排水流量增加 51%、26%、21%、19% 和 14%。

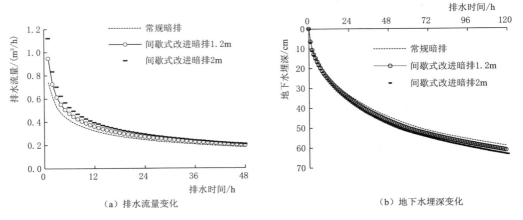

（a）排水流量变化　　　　　　　　　　　（b）地下水埋深变化

图 5.20　间歇式改进暗排降渍下的排水流量及地下水位变化过程

选取降低地下水位至田面以下 0.4m 和 0.6m 为排水目标，分析不同暗排形式满足该降渍水位的排水历时。图 5.20（b）给出间歇式改进暗排以及常规暗排分别作用下的地下水位变化过程。可以看到，随排水时间增加，地下水位逐渐下降，暗排的排水流量逐渐变小，控制地下水位的能力也有所减弱，地下水埋深下降的斜率减小。常规暗排地下水位降至田面以下 0.4m 和 0.6m 分别需要 37h 和 126h，1.2m 填块间歇式改进暗排则分别需要 33h 和 110h，较常规暗排分别节省 4h 和 16h，占比 11% 和 13%，2m 填块间歇式改进暗排则分别需要 30h 和 99h，较常规暗排分别节省 7h 和 27h，占比 19% 和 21%。可见，间歇式改进暗排对于降低地下水位具有更好的作用。若设置填块间距为 10m，则 1.2m 填块间歇式改进暗排地下水位降至田面以下 0.4m 和 0.6m 分别需要 30h 和 100h，较常规暗排分别节省时间 19% 和 21%。可以看到间歇式改进暗排对地下水位的控制性能比常规暗排有所增强，特别是排水初期作用尤为显著，可以更加有效地对水稻田进行控制排水和水资源管理，更利于达到节水灌溉的目的。

若考虑田块尺寸宽度为 40m，长度为 80m，设置反滤体用量为 12m³（连续式改进暗排宽度 0.3m，高度 0.5m），设置①间歇式填块 1 个（填块间距 80m），宽度 4m，长度 3m，高度 1m；②间歇式填块 2 个（填块间距 40m），宽度 3m，长度 2m，高度 1m；③间歇式填块 4 个（填块间距 20m），宽度 2m，长度 1.5m，高度 1m；④间歇式填块 8 个（填块间距 10m），宽度 1.5m，长度 1m，高度 1m。图 5.21 给出了模拟条件下的排水流量和地下水埋深变化情况，可以看到 8 个填块的初期排水流量更大，2h 的暗管排水流量分别为常规暗管排水的 1.48 倍。常规暗排使地下水位降至田面以下 0.4m 需要 35h，1 个、2 个、4 个、8 个填块地下水位降至田面以下 0.4m 分别需要 35h、29h、29h 和 27h，4 个和 8 个填块的间歇式暗排所用的时间较常规暗排减少 17% 和 22%。改进暗排所需时间为 31h，较常规暗排减少 11%。

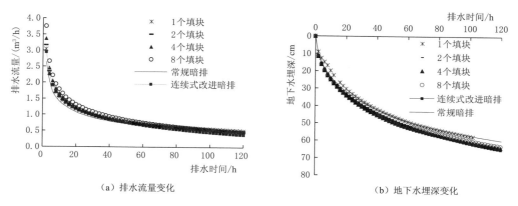

（a）排水流量变化　　　　　　　　　（b）地下水埋深变化

图 5.21　不同填块的间歇式改进暗排排水流量及地下水埋深变化过程

## 5.4　小结

基于田间试验以及模型模拟的方法，分析了连续式和间歇式改进型暗管排水技术的排涝和降渍作用，取得的主要结论如下：

（1）排水试验结果表明，连续式和间歇式改进型暗管排水技术均可以显著提高暗管的排水流量，地表积水或短历时强降雨时间歇式和连续式改进暗排的作用更为显著。

（2）田间排水数值模拟结果表明，对于连续式改进暗排来说，在土壤饱和且地表积水下，随着反滤体渗透系数增大，改进暗排的排水量逐渐增大，但增幅逐渐减小，当反滤体渗透系数为土壤渗透系数的 10 倍时，排水量约为常规暗排的 2 倍，而当其为土壤渗透系数的 30～40 倍后，排水量增幅很小。改进暗排排水量与反滤体宽度和高度均呈较好的二次抛物线关系，而与暗管的埋深呈线性关系。在土壤饱和且地表无积水下，改进暗排比常规暗排减少降渍历时 14h，约占总历时的 15％。

（3）田间排水数值模拟结果表明，对于间歇式改进暗排来说，砂石填块宽度为 0.2～4m，长度为 1.2m 时，间歇式改进暗排排水流量为常规暗管排水流量的 0.39～2.79 倍，固定的砂石填块长度下，暗管排水流量与砂石填块宽度大致呈线性相关关系，在一定范围内，砂石填块长度增加单位百分比时其影响的暗管排水流量作用小于砂石填块宽度增加；单位面积暗管排水流量随着砂石填块间距增加呈幂指数减少。间歇式改进暗排（填块1.2m×2m）使地下水位降至田面以下 0.4m 和 0.6m 需要的时间较常规暗排可减少 19％和 21％。

# 第6章 暗管排水技术氮磷运移特性

随着经济的发展，农田排水管理的研究重心已由传统的单一促进农业生产为目标向以促进农业生产为前提、避免产生水环境负面影响、实现水资源综合利用的多目标转变。暗管排水氮磷排放特性直接关系着农田水环境，对农田排水管理方法及措施的选择具有重要参考作用，因此已成为当前农田排水领域研究的热点问题之一。本章基于田间试验以及模型模拟的手段分析了常规暗管排水和不同反滤体连续式改进暗管排水技术的氮磷运移特性，明确了影响暗管排水氮磷排放特性的敏感参数，从次排水和长期排水作用两个角度出发，分析了农田水土中氮磷的迁移转化特征，同时考虑反滤体材料对于氮磷淋溶机制和特性的影响，研究了砂石、秸秆、沸石以及混合等不同反滤体材料的氮磷吸附和淋洗特征，给定了适宜的秸秆配比以及铺设方式。

## 6.1 氮磷运移试验和模拟研究

2016—2021年，对于连续式改进暗管排水下的氮磷进行了长期的田间监测，选取监测较为完善的2016—2018年试验结果进行分析。田间试验布设和模型基础理论见第5章，不再赘述，针对氮磷取样监测等特有的内容列于本章。

### 6.1.1 室内试验及观测方法

不同反滤体材料对排放水中不同污染物的去除效果不同，考虑不同反滤材料的特性，以秸秆、砂石、沸石为代表，基于室内试验结果开展模型模拟分析，研究改进暗排形式中不同反滤体配比和布局形式下的氮磷去除效果。

模拟装置中填入不同基质配比材料（玻璃柱中各层之间用过滤网隔开）。试验装置实物图与模型简化图如图6.1所示。将内径20cm，高50cm的有机玻璃透明玻璃柱进行改装，底部铺有10cm高的砂砾石（10～25mm）作为承托层，防止细小颗粒或废水杂质堵塞管道的出水口，使水流能够顺利流出。出水收集管设在距底部1cm处，并安装控制阀（出水管出口安装纱网），控制水流进出。采用自上而下的进水方式，自管底部至40cm处分别填充一定高度的反滤体基质材料。

考虑到填装和模拟需求，共设置5种试验方案（表6.1）。考虑到方案1和方案2为常规土壤条件，配水采用试验室配置得到TP

图6.1 反滤体材料室内试验装置实物图
与模型简化图

表 6.1　　　　　　　　　　　　　　　　　试 验 方 案 设 置

| 位置 | 方案 1 | 方案 2 | 方案 3 | 方案 4 | 方案 5 |
|---|---|---|---|---|---|
| 上 10cm | 土壤 | 土壤 | 小颗粒砂石 | 石英砂 | 石英砂 |
| 中 20cm | 小颗粒砂石 | 秸秆 | 沸石 | 秸秆 | 秸秆+沸石 |
| 下 10cm | 大颗粒砂砾石 | 大颗粒砂砾石 | 大颗粒砂砾石 | 大颗粒砂砾石 | 大颗粒砂砾石 |
| 简称 | 土壤+小粒径砂石 | 土壤+秸秆 | 沸石 | 秸秆 | 沸石+秸秆 |

（总磷）浓度为 0.6mg/L，TN（总氮）浓度为 8mg/L、$NH_4^+ - N$（氨氮）浓度为 1.4mg/L。方案 3~5 为无土环境，为了放大其效果，采用配水 TP 浓度为 6mg/L，TN 浓度为 50mg/L、$NH_4^+ - N$ 浓度为 30mg/L。水力停留时间设置为：1h、2h、3h、4h、5h、6h、1d、2d、3d、4d、5d 等。本次试验需要检测的项目是：TN、TP、$NH_4^+ - N$。配置水装至积水 8cm，然后控制不同水力停留时间下进行排水，次排水量为 100~150mL。

## 6.1.2　田间试验观测方法

根据地下水位条件，开展排水试验，并进行了全要素监测，对于暗管排水水质来说，在一次排水过程中，分别在排水初期、中期和接近结束的时刻采集 3 次水样，时间间隔为 3~4h，详见表 6.2。主要的水质化验指标包括 $NH_4^+ - N$、$NO_3^- - N$（硝态氮）、TN、TP、SRP（可溶性磷酸盐）、pH 值等。同时对暗管排水流量、排水前后土壤分层含水率、暗管中部氮素含量、土壤容重、土壤饱和含水量、田间持水量、残余含水量以及土壤渗透系数均进行试验测量。

表 6.2　　　　　　　　　　　　水质取样时刻距排水开始的时间　　　　　　　　　　　单位：min

| 取样时刻 | 2016 年 6 月 5 日 | 2016 年 6 月 7 日 | 2016 年 6 月 24 日 | 2017 年 9 月 6 日 | 2017 年 9 月 12 日 | 2018 年 6 月 29 日 |
|---|---|---|---|---|---|---|
| 排水初期 | 20 | 20 | 40 | 60 | 70 | 100 |
| 排水中期 | 120 | 140 | 260 | 220 | 260 | 240 |
| 排水后期 | 340 | 480 | 530 | 380 | 440 | 510 |

## 6.1.3　模型模拟理论

模拟主要针对土壤氮素开展，对于土壤氮素来说，在模拟过程中主要包括两个过程：一是铵态氮硝化反应成为硝态氮，土壤矿化固持作用以及氨挥发作用产生的铵态氮量变化；二是硝态氮反硝化形成氮气。根据氮素循环过程，得到溶质运移方程如下：

$$\frac{\partial \theta c_{NH_4}}{\partial t} + \frac{\partial \rho s_{NH_4}}{\partial t} = \frac{\partial}{\partial x_i}\left[\theta D_{ij}^w \frac{\partial c_{NH_4}}{\partial x_j}\right] - \frac{\partial q_i c_{NH_4}}{\partial x_i} - (\mu_w^{NH_4} + \mu_w'^{NH_4})\theta c_{NH_4}$$
$$- (\mu_s^{NH_4} + \mu_s'^{NH_4})\rho s_{NH_4} + r_w^{NH_4}\theta + r_s^{NH_4}\rho - Sc_r^{NH_4} \tag{6.1}$$

$$\frac{\partial \theta c_{NO_3}}{\partial t} = \frac{\partial}{\partial x_i}\left[\theta D_{ij}^w \frac{\partial c_{NO_3}}{\partial x_j}\right] - \frac{\partial q_i c_{NO_3}}{\partial x_i} + \mu_w'^{NH_4}\theta c_{NH_4} + \mu_s'^{NH_4}\rho s_{NH_4}$$
$$- (\mu_w^{NO_3} + \mu_w'^{NO_3})\theta c_{NO_3} - Sc_r^{NO_3} \tag{6.2}$$

式中：$\theta$ 为土壤含水量，$L^3 L^{-3}$；$c_{NH_4}$、$c_{NO_3}$ 分别为土壤溶质中氨氮和硝氮的浓度，

$ML^{-3}$；$s_{NH_4}$ 为吸附于土壤的氨氮含量，$MM^{-1}$；$q_i$ 为 $i$ 的水分通量，$LT^{-1}$；$D_{ij}$ 为弥散系数，$L^2T^{-1}$；$\mu_w^{NH_4}$、$\mu_s^{NH_4}$ 为一阶反应常数，此处为氨在液相和固相中的挥发系数，$T^{-1}$；$\mu'^{NH_4}_w$、$\mu'^{NH_4}_s$ 为类一阶反应常数，此处为氨氮在液相和固相中的硝化系数，$T^{-1}$；$\rho$ 为土壤容重，$ML^{-3}$；$r_w^{NH_4}$、$r_s^{NH_4}$ 为零阶反应常数，此处为液相和固相中的矿化固持作用系数，$ML^{-3}T^{-1}$；$S$ 为水流运动方程中的源汇项；$c_r$ 为源汇项的浓度，$ML^{-3}$；$\mu'^{NO_3}_w$ 为类二阶反应常数，此处为硝氮反硝化系数，$T^{-1}$。

### 6.1.4　模型率定验证

#### 6.1.4.1　室内试验参数率定验证

根据室内试验结果，通过模型模拟的方式，得到土壤和不同反滤体材料特性以及氮磷

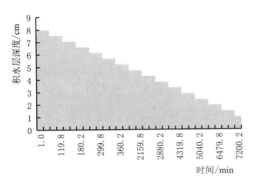

图 6.2　试验模拟上边界水深情况

转化参数，主要包括土壤和反滤体材料水力特性参数、氮磷在自由水中的扩散系数、弥散度、土壤硝化系数、秸秆作用下的氨氮释放速率等。采用 HYDRUS 二维模型进行模拟分析，高度取 40cm，按照进水周边相等排水流量相同的原理，将圆形断面等效为边长 17.7cm 正方形，该方式已被验证具有可行性。对于二维模拟来说，考虑到实际试验操作存在开关暗管，出口边界设定为变水头边界，在出口关闭时设置为 1000000cm，出口开启时，为 0cm。为模拟试验条件，上边界也设定为变水头边界（图 6.2）。以氨氮和总磷为研究对象，二者淋溶过程主要的影响参数为吸附作用，秸秆条件下则会由于腐解而释放一定的氨氮和磷。

土壤参数、反滤体材料参数基于室内试验结果以及参考已有研究成果基础上率定得到。以土壤+小粒径砂石、秸秆、沸石方案作为率定，以土壤+秸秆、沸石+秸秆方案作为验证。考虑到试验时间内一直以淹水为主，且时间较短，对于硝化系数的率定存在一定问题，忽略硝化作用，主要以吸附系数率定为主，详细参数参见表 6.3～表 6.5。为进一步分析模拟结果，采用相关系数和相对误差进行统计分析。排水氨氮浓度模拟值与实测值对比如图 6.3 和图 6.4 所示。氨氮模拟相关系数及相对误差见表 6.6。

表 6.3　　　　　　　　　室内试验土壤及反滤体材料的 VG 模型水力参数

| 材料 | $\theta_r/(cm^3 \cdot cm^{-3})$ | $\theta_s/(cm^3 \cdot cm^{-3})$ | $a/cm^{-1}$ | $n$ | $K_s/(cm \cdot d^{-1})$ | $l$ |
|---|---|---|---|---|---|---|
| 土壤 | 0.05 | 0.44 | 0.014 | 1.8 | 90.6 | 0.5 |
| 小颗粒砂石 | 0.01 | 0.42 | 0.02 | 1.9 | 2880.0 | 0.5 |
| 大颗粒砂石 | 0.005 | 0.42 | 0.16 | 2.8 | 5760.0 | 0.5 |
| 秸秆 | 0 | 0.48 | 0.018 | 1.9 | 993.6 | 0.5 |
| 沸石 | 0.01 | 0.42 | 0.02 | 1.9 | 2880.0 | 0.5 |
| 石英砂 | 0.01 | 0.42 | 0.02 | 1.9 | 1152.0 | 0.5 |

表 6.4　　　　　　　　室内试验土壤和反滤体材料氮磷迁移参数

| 材料 | 纵向弥散度 /cm | 横向弥散度 /cm | 自由水中氮的扩散系数 /(cm² · d⁻¹) | 自由水中磷的扩散系数 /(cm² · d⁻¹) |
|---|---|---|---|---|
| 土壤 | 3 | 0.6 | 1.52 | 0.0015 |
| 小颗粒砂石 | 20 | 4 | 1.52 | 0.0015 |
| 大颗粒砂石 | 30 | 6 | 1.52 | 0.0015 |
| 秸秆 | 12 | 2.4 | 1.52 | 0.0015 |
| 沸石 | 4 | 0.8 | 1.52 | 0.0015 |
| 石英砂 | 10 | 2 | 1.52 | 0.0015 |

表 6.5　　　　　　　　室内试验土壤和反滤体材料氮磷反应参数

| 材料 | 氮素吸附系数 $K_{dN}$ /(cm³ · g⁻¹) | $\beta$ | 氮素硝化系数 $K_n$/d⁻¹ | 氮素零阶反应常数 $K_{dN0}$/d⁻¹ | 磷素吸附系数 $K_{dP}$ /(cm³ · g⁻¹) | $\beta$ | 磷素零阶反应常数 $K_{dP0}$/d⁻¹ |
|---|---|---|---|---|---|---|---|
| 土壤 | 3.2 | 1 | — | — | 2 | 0.7 | — |
| 小颗粒砂石 | 1 | 1 | — | — | 0.6 | 1 | — |
| 大颗粒砂石 | 0.46 | 1 | — | — | 0.002 | 1 | — |
| 秸秆 | 0.085 | 0.51 | — | 0.00000576 | 1.6 | 0.7 | 0.000002592 |
| 沸石 | 10 | 0.8 | — | — | 4 | 0.45 | — |
| 石英砂 | 1.2 | 1 | — | — | 1 | 1 | — |

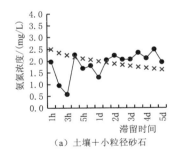

（a）土壤＋小粒径砂石

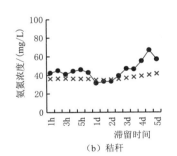

（b）秸秆

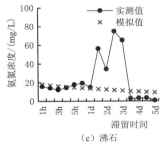

（c）沸石

图 6.3　室内试验率定方案氨氮浓度模拟值与实测值对比

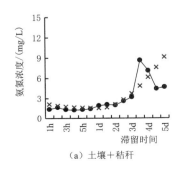

（a）土壤＋秸秆

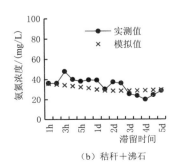

（b）秸秆＋沸石

图 6.4　室内试验验证方案氨氮浓度模拟值与实测值对比

| 表 6.6 | 室内试验不同方案氨氮模拟统计参数 | | | | |
|---|---|---|---|---|---|
| 统计参数 | 率　　定 | | | 验　　证 | |
| | 土壤＋小粒径砂石 | 秸秆 | 沸石 | 土壤＋秸秆 | 沸石＋秸秆 |
| 相关系数 | 0.57 | 0.90 | 0.81 | 0.60 | 0.68 |
| 相对误差/% | 9.46 | −21.1 | −14.4 | −10.8 | −11.2 |

考虑到沸石方案实测值中 1.5～3d 存在过大氨氮浓度，该浓度的产生机理尚不清晰，因此在统计参数中忽略了该时间段的影响。总体来说，模拟效果可以接受，相对误差在 25% 以内，对于氮磷模拟来说相对误差在 30% 以内均认为可以接受，同时相关系数也在可接受范围。

排水总磷浓度模拟值与实测值对比如图 6.5、图 6.6 所示。总磷模拟相关系数及相对误差见表 6.7。考虑到秸秆＋沸石方案实测值中 1～5h 时间段内存在较为明显的磷素上升过程，后又断崖式下降，从一定程度上来说，磷的产生和吸附都是渐进的过程，一方面可能由于秸秆磷的快速释放导致，但从吸附的角度出发，并无法完全揭示该现象断崖式的下降，从机理上分析仍存在一定的问题。该方案原有相关系数和相对误差为 0.63% 和 34.1%，基于上述原因后，去除 2～5h 时间内的磷浓度数据对比，得到相关系数和相对误差为 0.85% 和 9.45%。总体来说，模拟效果可以接受，对于氮磷模拟来说在 30% 以内均认为可以接受，同时相关系数也在可接受范围。

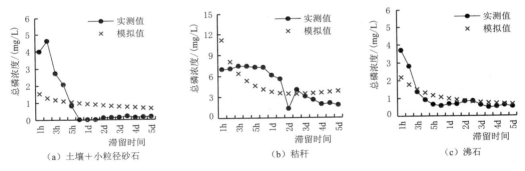

图 6.5　室内试验率定方案总磷浓度模拟值与实测值对比

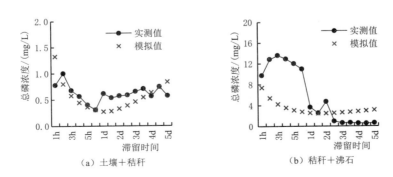

图 6.6　室内试验验证方案总磷浓度模拟值与实测值对比

表 6.7 不同方案总磷模拟统计参数

| 统计参数 | 率 定 | | | 验 证 | |
|---|---|---|---|---|---|
| | 土壤＋小粒径砂石 | 秸秆 | 沸石 | 土壤＋秸秆 | 沸石＋秸秆 |
| 相关系数 | 0.88 | 0.60 | 0.94 | 0.60 | 0.85 |
| 相对误差/% | −7.49 | −2.3 | 0.31 | −10.8 | 9.45 |

### 6.1.4.2 田间试验参数率定验证

主要对卵石反滤体改进暗排和常规暗排进行对比分析，通过率定验证得到土壤水力参数 $n$ 和 $l$ 分别为 1.8 和 0.5，土层 0～10cm、10～30cm、30～1000cm 的 $a$ 值分别为 0.01cm$^{-1}$、0.016cm$^{-1}$、0.014cm$^{-1}$。卵石对应的水力参数 $\theta_r$、$\theta_s$、$a$、$n$、$l$、$K_s$ 值分别为 0.005cm$^3$·cm$^{-3}$、0.42cm$^3$·cm$^{-3}$、0.16cm$^{-1}$、2.8、0.5、4cm·min$^{-1}$。氮素在自由水中的扩散系数为 1.52cm$^2$·d$^{-1}$（Li 等，2015），土层矿化固持系数 0～10cm、10～20cm 分别取 8.6e$^{-7}$d$^{-1}$、5.8e$^{-7}$d$^{-1}$，土壤和反滤体的 $D_L$ 分别为 12cm 和 30cm（Plumb 等，2008；Li 等，2015），$D_T$ 取 $D_L$ 的 1/5，其他参数见表 6.8。可以看到在卵石改进暗排作用下的土壤硝化系数要大于常规暗排作用，得到累计排水量、土壤含水率、土壤铵态氮和土壤硝态氮含量的模拟值与实测值的对比如图 6.7～图 6.10 所示。统计分析得到改进暗排作用下累计排水量、土壤含水率、土壤铵态氮和土壤硝态氮含量的相对误差普遍小于 15%，仅常规暗排作用下排水中氨氮和土壤硝态氮指标相对误差较大为 27%，总体上可认为该模型参数合理。

表 6.8 率定验证的氮素特性参数

| 土层 /cm | 常规暗排 | | | 卵石改进暗排 | | |
|---|---|---|---|---|---|---|
| | $K_d$ /(cm$^3$·g$^{-1}$) | $K_n$ /d$^{-1}$ | $K_{dn}$ /d$^{-1}$ | $K_d$ /(cm$^3$·g$^{-1}$) | $K_n$ /d$^{-1}$ | $K_{dn}$ /d$^{-1}$ |
| 0～10 | 3.9 | 0.080 | 0.100 | 3.9 | 0.120 | 0.095 |
| 10～20 | 3.9 | 0.080 | 0.200 | 3.9 | 0.120 | 0.190 |
| 20～30 | 3.9 | 0.030 | 0.150 | 3.9 | 0.045 | 0.143 |
| 30～40 | 3.9 | 0.030 | 0.100 | 3.9 | 0.045 | 0.095 |
| 40～60 | 3.9 | 0.025 | 0.008 | 3.9 | 0.029 | 0.008 |
| 60～80 | 3.9 | 0.010 | 0.010 | 3.9 | 0.029 | 0.010 |
| 80～100 | 3.9 | 0.002 | 0.008 | 3.9 | 0.003 | 0.008 |
| 100～ | 3.9 | 0.002 | 0.007 | 3.9 | 0.003 | 0.007 |
| 反滤体 | | | | 3.5 | 0.115 | 0.001 |

### 6.1.5 模拟情景设定

模拟方案主要考虑次排水和长期排水效果及水土平衡分析，次排水条件下以 3d 为排水时间，以均质土壤进行分析，土壤氨氮和硝态氮初始含量也取平均值 5.6mg/kg、8.4mg/kg。忽略降雨中的氨氮和硝态氮含量。其他基础参数设定为：模拟降雨为 44mm 且发生在排水第一日，初始地下水埋深为 10cm，暗管埋深 0.8m，反滤体宽 0.4m、高 0.5m，暗管排水间距取 40m。次排水条件下考虑不同降雨过程、初始地下水埋深、初始

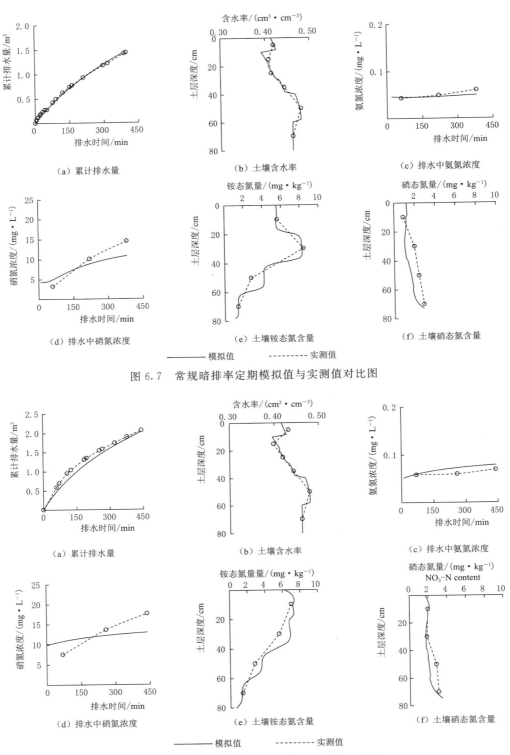

（a）累计排水量　　　　　　（b）土壤含水率　　　　　　（c）排水中氨氮浓度

（d）排水中硝氮浓度　　　　（e）土壤铵态氮含量　　　　（f）土壤硝态氮含量

———— 模拟值　　　　-------- 实测值

图 6.7　常规暗排率定期模拟值与实测值对比图

（a）累计排水量　　　　　　（b）土壤含水率　　　　　　（c）排水中氨氮浓度

（d）排水中硝氮浓度　　　　（e）土壤铵态氮含量　　　　（f）土壤硝态氮含量

———— 模拟值　　　　-------- 实测值

图 6.8　常规暗排验证期模拟值与实测值对比图

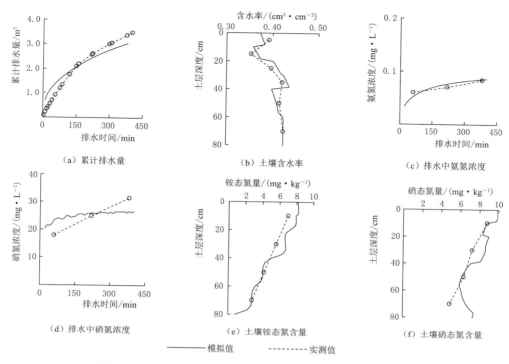

图 6.9　卵石连续式改进暗排率定期模拟值与实测值对比图

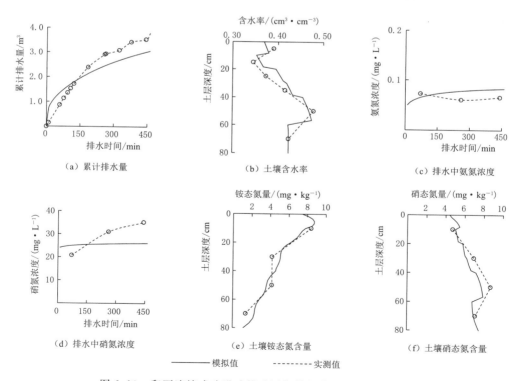

图 6.10　卵石连续式改进暗排验证期模拟值与实测值对比图

土壤氮素含量、暗管出口淹没深度、暗管埋深、暗管间距、反滤体宽度、反滤体高度等 7 个参数的影响。

长期排水效果及水土平衡分析选取 2017 年 5 月至 10 月时段进行，主要考虑南方地区降雨大多发生在 6—9 月且该时段基本涵盖南方旱作的整个生育期，该时段降雨和蒸发量如图 6.11 所示。

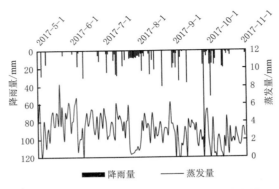

图 6.11　2017 年 5—10 月日降雨量和蒸发量

# 6.2　氮磷运移特性田间试验结果

### 6.2.1　pH 值

排水水体的 pH 值会使排水中有机质的离子化作用发生变化，对藻类的生命活动及物质代谢具有不容忽视的影响（黄钰铃等，2008），对江河湖泊沉积物中磷的释放也具有显著影响（袁和忠等，2009），控制排水水体 pH 值在合理范围内对水体富营养化的防控具有重要作用。此外，排水水体的 pH 值也可以间接反映土壤的酸碱性，同时也影响氮磷元素在土壤中的迁移过程。

图 6.12 给出了五种暗排形式初期、中期和末期三个阶段的排水 pH 值。总体上，五种暗排形式的排水 pH 值在 6.5～7.4 之间变化，均满足我国地表水环境质量标准要求。图中还可以看到，卵石、分层砂石和混合砂石反滤体的改进暗排排水 pH 值相差不大，与该地区的地下水 pH 值相近，也说明了卵石及砂石滤料均具有较好的稳定性。常规暗排的排水 pH 值略小于上述三种改进暗排，呈中性或弱酸性。而秸秆反滤体改进暗排方案的排水 pH 值最小，说明秸秆反滤体可以降低土壤的 pH 值，该结果产生原因可解释为秸秆在微生物作用下发生腐解，促进了土壤腐殖酸和有机酸的形成（Zhang 等，2016；高利华等，2016）。该结论与慕平等（2011）、闫洪亮等（2013）得到秸秆还田会降低土壤 pH 值的结论一致。

### 6.2.2　氨氮

图 6.13 给出了 2016—2018 年五种暗排形式 6 次排水中的氨氮浓度。2016 年 6 月 5 日排水试验中，常规暗排的氨氮浓度在 1～1.5mg/L 范围内，而 6 月 7 日和 6 月 24 日常规

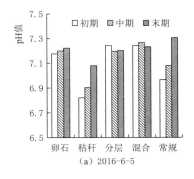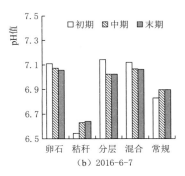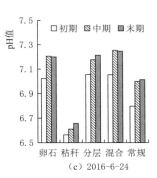

图 6.12 暗排排水水体 pH 值

暗排的氨氮浓度在 0.3～1mg/L 范围内，根据地表水环境质量标准分类，二者分别处于Ⅳ类水和Ⅱ类、Ⅲ类水水质范围。6 月 5 日排水中氨氮浓度较高的原因在于此次排水为 2016 年第一次排水，土壤经过长时间的铵态氮积累易使暗管附近土体具有较高的铵态氮含量，虽然土壤对铵态氮的过滤作用以吸附为主，但暗管附近土体中的铵态氮仍会增大排水中的氨氮含量。经过 6 月 5 日排水试验后，6 月 7 日及 6 月 24 日排水时暗管周围土体铵态氮含量已有所减小，而上层土壤中的铵态氮运移速度很慢，不足以补充暗管周围铵态氮的损失，最终导致后两次排水中氨氮含量较低。

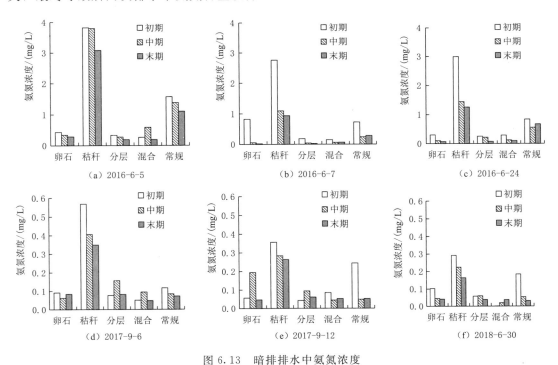

图 6.13 暗排排水中氨氮浓度

卵石、分层砂石及混合砂石反滤体的改进暗排排水中氨氮浓度变化范围为 0.1～0.5mg/L，小于地表Ⅱ类水水体中氨氮标准限值。总体上，上述三种改进暗排排水中氨氮浓度可较相同条件下常规暗排排水中氨氮浓度减少 75% 左右，甚至更多。除土壤背景值的影响外，产生上述现象的主要原因可能包括三个方面：一是与土壤对铵态氮的积累作用相比，卵石、分层砂石及混合砂石反滤体对于铵态氮的积累作用比较小，使得暗管周围积累的铵态氮含量较低，导致排水中的氨氮浓度较低；二是卵石、分层砂石及混合砂石反滤体改进暗排作用下土壤溶液 pH 值较常规暗排大，较大的 pH 值会增大土壤对铵态氮的吸附能力，导致排水中的氨氮浓度偏低；三是由于改进暗排增加了土壤的透气性能（尤其是反滤体附近），增大了土壤铵态氮的硝化作用，减少了土壤铵态氮的含量，进而使排水中的氨氮浓度降低。时间上，与常规暗排相同，6 月 5 日卵石、分层砂石及混合砂石反滤体改进暗排排水中的氨氮浓度均高于 6 月 7 日和 6 月 24 日。

然而，秸秆反滤体改进暗排排水中氨氮的浓度显著高于卵石反滤体改进暗排，6 月 5 日，其排水中的氨氮浓度甚至达不到 V 类地表水要求。分析主要原因有三个方面：一是秸秆反滤体在土壤中的作用类似于秸秆还田，会引起土壤铵态氮含量显著增大，暗管周围土壤铵态氮的显著增大自然会导致排水中氨氮的浓度增大；二是秸秆反滤体改进暗排作用下的土壤溶液 pH 值最低，呈酸性，不利于铵离子的吸附，使得土壤对铵态氮的吸附作用有所减小，从而导致更多的铵态氮发生运移，最终增大了排水中氨氮浓度；三是秸秆发生腐化过程会产生热量，已有研究表明随着温度的增加，土壤对铵态氮的吸附能力也会减弱。

图 6.13 还可以看到，2017 年和 2018 年暗管排水中氨氮的浓度变化规律与 2016 年比较一致，然而从总体来看，随着年份增加，氨氮的浓度会逐渐减少，2016 年、2017 年、2018 年常规暗排的平均出流氨氮浓度分别为 1.35mg/L、0.091mg/L 和 0.09mg/L。与常规暗排相比，卵石、分层、混合反滤体改进暗排减少氨氮的作用有一定差别，2016 年可分别减少 60%、78% 和 76%，而 2017 年则减少 13%、13% 和 30%，到 2018 年分别减少 30%、43%、78%。对于秸秆改进暗排来说，其同样会增加氨氮含量。虽然改进暗排可以加强土壤铵态氮的硝化作用，减少一定数量的土壤铵态氮，但其对排水中氨氮的减少作用仍不足以抵消上述三方面的增加作用。建议秸秆反滤体改进暗排的排水需经特殊处理后才能排入下游，同时也可以对排水进行再利用灌溉，充分利用排水中的氨氮含量，经过多次循环后排入下游。

### 6.2.3　硝态氮

图 6.14 给出了五种暗排形式 2016—2018 年 6 次排水试验初期、中期及后期排水中的硝态氮浓度。与排水中氨氮浓度变化不同，随着排水次数的增加，初期、中期和后期排水中的硝态氮浓度呈现不规律性变化。除秸秆反滤体改进暗排外，卵石、分层砂石及混合砂石反滤体的改进暗排和常规暗排 6 月 5 日排水中的硝态氮浓度最大值发生在排水初期，6 月 7 日排水初期、中期、后期硝态氮含量近乎相等，而 6 月 24 日排水中硝态氮含量的最大值则发生在排水后期，此变化的出现与土壤中硝态氮的运移有较大关系。从硝态氮运移的角度分析，6 月 5 日的暗管排水为 2016 年第一次排水，土壤经过长时间的硝态氮积累会使暗管附近土体具有较高的硝态氮含量，导致排水初期的硝态氮含量较高，随着水流不断通过暗管排出，上层土壤中的硝态氮会通过对流弥散等方式随水流不断向暗管运移，此时通过运移而补充的硝态氮含量小于排出的硝态氮含量，使得随着排水时间的增加，排水中硝态氮的含量呈减小的趋势。6 月 7 日排水时，暗管附近土壤的初始硝态氮含量已较 6

月 5 日有所减少，初期排水中硝态氮浓度较 6 月 5 日也有所减少，土壤上层硝态氮的向下运移补充量与排水损失量近似达到平衡状态，此时，随着排水时间的增加，排水中硝态氮的浓度并没有显著的变化。在 6 月 7 日到 6 月 24 日之间，发生了几次降雨，降雨的淋洗作用易使表层土壤中的硝态氮向下迁移，增加了硝态氮向暗管的迁移量，使得 6 月 24 日排水中后期硝态氮含量较排水初期有所增加。

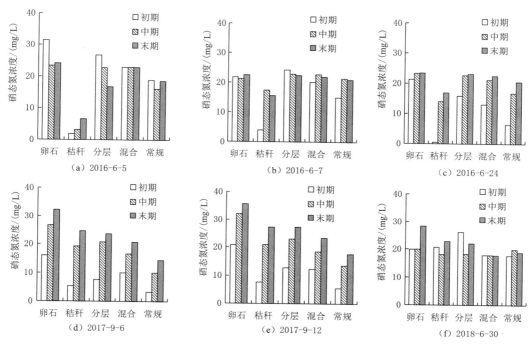

图 6.14 暗排排水中的硝态氮浓度

若以所有排水中硝态氮的浓度平均值为研究对象，2016 年卵石、秸秆、分层砂石及混合砂石反滤体的改进暗排和常规暗排排水中的硝态氮浓度分别为 23.6mg/L、8.9mg/L、22.0mg/L、21.2mg/L 和 17.2mg/L。与常规暗排相比，卵石、分层砂石及混合砂石反滤体的改进暗排排水中硝态氮含量均有所增加，增幅分别为 37%、28% 和 24%，分析主要原因在于改进暗排产生的较大水流驱动力一定程度上加大了土壤硝态氮的迁移量，同时改进暗排通过增大土壤透气性能而加强了土壤铵态氮的硝化作用，在减少土壤铵态氮含量的同时也增大了硝态氮的含量（尤其是暗管周围），导致进入暗管排水中的硝态氮浓度增大。然而，秸秆反滤体改进暗排排水中硝态氮的浓度则较常规暗排减少了 48%，若考虑土壤背景值的影响，该减小百分比会有所增大，分析主要原因在于秸秆腐解耗氧抑制了土壤硝化作用，导致土壤硝态氮的含量有所减少（尤其是暗管周围），使得排水中的硝态氮浓度比常规暗排有所降低。

对于改进暗排来说，与常规暗排相比，2017 年和 2018 年的变化趋势与 2016 年相差不大，但从数量上可以看到，与常规暗排相比，卵石、分层、混合反滤体改进暗排 2016 年硝态氮浓度分别增加 14%～55%、21%～41% 和 12%～29%，而 2017 年则增加

$140\%\sim169\%$、$71\%\sim96\%$、$47\%\sim70\%$，2018 年增加 $21\%$、$18\%$和$-5\%$。分析主要原因在于 2017 年试验前期发生了多次降雨，导致硝氮从土壤表层不断向下迁移，导致硝氮向暗管不断迁移，反滤材料也使得硝氮更容易迁移至暗管周围，因此 2017 年的增加百分比更大些。

　　总体上，五种暗排形式排水中的硝态氮含量都比较大，均已超过地表水环境质量标准分类中Ⅴ类水的总氮限值，需采用适当的管理手段（控制排水等）或经特殊处理（人工湿地等）后再排入下游沟道，也可以进行排水再利用灌溉，充分利用排水中的硝态氮，循环后再排入下游。然而，从另一角度来说，通过地下排水的方式排除更多的硝态氮，利于减少硝态氮的长期累积效应，一定程度上降低硝态氮污染地下水的风险。

### 6.2.4　总氮

　　图 6.15 给出了五种暗排形式 6 次排水试验初期、中期及后期排水中的总氮浓度。植物生长的氮素吸收以及通过地下排水的氮素损失使得 6 月 5 日、7 日、24 日相同时期排水中总氮的含量呈减少趋势。总氮主要由硝酸盐氮（硝态氮）、亚硝酸盐氮（亚硝态氮）、氨氮及有机氮等组成，根据得到的暗排硝态氮和总氮浓度可以发现，卵石、分层砂石及混合砂石反滤体改进暗排和常规暗排排水中硝态氮占总氮的比例均较大，达到 $50\%\sim95\%$，且从排水初期到后期该比例逐渐减少。而秸秆反滤体改进暗排排水中硝态氮占总氮的比例变化范围较大，为 $10\%\sim85\%$，且随着排水时间的增加该比例逐渐增大。

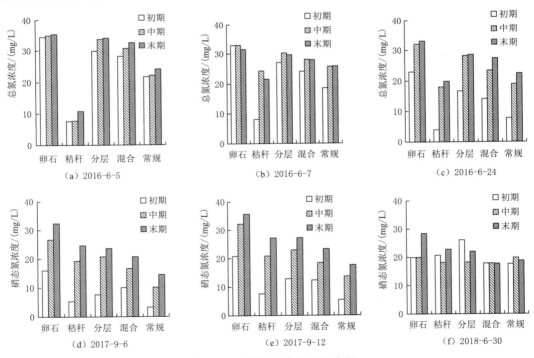

图 6.15　暗排排水中的总氮浓度

　　2016 年 5 种暗排形式的排水中总氮浓度由大到小依次为卵石反滤体改进暗排、分层砂石反滤体改进暗排、混合砂石反滤体改进暗排、常规暗排、秸秆反滤体改进暗排，2016

年对应的所有排水总氮浓度平均值分别为 32.2mg/L、28.6mg/L、26.2mg/L、20.2mg/L、13.5mg/L。与常规暗排相比，卵石、分层砂石和混合砂石反滤体改进暗排排水中总氮浓度分别增大了 59%、42% 和 30%，而秸秆反滤体改进暗排则减少了 33%。卵石、分层砂石和混合砂石反滤体改进暗排排水中总氮含量较高的原因一方面是由于硝态氮含量的增加，另一方面则是由于土壤透气性增强导致好氧自生固氮细菌作用增强，增加了外界氮素的输入。秸秆反滤体改进暗排排水中总氮含量较少的原因可归结为秸秆腐解过程中需要消耗土壤中的氮素。图 6.15 还可以看到，随着时间推移，排水中总氮浓度并没有明显的变化特征，但仍满足不同反滤体的变化规律，2017 年和 2018 年卵石反滤体改进暗排、分层砂石反滤体改进暗排、混合砂石反滤体改进暗排的总氮浓度比常规暗排分别增加 160%～163%、68%～80%、48%～58% 和 20%、32%、−7%，而秸秆则分别减少 54%～76% 和 12%。

总体上，卵石、秸秆、分层砂石及混合砂石反滤体的改进暗排和常规暗排排水中的总氮浓度均大大超出地表水环境质量标准分类中 V 类水的总氮限值 2mg/L，除了秸秆反滤体改进暗排外，其他四种暗排排水中的总氮平均值甚至超过了城镇污水处理厂排入地表水域环境一级标准的 B 标准允许排放浓度 20mg/L。若将其直接排放，对于水生态环境将产生较大的负面作用，与硝态氮的处理方法类似，需要通过合理的排水管理措施控制浓度后再排入下游。

### 6.2.5 总磷

图 6.16 给出了 5 种暗排形式三次排水试验初期、中期及后期排水中的总磷浓度。数值上，卵石、秸秆、分层砂石、混合砂石反滤体改进暗排和常规暗排对应的所有排水中总磷浓度的平均值分别为 0.52mg/L、1.53mg/L、0.12mg/L、0.06mg/L 和 0.44mg/L。其中卵石反滤体、秸秆反滤体改进暗排及常规暗排排水中的总磷浓度均超出 V 类水的总磷上限值，而分层砂石反滤体改进暗排排水中总磷浓度小于 III 类水的总磷上限值，混合反滤体改进暗排中总磷含量则小于 II 类水的总磷上限值。与卵石反滤体和秸秆反滤体改进暗排相比，分层砂石反滤体改进暗排排水中的总磷浓度可分别减少 77% 和 92%，说明分层砂石反滤体改进暗排可显著削减排水中的总磷含量。与常规暗排相比，混合反滤体改进暗排可使排水中总磷浓度减少 86%，即便对于土壤初始磷素含量较高的分层砂石反滤体改进暗排来说，也可使排水中总磷浓度减少 73%。2017 年和 2018 年的排水试验结果发现，总体上随着时间推移，秸秆排水中的总磷浓度有所减少，主要原因在于秸秆腐解稳定后对于总磷的吸附作用占主导，进而产生此效果，其他规律与 2016 年相同。

### 6.2.6 可溶性磷

图 6.17 给出了 5 种暗排形式 6 次排水试验初期、中期及后期排水中的可溶性磷酸盐浓度。与土壤对铵态氮的作用类似，土壤对磷元素的作用也以吸附为主。一次排水中，排水初期、中期、后期的可溶性磷酸盐含量逐渐减少，主要原因在于排水初期暗管附近土体中的磷素被排除，但土体中磷元素的运移速度较慢，不足以补充暗管周围磷元素的损失。仍以 2016 年 3 次排水可溶性磷酸浓度平均值为研究对象，卵石反滤体改进暗排排水中的

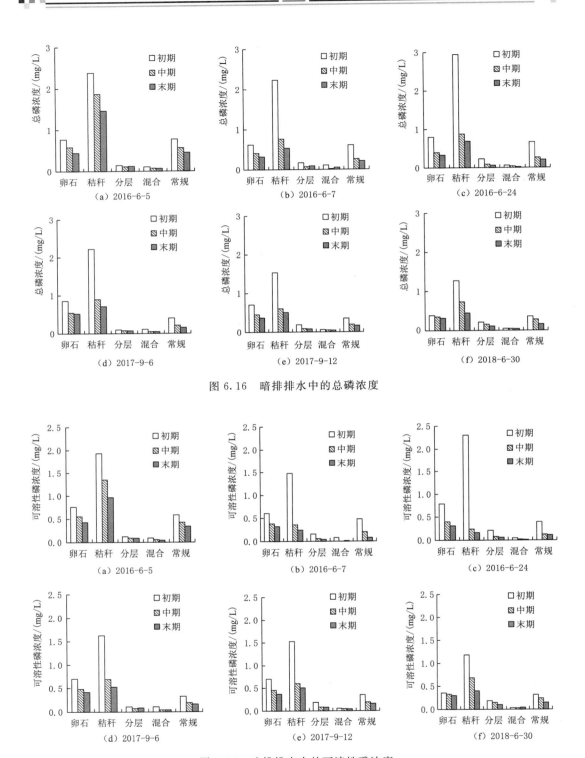

图 6.16　暗排排水中的总磷浓度

图 6.17　暗排排水中的可溶性磷浓度

可溶性磷酸盐浓度高于常规暗排 67％左右，分析主要原因一部分在于土壤初始磷素含量较大的影响，而另一部分在于卵石粒径较大，对磷元素的吸附作用较弱（陈波浪等，2010），更多的磷元素将通过地下排水排出，而分层和混合砂石反滤体改进暗排对可溶性磷酸盐的减少具有显著效果，可分别比常规暗排减少 67％和 87％，加之分层砂石反滤体改进暗排小区的土壤磷素初始含量与卵石反滤体改进暗排相差不大，可以看出卵石对磷元素的吸附较弱是导致卵石反滤体改进暗排排水中可溶性磷酸盐浓度较高的主要原因。比较之下，也说明了分层和混合反滤体具有更强的磷吸附能力。

秸秆反滤体改进暗排排水中的可溶性磷酸盐含量达到了卵石反滤体改进暗排的 2 倍，甚至达到常规暗排的 3.3 倍左右，可能原因有三个方面：一是秸秆腐解后释放了一定量的磷元素；二是较小的 pH 值导致土壤对磷元素的吸附性能减弱；三是秸秆腐解的温度升高导致土壤的磷吸附性能减弱。随着排水时间的增加，秸秆反滤体改进暗排排水中的可溶性磷酸盐浓度下降明显，可以看出，该条件下的排水管理应集中于排水初期。

图 6.17 还可以看出，随着时间的发展，所有暗排形式排放的可溶性磷浓度均有减小的趋势，分层和混合反滤体改进暗管排水可持续减少可溶性磷酸盐浓度，分层反滤体改进暗排排水中的可溶性磷酸盐浓度比常规暗排减少了 38％～61％，混合反滤体改进暗管排水中的可溶性磷酸盐浓度比常规暗排减少了 72％～84％。

## 6.3 氮磷运移特性模拟分析

### 6.3.1 模拟参数敏感性

以排水中累计的氨氮和硝态氮为敏感目标，以常规暗排和卵石反滤体现状条件为基础，忽略土壤物理特性参数的影响，常规暗排仅考虑土壤吸附系数、$D_L$、$D_T$、土壤矿化固持系数、蒸发系数、硝化系数、反硝化系数等参数的影响，而卵石反滤体增加反滤体的吸附系数、硝化系数以及反硝化系数等参数的影响。

图 6.18 给出了常规暗排排水中氨氮和硝态氮总量影响参数的局部敏感性分析，可以看到，对于常规暗排来说，土壤矿化固持系数、蒸发系数、反硝化系数对排水中氨氮总量没有明显影响。对排水中氨氮产生影响的主要因素为土壤吸附系数，其次依次为纵向弥散度、硝化系数以及横向弥散度。除吸附系数外，排水中氨氮总量随着其他影响因素的变化呈现线性相关关系。而对于排水中硝态氮总量来说，参数影响程度由大到小依次为纵向弥散度、反硝化系数、硝化系数、横向弥散度以及土壤对氨氮的吸附系数。主要的原因在于硝态氮易在水中进行迁移，其在水中的纵向弥散度对于迁移速率的影响比较关键，其次硝态氮的含量直接受到反硝化系数的影响，导致反硝化系数的影响位于第二位，此外受到氨氮的间接影响，硝化系数对其也产生较大影响，氨氮的吸附系数对硝态氮影响较小。

对于卵石反滤体改进暗排来说，蒸发系数、反硝化系数对排水中氨氮总量没有明显影响，对排水中氨氮产生影响的主要因素为氨氮吸附系数，土壤和卵石吸附系数影响最大，其次为卵石的纵向弥散度、卵石的硝化系数（图 6.19），主要原因在于卵石布置于暗管周围，卵石的纵向弥散度、硝化系数直接影响暗管周围的氨氮含量。接下来依次为土壤纵向弥散度、土壤硝化系数、土壤横向弥散度、卵石横向弥散度，矿化固持系数的影响仍然很

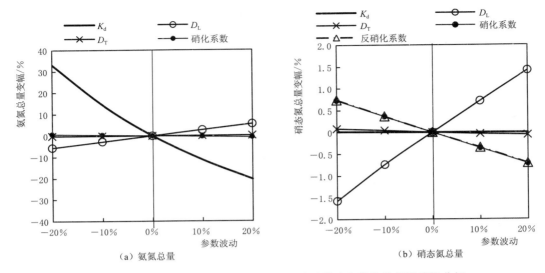

图 6.18　常规暗排排水中氨氮和硝态氮总量影响参数的局部敏感性分析

小。与常规暗排相同，除吸附系数外，排水中氨氮总量随着其他影响因素的变化呈现线性相关关系。而对于排水中硝态氮总量来说，参数影响程度由大到小依次为土壤反硝化系数、土壤纵向弥散度、土壤硝化系数、卵石纵向弥散度、卵石硝化系数、土壤氨氮吸附系数、土壤横向弥散度、卵石横向弥散度、卵石氨氮吸附系数、卵石反硝化系数。硝态氮易在水中进行迁移，卵石反滤体的范围较小，卵石相关参数对于硝态氮的影响要低于土壤相应参数的影响，这也是与氨氮明显不同之处。

### 6.3.2　次排水条件下氮磷排放影响因素

分析次排水条件下降雨过程、初始地下水埋深、土壤初始氮素浓度、暗管出口高程、暗管埋深、暗管间距、反滤体宽度和反滤体高度等 8 个影响因素对于氮素的影响。以 3 天为排水时间，仍以卵石反滤体率定验证参数及初始条件为例，以均质土壤进行分析，土壤和卵石参数详见表 5.2。土壤铵态氮含量和硝态氮含量取平均值 5.6mg/kg 和 8.4mg/kg。忽略降雨中的氨氮和硝态氮含量，其他基础数值取：模拟降雨为 44mm 且发生在排水第一日，初始地下水埋深为 10cm，暗管埋深 0.8m，反滤体 0.4m 宽、0.5m 高，暗管间距 40m。取单管长度 1m 计算排水中的氨氮和硝态氮含量，模型参数详见 6.1.3 节。

考虑不同降雨过程，以平均降雨 44mm 以及 10 年一遇降雨 141mm 为例，分别假定发生降雨的时间为第 1 天、第 2 天、第 3 天，共 6 种情况，初始地下水埋深为 10cm 和 30cm，对应非饱和土壤的含水率分别为 0.38 和 0.34，土壤铵态氮和硝态氮分别取现有数值的 0.5 倍和 2 倍，考虑暗管出口高程影响时设定淹没 0.2m 和 0.4m 两种情况，暗管埋深分别取 0.8~1.2m，暗管间距分别取 10m、20m、30m、40m、50m、60m，反滤体宽度取 0.2~0.6cm，反滤体高度取 0（常规）、0.2m、0.4m、0.5m。

1. 不同降雨过程影响

图 6.20 可以看到，降雨量越大，排出的氨氮和硝态氮总量越大，降雨分别发生在 1d、2d 和 3d 条件下，141mm 降雨产生的排水氨氮分别为 44mm 降雨下排水氨氮总量的

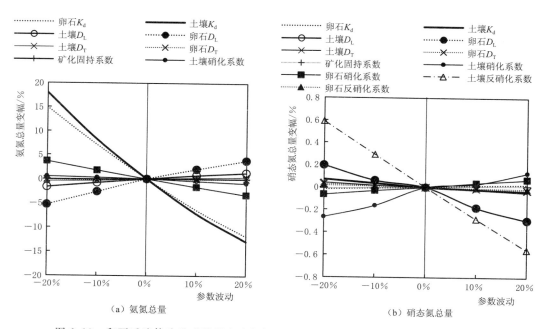

（a）氨氮总量　　　　　　　　　　　（b）硝态氮总量

图 6.19　卵石反滤体改进暗排排水中氨氮和硝态氮总量影响参数的局部敏感性分析

1.26 倍、1.31 倍和 1.39 倍，对应的硝态氮总量分别为 1.2 倍、1.25 倍和 1.36 倍，可以看到降雨发生的时间越晚，降雨量的大小对于排水中氮素含量的影响越大，如图 6.21 所示。主要原因在于降雨可以加大溶质运移动力。同时可以看到，当降雨发生在第 1d 和第 2d 时，排水中氨氮和硝态氮总量变化很小，而降雨发生在第 3d 时，产生的氨氮和硝态氮总量明显较少。图 6.22 也可以看出，降雨当日，排出的氨氮和硝态氮总量均有明显增加的趋势，增加的时间点基本上为降雨日后 0.5d 的时间，并非是降雨开始时，也说明了降雨对于氮素总量的影响主要通过土壤迁移以及土壤含水率和排水量的影响。

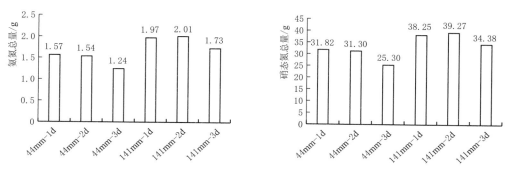

图 6.20　不同降雨排水中氨氮和硝态氮总量

**2. 初始地下水埋深**

图 6.23 给出了 10cm 和 30cm 地下水埋深下排水中氨氮和硝态氮排放量，10cm 和 30cm 地下水埋深下的排水中氨氮和硝态氮量分别为 1.57g、31.82g，以及 1.19g、24.39g，由此可见，随着初始地下水埋深的增加，排水中硝态氮和氨氮均有所减少，主

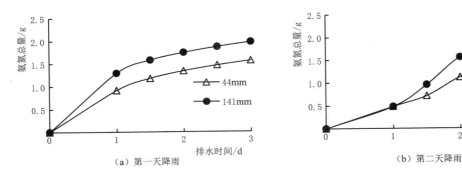

图 6.21　不同降雨量排水中氨氮总量

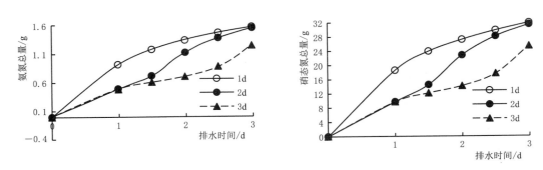

图 6.22　不同降雨过程排水中氨氮和硝态氮总量（44mm 降雨）

要在于初始地下水埋深直接影响排水量，进而导致氮素总量受到影响。与 10cm 地下水埋深相比，30cm 地下水埋深时氨氮和硝态氮减少 23％左右。

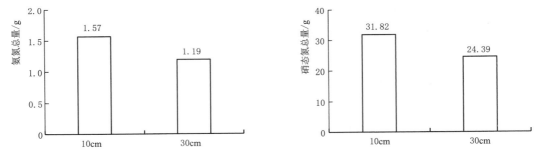

图 6.23　不同初始地下水埋深下排水中氨氮和硝态氮总量

3. 土壤初始氮素

土壤氨氮和硝态氮分别取基础值的 0.5 倍、1 倍和 2 倍时，排出的氨氮和硝态氮分别为 0.78g、1.57g、3.12g 和 15.81g、31.82g、63.18g，可以看到，随着土壤初始氮素含量增加，其排出的氨氮和硝态氮总量越大，二者呈现很好的线性正相关关系，如图 6.24 所示。

4. 暗管出口淹没深度

由图 6.25 可以看到，排出的氨氮和硝态氮总量随着暗管出口淹没深度增加而减少，且呈现很好的线性负相关关系。暗管淹没深度 20cm、40cm 时排出的氨氮和硝态氮总量分

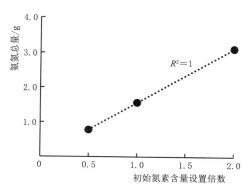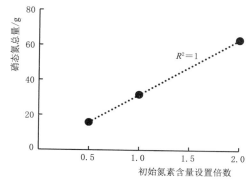

图 6.24　不同土壤初始氮素下排水中氨氮和硝态氮总量

别较自由出流减小 23％、48％和 24％、51％，说明淹没出流对于氮素减少具有重要影响，主要原因在于排水量有明显减少。

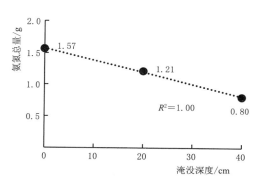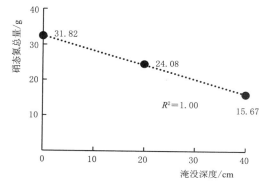

图 6.25　不同淹没深度下排水中氨氮和硝态氮总量

5．暗管埋深

由图 6.26 可以看到，排出的氨氮和硝态氮总量随着暗管埋深增加而增大，呈现较好的线性正相关关系。根据排水计算公式可知，排水流量与暗管埋深也呈线性正相关关系，由此可见暗管排水中氮素含量与排水量的增加具有最直接关系。埋深 120cm 的氮素含量较 80cm 可增加 67％。

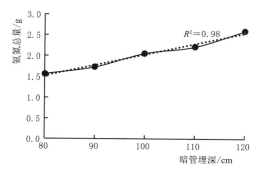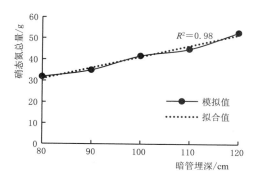

图 6.26　不同暗管埋深下排水中氨氮和硝态氮总量

### 6. 暗管间距

图 6.27 可以看出当反滤体尺寸、暗管埋深固定时，随暗管间距的增加排水中氨氮和硝态氮总量呈增大趋势，但增幅逐渐减小。主要原因在在于暗管间距越大，排水总量越大，排水中氮素含量越大，整体上，排水中氨氮和硝态氮总量变化随着暗管间距增加呈现二项式的增长。60m 作用下排水中的氨氮和硝态氮总量可比 10m 间距下增加 1 倍，但单位面积上的氨氮和硝态氮排放量则比 10m 间距下显著下降。

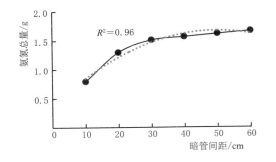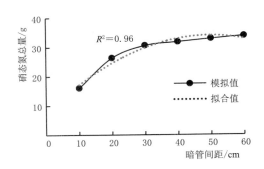

图 6.27　不同暗管间距下排水中氨氮和硝态氮总量

### 7. 反滤体宽度

由图 6.28 可以看到，随着反滤体宽度的增加，排水中氨氮和硝态氮总量不断增大，但排水中氨氮和硝态氮总量增幅不断减小。反滤体高度不变时，改进暗排排水中氨氮和硝态氮总量与反滤体宽度呈较好的二次抛物曲线关系，反滤体宽度由 0m 增加到 0.2m 时，暗排的氨氮和硝态氮总量可分别增加 40% 和 36%，而反滤体宽度为 0.2~0.6m 时，宽度每增大 0.1m，氨氮和硝态氮总量将在之前基础上再增加 2% 左右。

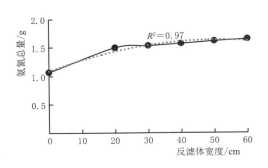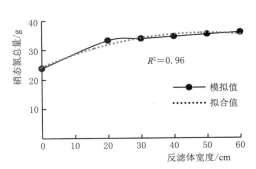

图 6.28　不同反滤体宽度下排水中氨氮和硝态氮总量

### 8. 反滤体高度

反滤体高度对排水中氨氮和硝态氮总量的影响与反滤体宽度相同，详见图 6.29。在相同反滤体宽度条件下，反滤体高度由 0m 增加到 0.2m 时，排水中氨氮和硝态氮总量增加约 30%，而反滤体高度为 0.2~0.5m 时，每增大 0.1m，氨氮和硝态氮总量将在之前基础上再增加 1.6% 左右。

### 6.3.3 长期排水条件下氮磷特性

#### 1. 排水量

长期排水模拟时段内，单长（1cm）常规暗排与改进暗排日排水量变化趋势如图 6.30 所示，由于暗管一直处于开启状态，因此一般情况下地下水位位于暗管埋深以下，不发生大降雨或持续降雨时，暗管并不产生排水。2017 年 9 月 25 日降雨量达到 110mm，暗管产生单日最大排水量，该日改进暗排的排水量约较常规暗排增大 17%，同时图中可以看到 9 月 26 日和 27 日改进暗排的排水量较常规暗排有

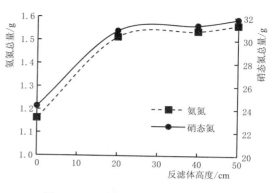

图 6.29  不同反滤体高度下排水中
氨氮和硝态氮总量

所减少，间接反映了改进暗排快速排除地下水的作用，10 月 1 日和 10 月 11 日的两次降雨均反映了此规律。

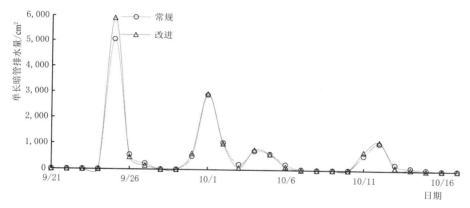

图 6.30  常规暗排和改进暗排作用下暗管排水量变化图

#### 2. 氮磷排放效应

图 6.31 给出了常规暗排和改进暗排作用下排水中氨氮和硝氮浓度。可以看到改进暗排作用下的排水时间更少，10 月 1 日以及 10 月 11 日开始的连续降雨情况下，改进暗排均提前 1 天结束排水，可以看出改进暗排较常规暗排具有更快的排水效率。此外，整个模拟时段内，单长常规暗排氨氮和硝氮排放量分别为 5.29mg 和 91mg，改进暗排对应的排放量分别为 2.7mg 和 106mg。与常规暗排相比，改进暗排对于氨氮的削减具有较好作用，可减少氨氮排放 46%，但增加了 17% 的硝氮排放。对于硝氮来说，从排水浓度来看，浓度较大的情况均出现在开始排水当日，主要原因在于降雨会加快土壤中硝态氮的运移。

#### 3. 土壤氮素分布特性

图 6.32 给出了模拟结束时两暗管间不同土层深度的氮素分布，可以看到由于改进暗排作用下的土壤硝化作用大于常规暗排，导致改进暗排作用下的土壤铵态氮含量显著低于常规暗管排水作用。长期排水作用下土壤表层铵态氮含量最大，与常规暗排相比，改进暗

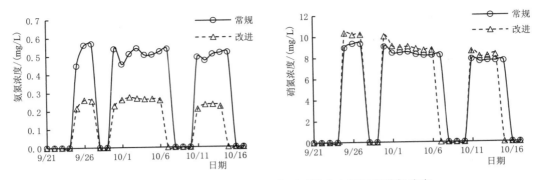

图 6.31  常规暗排和改进暗排作用下排水中氨氮和硝氮浓度

排作用下土壤表层铵态氮差别最大，差值为 5mg·kg$^{-1}$，但在 40～60cm 土层的铵态氮含量相差最小，二者仅相差 0.3mg·kg$^{-1}$。对于土壤硝态氮含量来说，30cm 左右土层的土壤硝态氮含量最小，仅为初始值的 10%，表层土壤由于铵态氮硝化作用的转化使得硝氮含量较大，土壤硝态氮的迁移速率较大，常规暗排和改进暗排长期排水作用下暗管层上部的土壤硝态氮含量相差不大，该位置土壤硝态氮含量的主要影响因素为暗管排水，在土层 120cm 以下，二者作用下的硝态氮含量差别逐步明显，说明此位置土壤硝态氮的含量主要受到土壤硝化和反硝化作用影响。

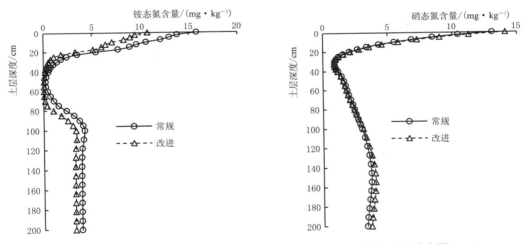

图 6.32  常规暗排和改进暗排作用下土壤铵态氮及硝态氮含量分布图

根据上述分析可以看到模拟结束时土壤 20～40cm 硝态氮含量最少、40～60cm 铵态氮含量最少，硝态氮和铵态氮作为根系可利用的氮素，对于植物生长具有重要作用。目前，我国大田作物的主要施肥方式仍为地表施，然而由于地表氮素的矿化固持作用，地表土壤氮素含量已明显高于其他土层，肥料需经过一段时间运移至表层以下才可以被下层根系吸收，也导致肥料利用率不高，已有研究表明氮肥深层施用可增加作物深层土壤根系增多，利于氮素高效吸收以及作物产量提高。若暗管排水与深层施肥相结合，则对于作物生长会起到更加有效的作用，仍有待深入探讨。

# 6.4 反滤体材料及布局对氮磷排放影响模拟分析

## 6.4.1 不同材料对于氮磷吸附能力的分析

按照 Freundlich 吸附方程来定量描述不同材料对于氮磷吸附能力的影响，根据率定验证的参数，绘制氨氮和总磷吸附曲线如图 6.33 所示。可以看到对于氨氮来说吸附能力最大的是沸石，其次是土壤，然后是石英砂和小颗粒砂石，秸秆效果最有限。而对于总磷吸附来说，最大的是沸石，其次是土壤，接下来是秸秆，然后是石英砂、小颗粒砂石。

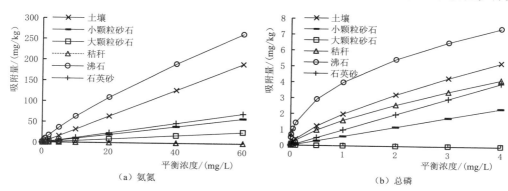

图 6.33 氨氮和总磷吸附曲线

## 6.4.2 不同布设方式对排水浓度的影响

仍然以室内试验为基础，通过模拟不同土层深度、滤料厚度及材料以及滤料的不同布置方案（表 6.9），分析其排水效果，初始控制氨氮和总磷浓度为 10mg/L。水层控制与试验相一致。

表 6.9 　　　　　　　　　　不同反滤体布设方式下氮磷模拟参数取值表

| 影 响 因 子 | 参 数 取 值 |
|---|---|
| 上层土壤深度/cm | 10、15、20、25 |
| 反滤体材料 | 秸秆、沸石、砂石、秸秆（上）＋沸石（下）、沸石（上）＋秸秆（下） |
| 反滤体深度 | 根据下层土壤及顶层土壤深度来确定 |
| 下层土壤深度/cm | 0、5、10、15 |

### 6.4.2.1 不同反滤体影响

1. 反滤体材料

不同反滤体作用下土壤氮磷的排放效果有显著差别，对于 10cm 顶层土壤，下层土壤深度为 0cm 的方案来说，设置的 5 种反滤体材料下，排水中溶质浓度差异性很大，如图 6.34 所示。沸石、砂石和秸秆＋沸石作用下排水中的氨氮浓度随着水力停留时间增加呈下降趋势，由于沸石的吸附性能更好，沸石方案以及秸秆＋沸石方案下的排水氨氮浓度最小，其次依次为砂石、沸石＋秸秆和秸秆方案。秸秆作用下氨氮排放浓度最高，且水力停留时间越长，排放浓度越高，主要在于秸秆腐解过程中产生氨氮，氨氮被排水带走，5d水力停留时间下的排水浓度达到 46.3mg/L。对于秸秆＋沸石以及沸石＋秸秆方案来说，采用不同铺设形式下，排水中氨氮的含量变化有明显的差别，对于下层秸秆的方案（沸石＋秸秆）来说，由于靠近暗管、其对氨氮的吸附效果有限、腐解产生氨氮等原因，导致随着水力停留时间增加，排水中氨氮含量呈现增加的趋势，5d水力停留时间下的排水浓度达到 45.0mg/L。而对于下层沸石的方案，由于下层沸石的吸附作用比较大，秸秆层产生的氨氮不足以对排水氨氮浓度产生明显影响，该方案下对于氨氮的吸附作用仍然是比较显著的，5d水力停留时间下的排水氨氮浓度只有 0.09mg/L。因此从去除氨氮的角度，不建议单一采用秸秆的方案或将秸秆直接布设在排水出口位置。对于 10cm 顶层土壤且下层存在 10cm 土壤的情况，5 种反滤体材料下的变化趋势基本一致，并未受到反滤体材料的影响，5d水力停留时间下的排水浓度均达到 1.65mg/L。

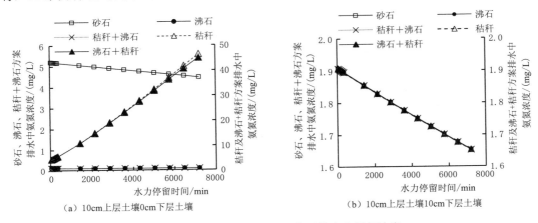

（a）10cm上层土壤0cm下层土壤　　　　（b）10cm上层土壤10cm下层土壤

图 6.34　不同反滤体布设方案下排水中氨氮浓度

图 6.35 给出了 10cm 上层土壤、0cm 下层土壤方案下排水中总磷浓度，可以看到砂石作用下的排水总磷浓度最大，5d 停留时间下为 7.4mg/L，沸石＋秸秆和秸秆方案的总磷浓度基本相同，5d 停留时间下为 1.9mg/L，沸石和秸秆＋沸石方案的总磷浓度则最小，且不同水力停留时间下的浓度基本一致，为 0.0007mg/L。总体来说，模拟中总磷的去除能力主要取决于靠近排水区域的反滤体材料，由于总磷在水中的扩散系数要小于氨氮，因此靠近暗管排水的区域对于排水浓度影响更大。砂石对于总磷的吸附能力远小于其他反滤体材料，也导致其排水中总磷浓度为 5 种材料中的最大值。

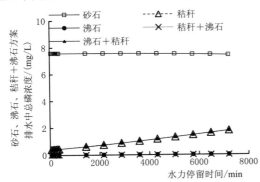

图 6.35　10cm 上层土壤 0cm 下层土壤
方案下排水中总磷浓度

**2. 上层和下层土壤厚度**

根据多土层综合渗透系数计算，在相同反滤体材料的试验中，若土层的厚度相同，则计算的综合渗透系数是一致的。因此不同土壤位置条件下的情况进行分析有利于更好地确定反滤体的位置具有更好地作用。

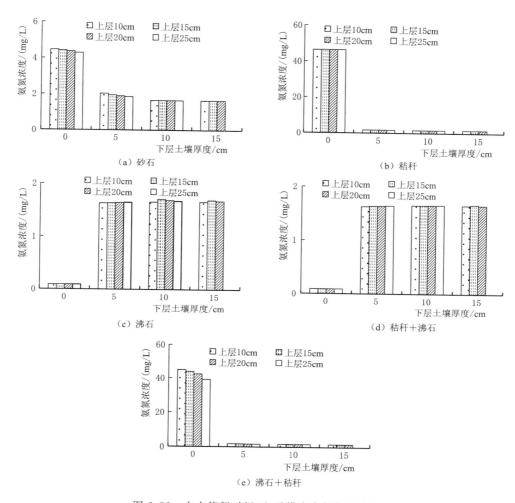

图 6.36　水力停留时间 5h 后排水中氨氮的浓度

图 6.36 可以看到不同下层土壤厚度条件下排水中氨氮浓度有一定差别，当下层土壤深度达到 10cm 时，上层土壤厚度对于排水氨氮浓度的影响很小。当下层土壤厚度为 0cm 时，砂石、秸秆和沸石＋秸秆方案下的氨氮浓度随着上层土壤深度的增加有轻微的减少，而对于沸石和秸秆＋沸石方案来说，不同上层土壤深度下的氨氮浓度基本稳定，主要是由于砂石和秸秆反滤体的氨氮吸附能力远小于土壤，土壤的吸附能力有利于减少氨氮排放。而对于沸石和秸秆＋沸石方案，由于沸石的吸附能力显著高于土壤，且铺设在下层，导致上层土壤高度对于排水中氨氮浓度影响很小。

从增加下层土壤厚度的角度来说，下层土壤厚度 5cm 时，砂石、秸秆和沸石＋秸秆方案均比下层无土壤的情况有所降低，降低的幅度由大到小依次为秸秆、沸石＋秸秆、砂石方案，下层设置 5cm 土壤比不设置土壤的秸秆、沸石＋秸秆、砂石方案排水中氨氮浓度依次可减少 96.3％、96.2％和 54.5％，这与砂石和秸秆靠近暗管铺设具有一定关系，二者对氨氮的吸附能力显著小于土壤。可以看到，如单从排水浓度上来说，对于下层土壤厚度 5cm 及以上的条件，基本上是可以满足排水氨氮浓度小于 2mg/L，满足地表水环境质量标准中 V 类水的标准，但仍未达到 IV 类水标准。而对于沸石和秸秆＋沸石方案来说，下层土壤厚度会在一定程度上增加排水中氨氮的浓度，下层设置 5cm 土壤比不设置土壤的方案排水中氨氮浓度增加近 5 倍，随着下层土壤深度继续增加，沸石和秸秆＋沸石方案氨氮浓度仍有小幅度增加，但并不显著。

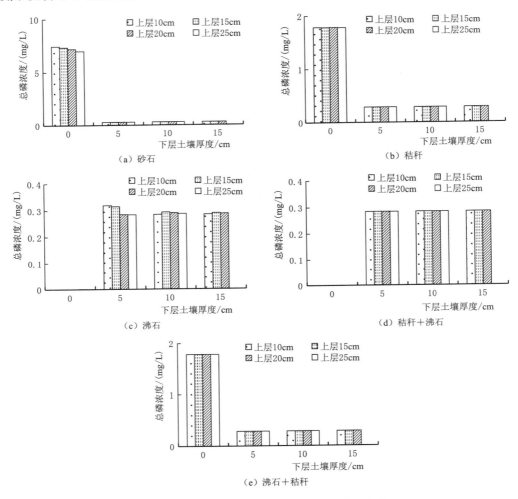

图 6.37　水力停留时间 5h 后排水中总磷的浓度

对于总磷来说，下层无土壤时砂石方案下总磷的浓度最大，主要由于砂石对于磷的吸附能力较弱，上层土壤厚度对其影响也最大，随着上层土壤的增加，排水中总磷浓度不断减少（图 6.37）。上层土壤厚度为 10cm、15cm、20cm 和 25cm 的条件下砂石方案排水中总磷浓度分别为 7.4mg/L、7.3mg/L、7.2mg/L 和 7.0mg/L。而其他方案下层无土壤情况下，上层土壤厚度的影响很小，更多受限制于反滤体材料。对于下层有土壤的情况下，上层土壤的厚度对于其他方案排水中总磷浓度的影响较小，沸石方案下层土壤 5cm 条件下，上层土壤厚度为 10cm、15cm、20cm 和 25cm 的条件下排水中总磷浓度分别为 0.32mg/L、0.31mg/L、0.28mg/L 和 0.28mg/L，随着上层土壤厚度增加，排水中总磷浓度略有降低。

对于下层土壤厚度为 5cm、10cm 或 15cm 的条件，除沸石方案外，其他方案下排水中总磷的浓度均为 0.28mg/L，说明此时反滤体材料对于磷浓度并没有直接影响，主要原因在于总磷的吸附较大，同时总磷在自由水中的扩散能力以及纵向弥散度等很小，使得在 5h 水力停留时间下，磷的移动缓慢，上层磷对于下层磷的补充有限。

通过上述分析我们发现，对于氨氮和总磷的排放来说，靠近暗管布设一定吸附能力较好的反滤体材料对于减少氮磷排放浓度具有重要作用。

### 6.4.2.2 不同布设方式对排水中氮磷浓度的影响分析

考虑到秸秆在田间作用情况下会增加土壤养分且其价格偏低，常被用于还田，因此分析不同秸秆与砂石或沸石配比以及铺设方式下的排水浓度，比例取 1:1，1:2 和 2:1 三种比例，铺设方式如图 6.38 所示。图 6.38 中 1~4 方案为秸秆和沸石或砂石 1:1 情况，方案 5 和方案 6 为秸秆和沸石或砂石 1:2 情况，方案 7 和方案 8 为秸秆和沸石或砂石 2:1 情况。考虑到混合铺设条件下的氮磷相关参数无法确定，因此采用多层布设的方式用以模拟滤料完全混合的情况，下层滤料设置为 30 层，如方案 1、方案 2、方案 5 和方案 7。

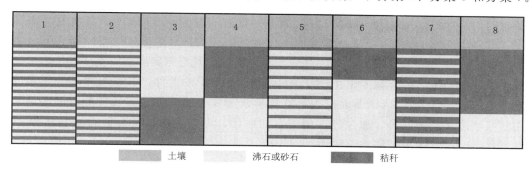

图 6.38 秸秆及砂石或沸石铺设方式

图 6.39 给出了不同比例秸秆与沸石或砂石铺设方式下排水中氨氮浓度。可以看到对于秸秆与沸石 1:1 的比例来说，水力滞留时间为 60min 时，排水中氨氮浓度由小到大依次为方案 4、方案 1、方案 2 和方案 3，浓度分别为 0.33mg/L、0.67mg/L、1.16mg/L 和 4.56mg/L。而滞留时间为 5d 时，氨氮浓度大小顺序依旧如此，方案 4、方案 1、方案 2 和方案 3 氨氮浓度分别为 0.09mg/L、1.72mg/L、4.05mg/L 和 44.94mg/L。可以看到，秸秆完全在下方铺设的情况下，氨氮的浓度显著增加，同时对于秸秆和沸石多层混合的情况也存在随着滞留时间的增加氨氮浓度越高的情况，而方案 1 沸石在下面的多层混合结构较方案 2 秸秆在下面的混合结构增加的氨氮百分比更小。方案 4 采用沸石作为下层的铺设对于减少氨氮排放具有重要作用，即便采用 1:1 混合的情况，随着滞留时间的增加，排放的氨氮浓度逐渐减少，且其效果与完全沸石方案相比，氨氮的浓度基本一致，而方案 6 和方案 8 分别采用 1:2 和 2:1 的方式进行铺设，沸石在最底层，其氨氮浓度也基本一样。因此对于秸秆与沸石混合的方案，采用沸石垫底，秸秆和沸石体积为 2:1，对于氨

氮就具有很好的去除效果。

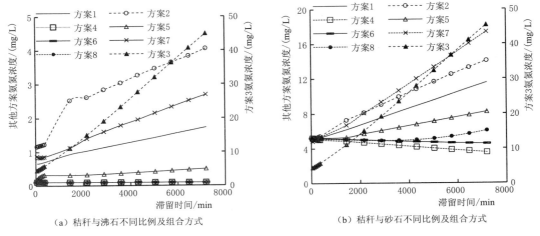

（a）秸秆与沸石不同比例及组合方式　　　（b）秸秆与砂石不同比例及组合方式

图 6.39　不同比例秸秆及铺设方式下排水中氨氮浓度

对于秸秆与砂石滤料混合的情况，滞留时间为 60min 时，方案 3 和方案 7 排水中氨氮的浓度更小，主要原因在于初始条件下秸秆腐解程度较低，释放氨氮的含量仍然较少，当滞留时间为 5d 时，方案 4 的效果最好，排水中氨氮浓度为 3.55mg/L，其次是方案 6 的情况，其排水浓度为 4.55mg/L，方案 4 和方案 6 最后的排水浓度较滞留时间 60min 的排水浓度要低，其他方案均有所升高。对于方案 8 来说，其与方案 4 和方案 6 均为砂石集中铺设在下面的情况，但方案 8 采用秸秆与砂石体积 2∶1 的条件，其氨氮排放与其他方案具有一定的差别，其在 2d 滞留时间内，氨氮排放浓度有所降低，其后随着时间的增加排水中氨氮浓度又有所回升。通过此 3 个方案的对比，可以发现秸秆与砂石滤料体积 1∶1 且砂石料铺底的情况下氨氮浓度最小。

对于总磷的去除来说（图 6.40），其受到靠近排水出口材料影响更大，方案 4、方案

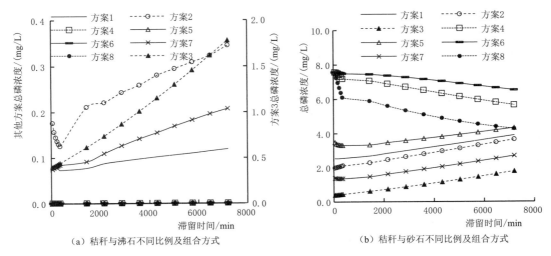

（a）秸秆与沸石不同比例及组合方式　　　（b）秸秆与砂石不同比例及组合方式

图 6.40　不同比例秸秆及铺设方式下排水中总磷浓度

5、方案 6 和方案 8 情况下，其排水中磷的含量基本与完全沸石方案一致，并无显著的差别。对于方案 2 来说，其总磷浓度先有所降低，再有所升高，其滞留时间 6h 时，排水中总磷浓度最小。其他方案下，总磷排放规律则与氨氮大体一致，采用秸秆和沸石体积比 2：1 且沸石垫底的方案更为可行。

而对于秸秆和砂石混合的情况，其变化趋势则有明显的差别。从滞留 60min 后排水中磷的浓度来看，从小到大依次为方案 3、方案 7、方案 2、方案 1、方案 5、方案 8、方案 4 和方案 6，从其顺序可以看到，砂砾石越靠近排水出口端，其短时间滞留下的排水浓度越大。但随着滞留时间增加，从趋势上看方案 4、方案 6 和方案 8 排水中磷的浓度逐渐降低，但其他 5 个方案排水中磷的浓度逐渐增加，大约在滞留时间为 5d 左右，方案 8 的浓度与方案 5 的浓度基本一致，约为 4.3mg/L。在滞留时间为 5d 时，秸秆方案下排水中总磷的浓度依旧最少，为 1.78mg/L，若考虑更长时间的滞留，则可以选择砂石组合方案，若考虑氨氮排放来说，秸秆和砂石 1：1 且砂石垫底的情况下，滞留时间超过 10d 就会比完全秸秆的条件有所减少。长时间运行条件下从总磷和氨氮排放总体来说，砂石和秸秆比为 1：1 的条件更优。

## 6.5 小结

本章通过试验和模拟手段，研究了常规暗排和不同反滤体改进暗排的氮磷排放效果以及不同参数对于排水和土壤中氮磷特性的影响，分析了砂石、秸秆、沸石以及混合等不同反滤体材料的氮磷吸附和淋洗特征，得到以下结论：

（1）田间排水试验中对氮磷排放特性的研究结果显示，卵石、秸秆、分层砂石、混合砂石反滤体改进暗排排水中的氨氮、硝态氮、总氮、总磷和可溶性磷酸盐浓度存在明显的差别。与常规暗排相比，分层和混合砂石反滤体作用下的氨氮、可溶性磷酸盐和总磷浓度均可较大幅度削减，但其较大的排水流量也增加了排水中的硝态氮和总氮负荷量。卵石反滤体作用下的氮磷指标浓度高于分层和砂石反滤体。

（2）秸秆反滤体会发生腐解变化，与常规暗排相比，其作用下的氮磷排放特性则恰与分层和混合砂石改进暗排相反，其对硝态氮和总氮的浓度具较好的削减作用，但却使氨氮和总磷浓度有所增加。

（3）从模型参数敏感性分析可知，对氨氮来说，土壤和反滤体的吸附系数影响最大，其次为反滤体的纵向弥散度以及硝化系数等因素，而对于硝态氮来说，土壤反硝化系数、土壤纵向弥散度、土壤硝化系数影响位居前三位。

（4）降雨量越大，排出的氨氮和硝态氮总量越大，降雨当日，排出的氨氮和硝态氮总量均有明显增加的趋势，增加的时间点基本上为降雨日过半的时间，并非是降雨开始时。排出的硝态氮和氨氮随着初始地下水埋深的增加而减少、暗管出口淹没深度增加而线性减少，随着暗管埋深增加而线性增大，随暗管间距、反滤体宽度和高度的增加呈增大趋势，但增幅逐渐减小。

（5）对于土壤中氮素分布来说，暗管排水长期作用下，土层铵态氮和硝态氮含量最小值分别位于 40～60cm 和 20～40cm 土层，模拟结束时土层铵态氮和硝态氮含量最小值仅分别为初始值的 5％和 10％左右，与常规暗排相比，改进暗排作用下 40～60cm 土层的铵态氮含量与之相差最小，差值仅为 0.3mg·kg$^{-1}$，而二者暗管层上部土壤硝态氮含量相差不大。

（6）对于氨氮来说吸附能力最大的是沸石，其次是土壤，然后是石英砂和小颗粒砂石，秸秆效果最有限。而对于总磷吸附来说，最大的是沸石，其次是土壤，接下来是秸秆，然后是石英砂、小颗粒砂石。

（7）从氨氮和总磷去除来说，上层土壤的厚度在短期滞留时间内对排水中氮磷影响很小，靠近排水出口处材料的设置则对氮磷影响更大。靠近排水出口不建议使用秸秆，若采用混合的形式则将秸秆布设在上层对于氨氮和总磷的去除效果更好。

（8）从布设方式来看，完全采用沸石的方案效果最好，同时沸石情况下可以采用秸秆和沸石 2∶1 布设，沸石铺底的形式。砂石情况下，建议采用秸秆和砂石 1∶1 布设，砂石铺底的形式。

# 第 7 章　暗管排水技术排水排盐性能

土壤盐渍化是制约灌区农业可持续发展的重要因素，不合理的灌溉与洗盐会导致地下水升高并引发土壤积盐。暗管排水可排除田间多余土壤水分，改善土壤盐分淋洗，从而降低地下水位和抑制土壤返盐，促进灌区土壤有效脱盐。然而暗管布局及其调控显著影响田间水盐运移，尤其埋深与间距是影响暗管排水排盐性能的核心布局参数，而暗管出口控制也将对田间水盐运移产生明显影响。近年来，农田暗管排水与太阳能光伏发电技术结合在农田排水排盐技术的研究与应用成为热点，但排水排盐效能仍需提升。本章采用田间试验、模型模拟和分析计算的方法，构建多间距和埋深模拟情景，从时空角度揭示暗管不同间距和埋深条件下土壤水盐运移机制，选取玉米生长期内典型灌排周期分析了控制排水及其间距变化下土壤水盐剖面变化特性，分析了现状太阳能光伏暗管排水系统排水能力、虹吸辅助排水的可行性和虹吸辅助排水能力。

## 7.1　试验与模拟研究方法

### 7.1.1　试验研究

1. 试区概况

试验区位于内蒙古自治区巴彦淖尔市五原县永联村，属河套灌区义长灌域，坐标为 $107°37'19''\sim108°51'04''E$、$40°45'57''\sim41°17'58''N$，平均海拔高程为 1029m。试验区属温带大陆性气候，干燥多风，气温变化大，光热资源丰富，降水少，蒸发强，冻融期长。年均风速为 2.7m/s；年均气温为 $6.6\sim7.7℃$，最高气温在 7 月，最低气温在 1 月；年均日照时数为 3200h，太阳辐射量多达 $6200MJ/m^2$。试验区年均降水量为 $139\sim222mm$，集中在 6—8 月，占全年降雨量的 70% 左右；年均蒸发量为 $2200\sim2400mm$，蒸降比达 10 以上。试验区地势平坦，土壤质地为粉壤土。试验区主要种植玉米和葵花，5—9 月作物生长期的地下水埋深为 $0.52\sim2.20m$，土壤剖面初始电导率为 $400\sim1500\mu S/cm$，属于轻中度盐渍土，当地不合理的灌溉排水导致地下水位升高和地表严重积盐。

2. 试验设计

试验设计了 3 种排水处理：暗管自由排水（FD）、暗管控制排水（CD）、控制排水下间距减少（$CD_{1/2}$）处理，探究控制排水及其间距变化对土壤水盐分布与变化的影响。FD 是试验区用来降低地下水位的常规排水方式，暗管间距设为 50 m，暗管埋深设为 1.6 m。考虑到自由排水可能导致过度排水的问题，设置了 CD 处理，即在 FD 处理基础上将暗管出口抬高 0.4 m 形成控制排水处理。为进一步了解控制排水下暗管间距变化对土壤水盐分布的影响，在 CD 处理基础上将暗管间距减少至 25 m 后设置了 $CD_{1/2}$ 处理，暗管出口仍较 FD 抬高 0.4 m。

　　FD、CD 和 CD$_{1/2}$ 处理分别布置在面积为 3000m$^2$、3000m$^2$ 和 1500m$^2$ 的独立小区上，各小区间由固定田埂隔开以阻断水分交换。考虑到田间排水试验占地面积较大且施工铺设难度较大，未设置重复，但每个处理小区采用 3 根平行暗管，并在中间暗管控制范围内监测与取样，以消除不同处理间的相互影响（钱颖志等，2019）。暗管排水出口直接通到集水井中，调控排水出口高度（图 7.1）。通过在集水井内安装浮子式潜水泵以保证井内水深始终低于 1.8m，不淹没暗管出口。3 种排水处理的 9 根暗管均为埋深 1.6m、管径 75mm、管长 20m 的外包滤料透水管，坡降为 2‰。

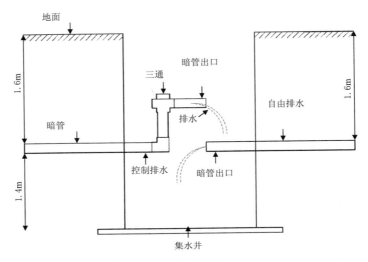

图 7.1　出口水位控制

### 3. 试验方法

　　试验进行 2 年，于 2018 年 10 月 27 日秋浇前运行。2019 年试验区内种植玉米，生育期内进行 3 次灌水，每次的灌水定额为 2000m$^3$/hm$^2$；2020 年试验区内种植葵花，生育期内不灌水，在播种前进行春灌，春灌定额为 2300m$^3$/hm$^2$，灌溉水电导率范围为 550～700 $\mu$S/cm。以 2019 年 6 月 27 日引黄河水灌溉周期为例，该次灌水量为 2175m$^3$/hm$^2$，灌溉水的电导率为 700 $\mu$S/cm 左右。灌水时玉米处于拔节期，根系深度为 60～75cm，株高为 0.70～0.98 m。为探讨土壤水盐的静态分布，在本次灌水前和排水后对土壤剖面进行取样分析，其中灌前取样时间为 6 月 22 日（灌水前第 5 天），排后取样时间为 7 月 5 日（排水停止后第 2 天）。为探讨土壤水盐的动态变化，将灌排周期划分为灌排阶段和间歇阶段 2 阶段以考察阶段水盐变化状况。灌排阶段指本次灌水前到排水后的持续时段，即 6 月 22 日—7 月 5 日（共 13d）；间歇阶段指本次排水后到下次灌水前的持续时段，即 7 月 5—15 日（共 10d）；该次灌排周期共 23d。

　　土样沿暗管水平距离方向和土壤剖面垂直方向采集。FD 和 CD 的水平取样点分别距小区中间暗管 0m、5m、10m、15m、20m、25m，CD$_{1/2}$ 的水平取样点分别距小区中间暗管 0m、2.5m、5m、7.5m、10m、12.5m。在每个水平取样点上沿垂向取样至 120cm 深度，垂向取样土层依次为 0～3cm、3～10cm、10～30cm、30～50cm、50～70cm、70～100cm、100～120cm，共 7 层。土样采用土钻法采集以测定土壤的含水率和电导率。用烘干法测定土壤含水率；以土壤电导率来描述土壤含盐状况，表征土壤盐分胁迫强度（张洁等，2012）。将土样风干后充分研磨，过 2mm 筛，按照 5∶1 水土质量比浸提液法，使用 DDSJ-318 型电导率仪（上海雷磁，精度±0.5%）测定土壤标准液电导率。

4. 数据分析

由于土壤非均质性的存在，采用相对含水率这一指标消除土壤质地差异对土壤含水率的影响，以表示土壤中有效水分含量。计算公式为

$$RWC = \frac{\theta}{\theta_f} \times 100\%  \tag{7.1}$$

式中：$RWC$ 为土壤相对含水率，%；$\theta$ 为土壤含水率，%；$\theta_f$ 为土壤田间持水率，%。

为便于分析不同阶段的土壤水盐变化，分别计算灌排阶段和间歇阶段 2 阶段的水盐变化程度。

灌排阶段：

$$\Delta RWC = \frac{RWC_2 - RWC_1}{RWC_1} \times 100\%  \tag{7.2}$$

间歇阶段：

$$\Delta RWC = \frac{RWC_3 - RWC_2}{RWC_2} \times 100\%  \tag{7.3}$$

式中：$\Delta RWC$ 为含水率变幅，%；$RWC_1$ 为灌水前土壤相对含水率，%；$RWC_2$ 为排水后土壤相对含水率，%；$RWC_3$ 为下次灌水前土壤相对含水率，%。若 $\Delta RWC > 0$，为增幅；$\Delta RWC < 0$，为降幅。

灌排阶段：

$$SDR = \frac{EC_1 - EC_2}{EC_1} \times 100\%  \tag{7.4}$$

间歇阶段：

$$SDR = \frac{EC_2 - EC_3}{EC_2} \times 100\%  \tag{7.5}$$

式中：$SDR$ 为脱盐率，%；$EC_1$ 为灌水前土壤电导率，$\mu S/cm$；$EC_2$ 为排水后土壤电导率，$\mu S/cm$；$EC_3$ 为下次灌水前土壤电导率，$\mu S/cm$。若 $SDR > 0$，为脱盐；$SDR < 0$，为积盐。

为探究土壤水盐分布均匀性受排水控制的影响，以变异系数来反映空间变异特性（窦旭等，2019），数值越大，表示土壤水盐分布变异性越强；数值越小，表示土壤水盐分布均匀性越高。

### 7.1.2 模拟研究

1. 水盐运移模拟模型构建

HYDRUS-2D 是一个可用来模拟水流和溶质在非饱和多孔隙介质中运移的数值模型（Crevoisier 等，2008）。通过输入气象、含水量和含盐量等基本数据，来模拟土壤水盐的时空变化特征。土壤水分运移通过 Richards 方程来描述，土壤水力特性通过 van Genuchten 公式来描述，土壤盐分运移通过对流-弥散方程来描述。

2019 年从第一次灌水前取土 6 月 22 日开始模拟，模拟时长为玉米整个生育期共 137d。2020 年从春灌前取土 5 月 13 日开始模拟，模拟时长为葵花整个生育期共 166d。模型模拟区域为 50m×30m 的矩形区域，暗管位于区域中间，埋深 1.6m 处，控制两边各 25m。采用三角形有限元网格将模型区域离散化，为使计算更加精确，减少暗管对周围区域的影响，将暗管周围有限元网格进行加密，整个模型共划分为 10304 个节点（徐俊增等，2021）。

由于需考虑降雨、蒸发等影响土壤水分运动的气象因素，将土壤水分上边界条件设为大气边界或变水头边界，当灌水时，上边界为变水头边界，当灌水完全入渗，地表没有积水后，上边界变为大气边界；暗管处设为渗透面边界；左、右边界设为零通量边界；下边界远低于地下水位，视下边界基本不与地下水发生水分运移和溶质运移，视为具有不透水性，因此将下边界也视为零通量边界。土壤溶质运移边界条件与水分运移边界条件相对应，左、右边界及下边界为零通量边界，上边界和暗管处为第三类边界条件。

采用 2019 年玉米整个生育期土壤的水盐数据进行模型的率定，将模拟值与实测值进行拟合，调整参数，土壤物理参数见表 7.1，土壤溶质运移参数参考相关文献（史海滨等，2020）确定，纵向弥散度为 79cm，横向弥散度为 2cm，并用 2020 年的数据进行验证。

表 7.1　　　　　　　　　　　　　土壤类型及水力特性参数

| 土深/cm | 土壤类型 | $\theta_r/(cm^3/cm^3)$ | $\theta_s/(cm^3/cm^3)$ | $\alpha$ | $n$ | $K_s/(cm/d)$ | $l$ |
|---|---|---|---|---|---|---|---|
| 0～10 | 粉壤土 | 0.067 | 0.46 | 0.012 | 1.5 | 9.16 | 0.5 |
| 10～30 | 粉壤土 | 0.067 | 0.45 | 0.011 | 1.5 | 8.80 | 0.5 |
| 30～50 | 粉壤土 | 0.067 | 0.46 | 0.011 | 1.4 | 10.44 | 0.5 |
| 50～100 | 粉壤土 | 0.067 | 0.45 | 0.010 | 1.3 | 8.44 | 0.5 |
| 100～3000 | 粉壤土 | 0.067 | 0.40 | 0.016 | 1.6 | 14.90 | 0.5 |

2. 模型率定与验证

采用决定系数（$R^2$）、均方根误差（RMSE）和纳什系数（NSE）三个指标来评价模型的模拟结果，其中决定系数和纳什系数计算详见式（5.1）和式（5.3），RMSE 计算见公式（7.6）。$R^2$ 和 NSE 越接近于 1，RMSE 越接近于 0，模拟精度越高（Moriasi 等，2007）。

$$RMSE = \sqrt{\frac{1}{n}\sum_{i=1}^{n}(P_i - O_i)^2} \tag{7.6}$$

式中：$O_i$ 和 $P_i$ 分别为实测值和模拟值；$n$ 为实测点的个数。

2019 年生育期土壤水分和盐分模拟值与实测值的 $R^2$ 分别为 0.78、0.70，RMSE 分别为 $0.028cm^3 \cdot cm^{-3}$、$0.030g \cdot kg^{-1}$，NSE 分别为 0.93、0.85；2020 年生育期土壤水分和盐分模拟值与实测值的 $R^2$ 分别为 0.81、0.71，RMSE 分别为 $0.038cm^3 \cdot cm^{-3}$、$0.026g \cdot kg^{-1}$，NSE 分别为 0.93、0.86，如图 7.2 所示。可以看出，2019 年率定与 2020 年验证的土壤含水率和含盐量模拟值与实测值的 $R^2$ 和 NSE 均较大（接近 1），RMSE 均较小（接近 0），表明两者之间一致性较好，模型可靠，满足模拟精度要求。李显微等（2016）采用 HYDRUS 模型和田间试验数据对水盐运动参数进行了校验，结果表明模拟值与实测值之间整体吻合较好。上述结果表明，HYDRUS-2D 模型可以较好地模拟土壤水分和盐分运动，反映田间土壤水盐运移规律。

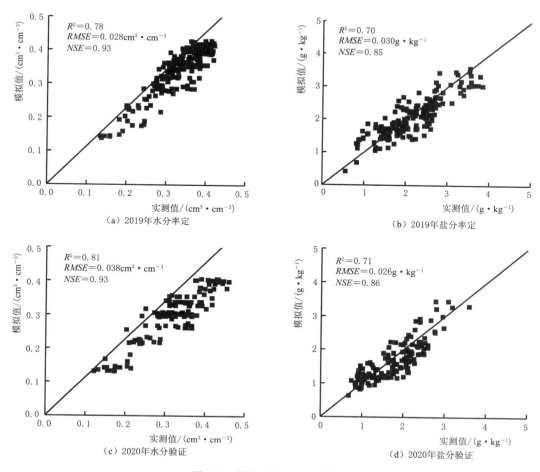

图 7.2 模型率定与验证结果

3. 模拟方案

为探索不同暗管间距和埋深下土壤水盐的动态变化规律，设置了暗管埋深 1.5m 条件下，5 种间距（5m、15m、25m、50m 和 100m）和暗管间距 25m 条件下，5 种埋深（0.6m、1.0m、1.5m、2.0m 和 2.5m）。采用 2020 年数据进行情景模拟，模型输入参数与率定的水分和盐分参数相同，初始含水率采用 2020 年各土层初始含水率平均值，初始含盐量采用 2020 年各土层初始含盐量平均值，边界条件不变。

# 7.2 暗管布局对排水排盐性能的影响

## 7.2.1 间距与埋深对田间水盐排出量的影响

1. 间距

埋深 1.5m 下不同间距对土壤排水量、排盐量和灌水量的影响如图 7.3 所示。由图可见，累积排水量和排盐量均随间距的增大而减小，最大累积排水量比最小值提高 83.2%，最大累积排盐量相比最小值提高 83.5%。其中间距 25m 时，单位面积累积排水量为 32.6mm，分别是暗管间距 5m、15m、50m 和 100m 的 0.54 倍、0.76 倍、1.71 倍和 3.19 倍；单位面积累积排盐量为 14.52mg·cm$^{-2}$，分别是暗管间距 5m、15m、50m 和 100m 的 0.53 倍、0.76 倍、1.71 倍和 3.21 倍。随着间距增大，单位面积灌水量略有减小。不同间距处理均从第 3 天（灌水当天）开始排水排盐，初始排水阶段排水量和排盐量均呈急剧增长，尤其暗管间距 5m 和 15m 更为明显。排水和排盐速率逐渐减小至停止排水和排盐。暗管间距 5m、15m、25m、50m 和 100m 灌后快速排水排盐持续时间分别为 11d、15d、18d、20d 和 22d，最迟第 25 天结束排水。

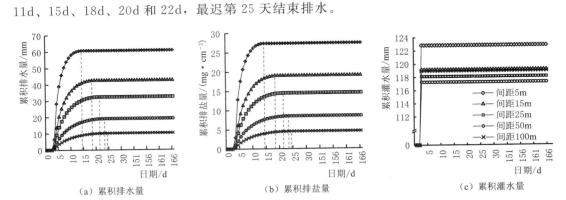

图 7.3　暗管不同间距对排水量、排盐量、灌水量的影响

**2. 埋深**

间距 25m 下不同埋深对土壤排水量、排盐量和灌水量的影响如图 7.4 所示。由图可见，累积排水量和排盐量随埋深的增大而增多，最大累积排水量比最小值提高 98.5%，最大累积排盐量比最小值提高 98.4%。埋深为 1.5m 时，累积排水量为 32.60mm，分别是暗管埋深 0.6m、1.0m、2.0m 和 2.5m 的 13.04 倍、3.29 倍、0.40 倍和 0.20 倍；单位面积累积排盐量为 14.52mg·cm$^{-2}$，分别是暗管埋深 0.6m、1.0m、2.0m 和 2.5m 的 12.62 倍、3.19 倍、0.39 倍和 0.21 倍。随着埋深增大，灌水量略有增大。不同暗管埋深处理开始排水时间并不相同，埋深 2.0m 以内暗管从第 3 天（灌水当天）开始排水排盐，排水历时均在 25d 以内，而埋深 2.0m 和 2.5m 暗管从第 1 天就开始排水排盐，排水历时高达 43d 和 79d。可见，排水时间受埋深和地下水位影响较大，而受间距影响较小。以暗管埋

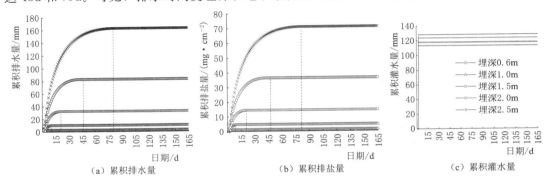

图 7.4　暗管不同埋深对排水量、排盐量、灌水量的影响

深为 1.5m 时，不同暗管间距下最迟排水时间为分割，第 25 天之前称为灌排阶段，第 25 天之后称为间歇阶段。

### 7.2.2　间距对土壤剖面水盐时空分布的影响

#### 1. 土壤剖面含水量

暗管埋深 1.5m 时，不同时段各个间距下土壤剖面 0～120cm 含水量变化如图 7.5～图 7.9 所示。从时间变化上看，整个生育期内，距离暗管相同地方的土壤含水量整体呈下降趋势，土壤剖面含水量在不同间距下的差异也随时间逐渐缩小，间距 5m 与 100m 土壤含水量平均增幅从生育期开始的 9.2％ 减小到生育期结束的 0。

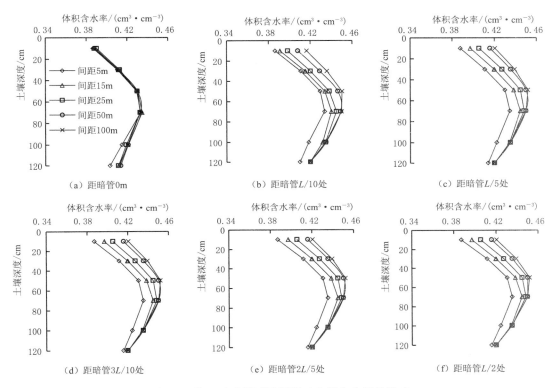

图 7.5　第 5 天暗管不同间距对土壤含水量的影响

从空间变化上看，不同间距下土壤剖面含水量空间分布在灌排阶段（第 5～25 天）差异明显。土壤剖面含水量与间距呈正相关，间距从 5m 增加到 100m 时整个剖面平均含水量增大幅度从 2.6％ 提升到 4.6％。水平方向排水初期（第 5 天），虽然不同间距下土壤剖面含水量差异较大，但其差异基本上不随距离暗管远近而变化（除了距离暗管 0m 处），暗管间距 5～100m 的表层土壤含水量增幅均在 0.4％～9.2％。排水第 25 天，不同间距间下层土壤含水量差异较大，但基本不随距离暗管远近而变化，间距 5～100m 的下层土壤含水量增幅均在 0.2％～4.6％。间歇阶段（第 25 天后至 127 天），不同间距下土壤含水量无显著差异，其根区平均土壤含水量约为 0.23cm³ · cm⁻³。垂直方向，随着土层深度的增加，土壤剖面含水率均呈先增大后减小的"镰刀"状变化，排水初期土壤含水量在深

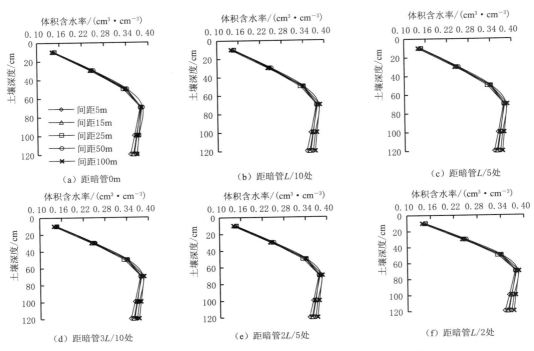

图 7.6　排水后第 25 天暗管不同间距对土壤含水量的影响

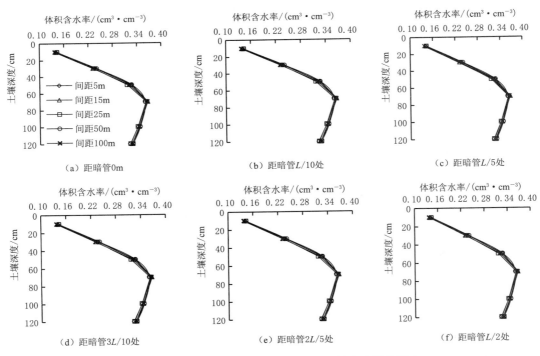

图 7.7　第 43 天苗期暗管不同间距对土壤含水量的影响

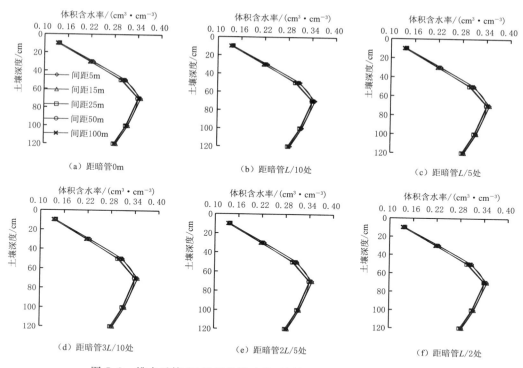

图 7.8 排水后第 95 天开花期暗管不同间距对土壤含水量的影响

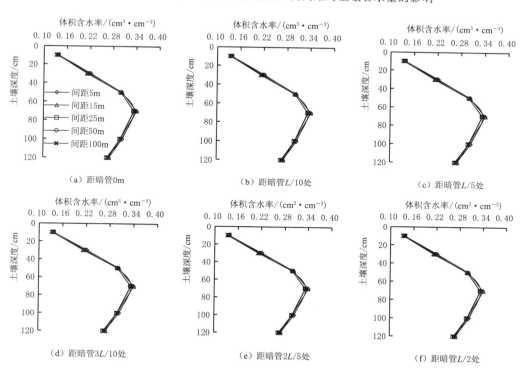

图 7.9 第 127 天成熟期暗管不同间距对土壤含水量的影响

度为 50cm 时最大，达到 $0.45cm^3 \cdot cm^{-3}$，之后土壤含水量在深度为 70cm 时最大，达到 $0.39cm^3 \cdot cm^{-3}$。

**2. 土壤剖面含盐量**

埋深 1.5m 时，不同时期各个间距下土壤剖面 0～120cm 含盐量变化如图 7.10～图 7.14 所示。从时间变化上看，整个生育期内，距离暗管相同距离的土壤含盐量整体呈上升趋势，土壤剖面含盐量在不同间距间的差异也随时间逐渐增大，间距从 5m 变至 100m 的土壤含盐量增幅随时间从 0 增加到 55.2%。各间距下土壤含盐量差异先出现在表层土壤，而后逐渐向下层发展。

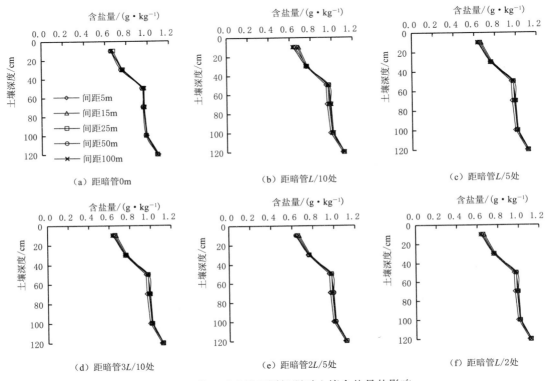

图 7.10　第 5 天暗管不同间距对土壤含盐量的影响

从空间变化上看，不同间距下土壤含盐量空间分布在排水末期（第 25 天）和间歇阶段（第 25 天后至 127 天）差异明显，土壤剖面含盐量与间距呈正相关，间距从 5m 增至 100m 时，整个土壤剖面平均含盐量变化幅度为 5.4%～39.9%。排水初期（第 5 天），不同间距下土壤含盐量在水平方向上无差异且不随距暗管远近而变化。垂直方向上，随着土壤深度增加，土壤剖面含盐量呈现逐渐增大趋势。排水末期及之后，水平方向上，随着距暗管水平距离的增加不同间距间土壤含盐量差异越大，土壤剖面含盐量也越大，间距 5m 与间距 100m 土壤含盐量之间的变幅从暗管处的 26.7% 增加到距暗管 $L/2$ 处的 39.9%。排水末期及之后，垂直方向，随着土层深度增加，土壤剖面含盐量均呈逐渐减小的趋势，且土壤含盐量在不同间距间的差异幅度也随土壤深度的增加逐渐减小，0～10cm 差异幅度最大，100～120cm 差异幅度最小。

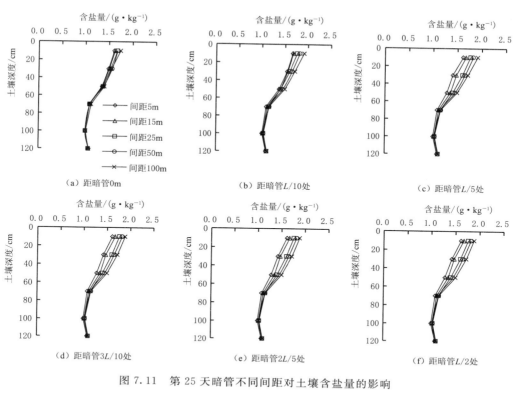

图 7.11　第 25 天暗管不同间距对土壤含盐量的影响

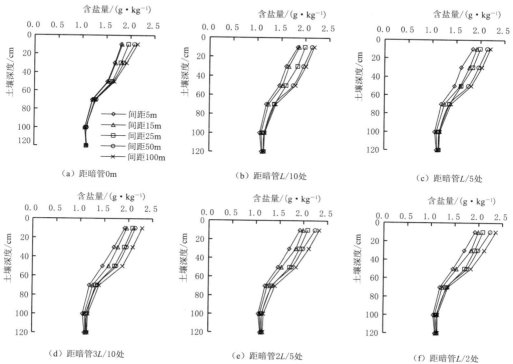

图 7.12　第 43 天苗期暗管不同间距对土壤含盐量的影响

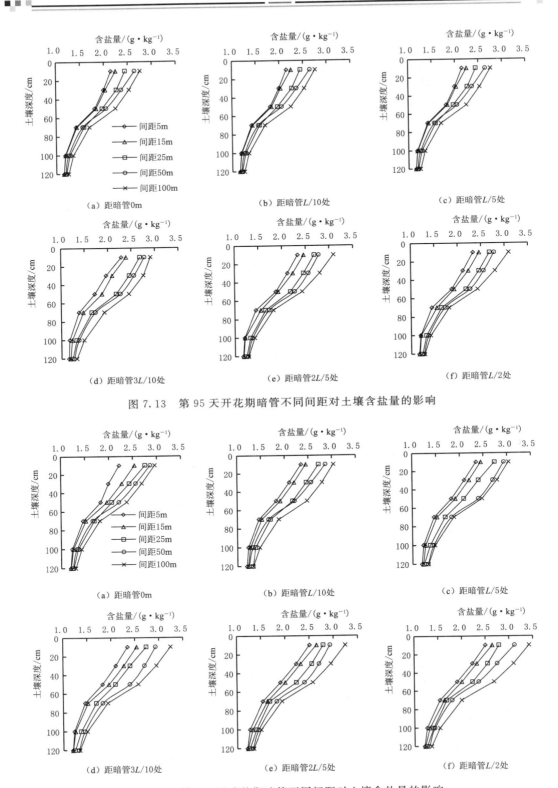

图 7.13 第 95 天开花期暗管不同间距对土壤含盐量的影响

图 7.14 第 127 天成熟期暗管不同间距对土壤含盐量的影响

### 7.2.3 埋深对土壤剖面水盐时空分布的影响

1. 土壤剖面含水率

间距 25m 时，不同时期各个埋深下土壤剖面 0～120cm 含水率变化如图 7.15～图 7.19 所示。从时间变化上看，不同埋深下的土壤剖面含水率差异随时间增加而降低，埋深 0.6m～2.5m 之间的土壤含水率降幅随时间从 7.7% 减小到 0.1%，且距离暗管相同地方的土壤含水率，整体呈下降趋势。排水初期（第 5 天）上层差异较大，埋深 0.6m～2.5m 表层含水率降幅在 0.3%～7.7%。排水第 25 天后至 127 天，不同埋深间土壤剖面含水率差异主要在下层 70～120cm 处显现，埋深 0.6～2.5m 的下层土壤含水率降幅均在 0～4.3%。

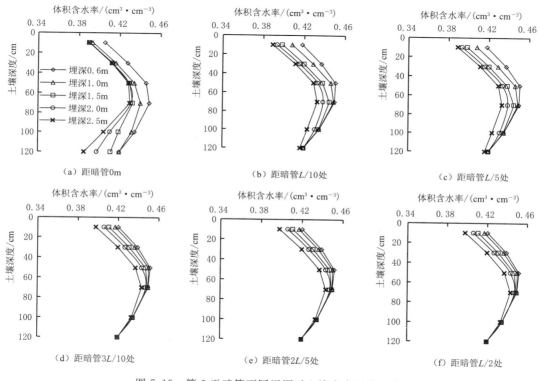

图 7.15 第 5 天暗管不同埋深对土壤含水量的影响

从空间变化上看，不同埋深下土壤含水率空间分布差异明显，土壤剖面含水率与埋深呈负相关，埋深从 0.6m 增加到 2.5m 时整个剖面平均含水率降幅在 1.9%～4.6%。在水平方向，排水初期随着距暗管水平距离的增加不同埋深间土壤含水率差异逐渐减小，埋深 0.6m 与 2.5m 土壤含水率差异从暗管处的 7.7% 减小到 $L/2$ 处的 5.0%。排水第 25 天后至 127 天，不同埋深下含水率差异不随距暗管远近变化，埋深 0.6m 与 1.0m 土壤含水率之间差异变化较小。垂直方向，随着土层深度的增加，土壤剖面含水率均呈先增大后减小的趋势，排水初期土壤剖面含水率在土层深度为 50cm 时最大，达到 0.45cm³·cm⁻³，之后含水率在土层深度为 70cm 时最大，为 0.39cm³·cm⁻³。

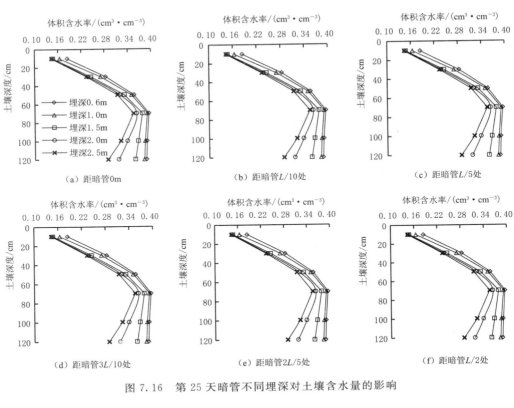

图 7.16　第 25 天暗管不同埋深对土壤含水量的影响

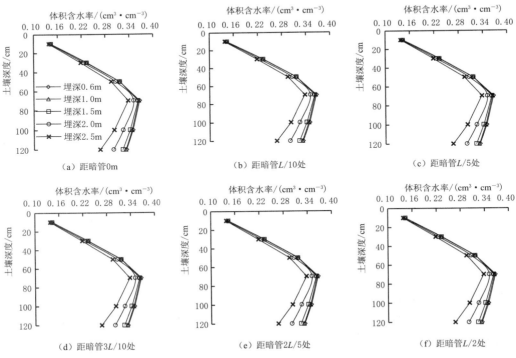

图 7.17　第 43 天苗期暗管不同埋深对土壤含水量的影响

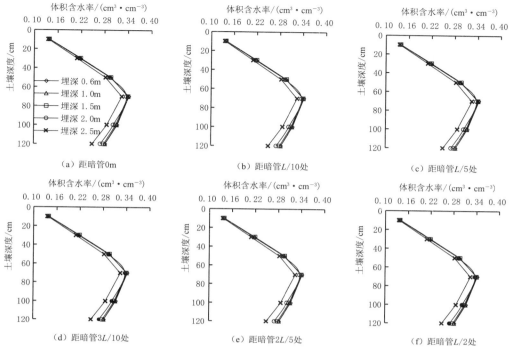

图 7.18 第 95 天开花期暗管不同埋深对土壤含水量的影响

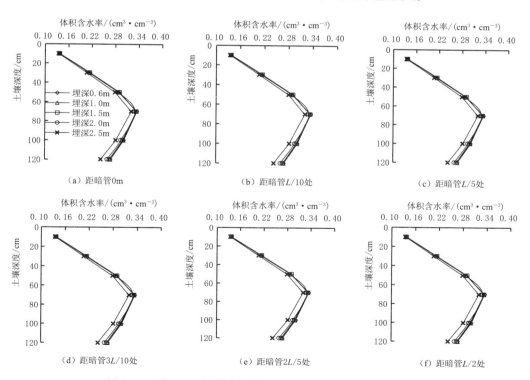

图 7.19 第 127 天成熟期暗管不同埋深对土壤含水量的影响

## 2. 土壤剖面含盐量

间距 25m 时，不同时期各个埋深下土壤剖面 0～120cm 含盐量变化如图 7.20～图 7.24 所示。从时间变化上看，整个生育期内，距离暗管相同地方的土壤含盐量，整体呈上升趋势，土壤剖面含盐量在不同埋深间的差异也随时间逐渐增大，埋深 2.5m 至 0.6m 的土壤含盐量增幅随时间从 0 增加到 50.4%，且各埋深间含盐量差异呈现上层大于下层的趋势。第 127 天成熟时，距暗管 $L/2$ 处埋深 2.5m 与 0.6m 暗管的上层土壤含盐量差异幅度比下层大 33.9%。

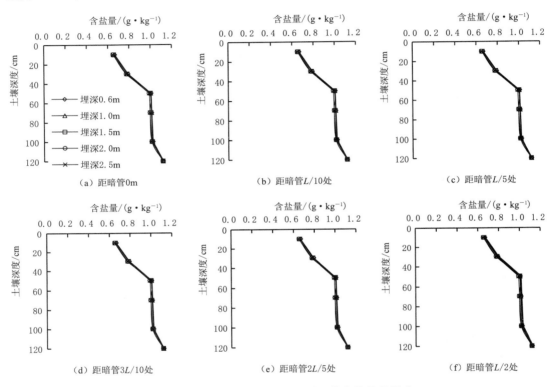

图 7.20　第 5 天暗管不同埋深对土壤含盐量的影响

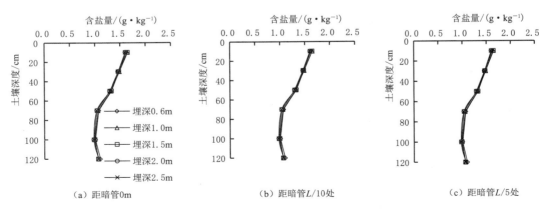

图 7.21（一）　第 25 天暗管不同埋深对土壤含盐量的影响

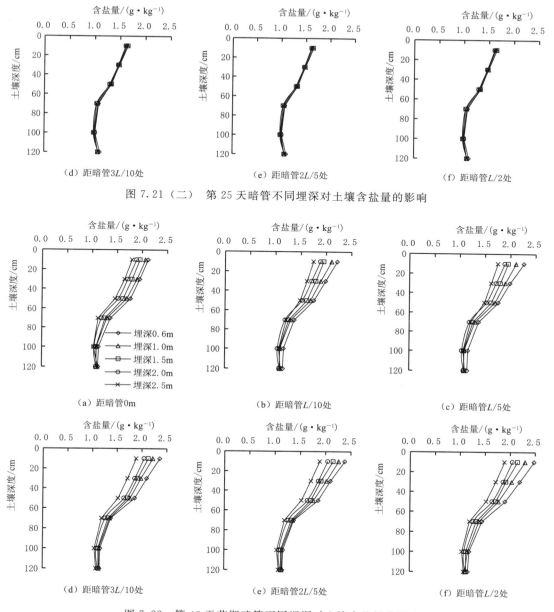

图 7.21（二） 第 25 天暗管不同埋深对土壤含盐量的影响

图 7.22 第 43 天苗期暗管不同埋深对土壤含盐量的影响

从空间变化上看，不同埋深下土壤含盐量空间分布在间歇阶段差异明显。土壤剖面含盐量与埋深呈负相关，埋深从 0.6m 增至 2.5m 时土壤剖面平均含盐量降幅在 7.6%~23.5%。间歇阶段（第 25 天后至 127 天），水平方向上，随着距暗管距离的增加土壤剖面含盐量越大，不同埋深间土壤剖面含盐量差异越明显。埋深 0.6m 与 2.5m 土壤含盐量之间的变幅从暗管处的 30.6% 增加到距暗管 $L/2$ 处的 50.4%。垂直方向上，土壤剖面含盐量随着土壤深度的增加而减小，且不同埋深下土壤上层（0~50cm）含盐量之间的差异大于下层（50~120cm）。

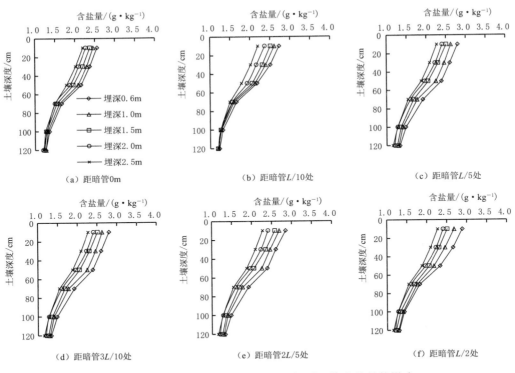

图 7.23  第 95 天开花期暗管不同埋深对土壤含盐量的影响

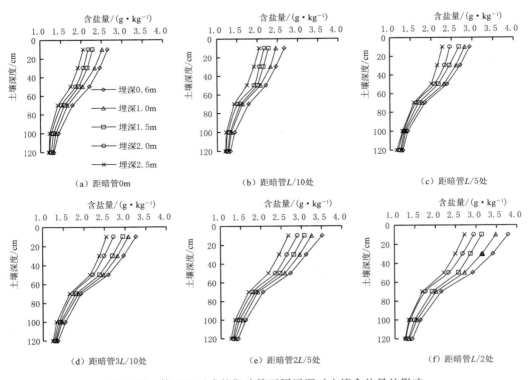

图 7.24  第 127 天成熟期暗管不同埋深对土壤含盐量的影响

### 7.2.4　间距与埋深的影响效应分析

#### 1. 对排水排盐量的影响

暗管排水可以排出农田多余水量，降低地下水位（石佳等，2017），也可排出土壤中过高含盐量，改良盐渍化土壤（Ritzema，2016）。暗管间距和埋深作为暗管排水两个重要的布设参数，对农田排水和排盐具有显著影响（Qian等，2021；张华等，2018）。本研究发现，农田排水量和排盐量与间距成反比。一方面可能由于暗管间距较小时，灌溉水入渗强度较大，排水排盐效率也随之增加（张金龙等，2012）。另一方面间距较小时土壤水盐的运移距离缩短，水盐更易从暗管排出（周利颖等，2021）；暗管埋深较大时，水分在土壤中运移时间较长，经暗管排出时带出较多的盐分，所以排水排盐量大。王振华等（2017）通过滴灌淋洗试验发现，排水时间与暗管间距成正比，土壤脱盐淋洗效率与暗管间距成反比，15m、20m和25m间距小区分别持续排水76h、78h和84h。而本试验与之相比，排水历时较长，15m和25m间距暗管分别持续排水15d与18d。一方面可能是因为两者的土壤质地和灌溉方式不同，本研究是灌水量较大的地面灌，而滴灌试验灌水量较小；另一方面是因为相同暗管间距下，本研究暗管埋深较大，排水排盐量较多，所以排水持续时间较长。

#### 2. 对土壤剖面水盐空间变化的影响

不同间距和埋深下土壤剖面水盐含量在空间上差异明显。间歇阶段，土壤剖面含盐量与暗管水平距离成正比，且随着水平距离增加，不同间距和埋深间土壤剖面含盐量差异越大，增幅随间距减小和埋深增大而减小。这是因为距暗管水平距离越远，暗管控制效果比较差，土壤水分入渗速度慢，盐分淋洗效果差，盐分向暗管处运移的时间也较长，所以距暗管水平距离越远土壤剖面含盐量越大（Youngs等，2000）。

从垂直方向上看，土壤含水量随土层深度增加呈先增大后减小的"镰刀"状变化，排水初期最大值在土层50cm处，变幅随间距增大和埋深减小而增大；排水末期及间歇阶段最大值下移至70cm处且变幅减小；这是因为灌水后水分入渗致使上层水分向下运移，而下层水分又向暗管处运移导致土层50～70cm处土壤含水量较大。与本研究发现不同，石培君等（2019）通过滴灌试验发现不同间距下的土壤含水量均随深度增加而增大，80cm土层内土壤含水量几乎接近饱和状态。一方面可能是因为其暗管埋深较浅，地下水位较高；另一方面可能是因为滴灌条件下，水分向下运移速率较慢，所以随着深度的增加，土壤含水量增大。排水初期土壤含盐量随深度的增加而增大且不受间距和埋深的变化影响，间歇阶段随深度的增加而降低，降幅随间距减小和埋深增加而减小。这是因为排水初期土壤剖面盐分得到了充分淋洗，间歇阶段灌溉水入渗完毕，在蒸发的作用下土壤剖面盐分逐渐向表层聚集出现返盐现象（刘璐瑶等，2021），导致土壤含盐量较大。

#### 3. 对土壤剖面水盐时间变化的影响

本研究发现不同暗管间距和埋深下土壤剖面水盐分布随时间变化差异显著。土壤剖面含水量在整个生育期内随时间的增加而减小，灌排阶段含水量差异随间距减小和埋深增大而降低，降幅随时间增加而减小，排水初期上层降幅大，排水末期下层降幅大，间歇阶段无明显差异。这是因为排水初期灌溉水刚开始入渗，土壤剖面含水量迅速增大，不同暗管间距和埋深下土壤水动力强度不同造成了上层差异大，排水末期水分已完全入渗，此时水分均向暗管处运移造成了下层的土壤含水量差异较大（窦旭等，2020），随时间增加蒸发蒸腾效应增强，土壤剖面含水量逐渐下降，不同间距和埋深间的含水量差异也减小。

与土壤剖面含水量的时间变化相反，土壤剖面含盐量在整个生育期内随时间的增加而增大，间歇阶段土壤含盐量差异随间距减小和埋深增大而降低，降幅随时间增加而增大，上层降幅大于下层，灌排阶段间差异不明显。这是因为本研究采用灌水量较大的地面灌，灌后土壤盐分得到了充分淋洗导致灌排阶段间不同间距和埋深间的土壤含盐量之间无明显差异且数值较小，随着时间增加腾发成为水分运动的主导驱动，土壤下层盐分在毛管力的作用下向上迁移导致土壤含盐量逐渐增大，且上层含盐量之间的差异也逐渐增大（周宏等，2019）。对比图 7.11 和图 7.21 发现，土壤含盐量在不同间距下的差异略大于不同埋深下的差异，这说明暗管间距对含盐量的影响比暗管埋深大。杨玉辉等（2020）也发现暗管间距对土壤脱盐率的影响相比埋深更为明显，与本研究结果共同证实了暗管间距对盐分的显著影响。

综上，不同暗管间距和埋深间的土壤含水量差异变幅均在灌排阶段随间距增大和埋深减小而增大，土壤含盐量差异变幅均在间歇阶段随间距增大和埋深减小而增大。这是因为暗管间距越大，排水排盐效果相对较差，暗管排出的水盐减少，更多的水分保留在田间，所以导致暗管间距越大土壤剖面含水量和含盐量越大，土壤水盐含量的变化幅度也随暗管间距增大而增大。因此，减小暗管间距可以提高淋洗效果，降低土壤剖面含盐量。暗管埋深较大时，土壤排水量较大，所以导致暗管埋深大时土壤剖面含水量和含盐量较小，更主要是因为暗管埋深大时，地下水位较深，导致蒸发作用减弱，土壤剖面含盐量减小（苏挺，2017），所以土壤含水量和含盐量随埋深增大而减小（衡通，2018）。

## 7.3　暗管控制排水对排水排盐性能的影响

### 7.3.1　土壤剖面含水量

1. 相对含水量静态分布

灌前与排后土壤相对含水率沿水平距离和垂向深度的分布变化如图 7.25 所示。FD 的灌前与排后土壤相对含水率均沿土壤剖面垂向深度先减小（0～50cm）后增大（50～120cm）。FD 和 CD 的排后土壤平均相对含水率较灌前分别增加了 4.7％和 10.2％，CD 提高了排后暗管远端的土壤相对含水率，较 FD 高出 8.3％，这可能是由于控制排水保留了田间水分，使得土壤相对含水率较高。控制排水下间距减半后，$CD_{1/2}$ 排后暗管远端的土壤相对含水率较 CD 明显降低。这表明，控制排水经过灌水提高了土壤相对含水率；控制排水下减少间距降低了排后土壤相对含水率。

2. 相对含水量动态分布

灌排与间歇阶段的土壤相对含水率变幅沿水平距离和垂向深度的分布变化如图 7.26 所示，图中正值为增幅，负值为降幅。FD 的灌排阶段暗管近端与远端 50cm 土层附近的土壤相对含水率增幅较大，分别达到 51.5％和 56.0％；间歇阶段暗管远端 50cm 及以上深度土层的土壤相对含水率降幅较大，最大达 76.2％。CD 和 $CD_{1/2}$ 下两阶段的土壤相对含水率变幅也均在暗管近端与远端的 50cm 土层达最大，这是由于 50cm 左右土层土壤相

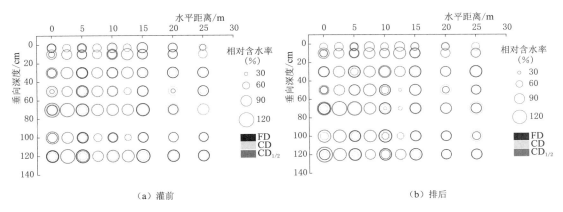

图 7.25 不同出口水位控制与暗管间距下灌前与排后土壤剖面相对含水率分布

对含水率较小，同时该土层上受蒸腾蒸发消耗水量和下受暗管排泄水份双重作用导致了含水率变化幅度较大；暗管附近排水速率较快，减少了土壤相对含水率，暗管间距 1/2 附近的土壤水通过横向排水向暗管附近补给，导致土壤相对含水率在两处变幅较大。与 FD 相比，CD 提高了灌排阶段的土壤相对含水率增幅，平均增幅较 FD 高 53.6%，尤以 50cm

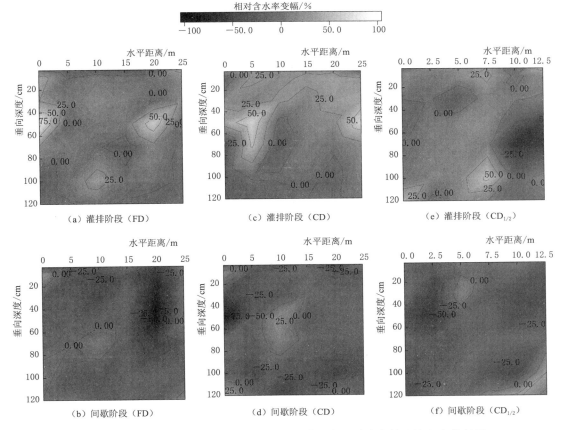

图 7.26 不同出口水位控制与暗管间距下灌排与间歇阶段的土壤含水率变幅

及以上土层的土壤相对含水率增幅明显；降低了间歇阶段的土壤相对含水率降幅，平均降幅较 FD 降低 9.0%。与 CD 相比，$CD_{1/2}$ 在灌排阶段土壤相对含水率增幅减小，平均增幅较 CD 减少 81.9%；间歇阶段土壤相对含水率降幅增大，平均降幅较 CD 高 8.9%。这表明控制排水在灌排和间歇周期内水分增幅大且降幅小，起到保留田间水分的作用，控制排水下减少间距将会减弱保墒效应。

3. 相对含水量空间变异

为进一步探究控制排水对土壤含水率剖面分布均匀性的影响，灌前和排后土壤相对含水率水平变异系数沿垂向深度变化如图 7.27 所示。FD 灌前土壤含水率的水平变异系数在 50cm 土层较大，为 38.8%，排后整个垂向深度上的水平变异系数降低，均低于 20%。CD 条件下，灌前与排后土壤含水率水平变异系数均低于 20%，排后较灌前小幅升高。$CD_{1/2}$ 灌前土壤含水率水平变异系数较小；排后大幅提高，在垂向 70cm 处达最大，为 46.5%。这表明，与自由排水比，控制排水提高了灌前土壤剖面含水率水平分布均匀性，控制排水下减少间距排后土壤剖面含水率水平分布均匀性变差。

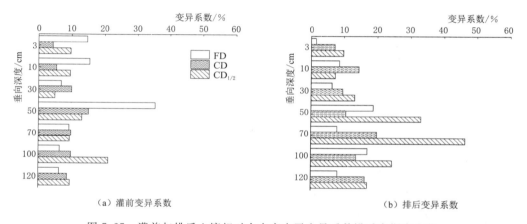

图 7.27　灌前与排后土壤相对含水率水平变异系数沿垂向深度变化

灌前与排后土壤相对含水率垂向变异系数沿水平距离变化如图 7.28 所示。FD 土壤相对含水率垂向变异系数排后沿水平距离变化较灌前稳定，变异系数降低，均低于 20%。与 FD 相比，CD 排后暗管附近土壤相对含水率垂向变异系数增大。与 CD 相比，$CD_{1/2}$ 下排后土壤相对含水率垂向变异系数平均增大 23.8%。这表明，控制排水降低了排后暗管附近的土壤剖面含水率垂向分布均匀性，控制排水下减少间距进一步降低了排后土壤剖面含水率垂向分布均匀性。

### 7.3.2　土壤剖面含盐量

1. 盐分静态分布

灌前与排后土壤电导率沿水平距离和垂向深度的分布变化如图 7.29 所示。FD 和 CD 的灌前土壤剖面电导率沿垂向深度逐渐减小，这是由于蒸发作用促使盐分随毛管水上升聚至土壤表层；两者排后土壤电导率沿垂向剖面先增大（0～50cm）后减小（50～120cm），表明土壤盐分主要淋至 50cm 左右土层。沿水平向土壤电导率分布也不同。FD 和 CD 的

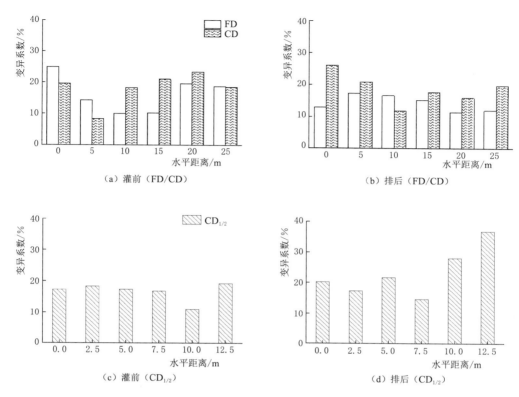

图 7.28　灌前与排后土壤相对含水率垂向变异系数沿水平变化

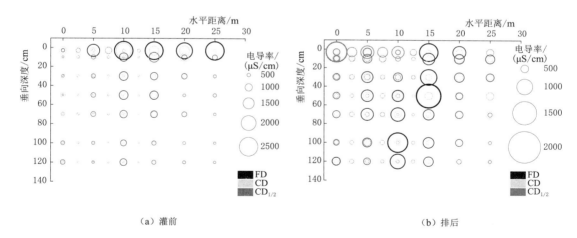

图 7.29　不同出口水位控制与暗管间距下灌前与排后土壤剖面电导率分布

灌前和排后土壤电导率均沿暗管水平距离先增大后减小，离暗管越近，水动力条件越强，水分运动越快（张亚年等，2011），排水量越大，排出盐分较多，同时距暗管远处洗脱的盐分也可能随排水向暗管方向累积，两者共同作用下致使盐分在距暗管 $10\sim15\mathrm{m}$ 附近累积。CD 明显降低了整个剖面的土壤电导率，土壤电导率大都均低于 $500\mu\mathrm{S/cm}$，与 FD 相比，灌前平均电导率降低了 29.9％，排后平均电导率降低 36.7％。与 CD 相比，$CD_{1/2}$ 进一步减小了整个剖面的土壤电导率，平均电导率灌前降低了 50.7％，排后降低了 7.8％，且在水平距离和垂向深度上的变化均较小。这表明控制排水不仅降低了土壤剖面盐分含量，还减少了灌前与排后的剖面盐分差异，控制排水下减少间距进一步降低了土壤剖面盐分含量。

2. 盐分动态分布

灌排与间歇阶段土壤脱盐率沿水平距离和垂向深度的分布变化如图 7.30 所示，图中正值为脱盐，负值为积盐。FD 的灌排阶段土壤脱盐效果沿垂向深度逐渐减弱；间歇阶段土壤积盐作用沿垂向深度也逐渐降低。土壤表层盐分变化强烈，表层土壤在灌排阶段明显脱盐，在间歇阶段有不同程度的积盐，产生这一结果的原因是表层土壤受蒸发和灌溉等因素影响显著，而深层土壤受这些因素的影响较弱（张亚年，2011）。与 FD 相比，CD 增加了灌排阶段 29.2％ 的脱盐区域，提高了 46.1％ 的平均脱盐率；CD 减小了间歇阶段 14.3％ 的积盐区域，降低了 72.6％ 的平均积盐率。与 CD 相比，$CD_{1/2}$ 在灌排阶段缩减了 45.2％ 的土壤剖面脱盐区域，间歇阶段缩减了 54.2％ 的积盐区域。这表明控制排水在灌排与间歇周期内脱盐多积盐少，起到降低剖面盐分的作用，控制排水下减少间距缩减了灌排阶段的脱盐区域。

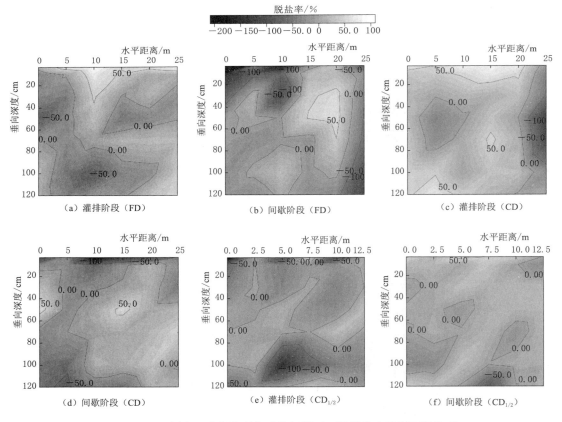

图 7.30　不同出口水位控制与暗管间距下两阶段的土壤剖面脱盐率

3. 盐分空间变异

灌前与排后土壤盐分水平变异系数沿垂向变化如图 7.31 所示。FD 灌前和排后土壤盐分水平变异系数均较大，在 40% 上下变化。与 FD 相比，CD 的土壤盐分水平变异系数明显降低，尤其排后的土壤盐分水平变异系数降低更为明显，平均降幅为 45.9%，整个垂向深度上的水平变异系数均不高于 20%。与 CD 相比，$CD_{1/2}$ 减少了灌前土壤的盐分水平变异系数，提高了排后土壤盐分水平变异系数。这表明，控制排水改善了土壤剖面盐分水平分布均匀性，排后均匀性更好；控制排水下减少间距进一步提高了灌前土壤盐分水平均匀性，却降低了排后土壤盐分水平均匀性。同时，经过灌水后土壤盐分水平变异系数均在 30cm 达到最小，说明耕层土壤盐分水平分布更均匀，更利于作物生长。

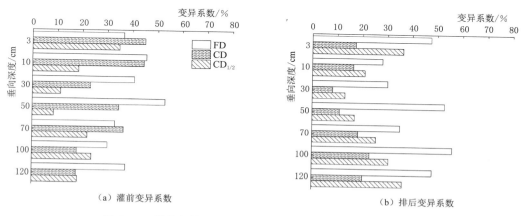

图 7.31　灌前与排后土壤盐分水平变异系数沿垂向深度变化

灌前与排后土壤盐分垂向变异系数沿水平距离变化如图 7.32 所示。FD 排后垂向变异系数明显低于灌前。与 FD 相比，CD 排后土壤盐分垂向变异系数较灌前平均降低了 32.6%。与 CD 相比，$CD_{1/2}$ 提高了排后土壤盐分垂向变异系数。这表明，灌排明显改善了自由排水的土壤剖面盐分垂向分布均匀性，控制排水下土壤盐分垂向分布均匀性更好，控制排水下减少间距使土壤盐分垂向分布均匀性变差。

### 7.3.3　控制排水影响效应分析

1. 对土壤水分影响

灌前和排后分别为灌排周期中间歇阶段和灌排阶段的结束时间点。分析控制排水下两阶段土壤相对含水率变化发现，控制排水具有较好的增墒作用，提高了灌排阶段的土壤相对含水率增幅，减少了间歇阶段的土壤相对含水率降幅。这是由于控制排水抬高了暗管出口高度使灌排阶段的排水量减少，田间水分的蓄积量增加，导致灌排阶段土壤相对含水率增幅较大；而灌排阶段较高的水分蓄积量使更多的土壤水在间歇阶段长时间滞留田间，导致间歇阶段土壤相对含水率变化较小，从而减小了土壤相对含水率降幅。采用模型预测和田间试验监测，袁念念等（2014）也发现控制排水减少了排水输出量从而保留田间水分，与本研究结果共同证实了控制排水的保墒作用，这对于提高作物水分利用效率和节水具有重要意义。

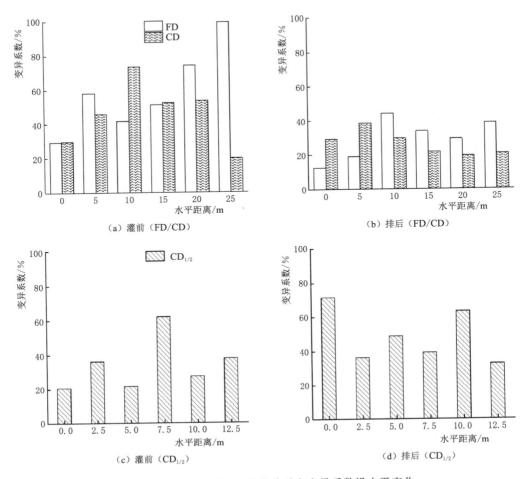

图 7.32　灌前与排后土壤盐分垂向变异系数沿水平变化

**2. 对土壤盐分影响**

控制排水不仅改变了土壤剖面水分分布，也影响了土壤盐分的分布变化。灌排阶段和间歇阶段分别是土壤脱盐和积盐的交替发生阶段。传统认为控制排水降低了水力梯度以减少根区以下的深层渗漏量，从而减少洗盐排水量，抬高地下水位又使更多水分沿毛管向根区迁移增加了盐分积累。正如在伊朗莫汉平原和澳大利亚葡萄园的研究均发现（Hornbuckle 等，2005；Jouni 等，2018），与自由排水相比，控制排水导致土壤盐分增加，这与本研究发现的控制排水增强脱盐效果相矛盾。本研究发现，与自由排水相比，控制排水降低了灌排周期内的土壤剖面含盐量，灌排阶段增加了脱盐区域，间歇阶段减小了积盐区域。控制排水不仅影响水分的排出量和毛管水的上升量，也影响排水的速率及其与土壤剖面的作用时间。尽管控制排水抬高了地下水位，降低水力梯度以减少排水速率，但同时也延长了水分在土壤剖面的滞留时间，进而增加排水与土壤剖面盐分的作用时间，促使更多的土壤剖面可溶性盐溶解至排水中以增加排水中的盐浓度，从而提高了排水洗盐效率（袁念念等，2011；Lahdou 等，2019）。因此，排水减少量和排盐浓度增加量这两者共同决定了控制排水下土壤剖面积盐或脱盐与否。本试验较高的灌溉水量加强了控制排水的慢速淋洗作用，使更多的土壤盐分溶解随排水排出，不仅提高了脱盐效果又增加了洗盐的均匀性（Manguerra 等，1997）。

3. 间距减少对水盐影响

控制排水下减少间距后，增墒效应减弱，土壤相对含水率在灌排阶段的增幅降低，间歇阶段的降幅提高，同时土壤剖面盐分含量降低。暗管间距变化会显著影响土壤水盐变化（钱颖志，2019），暗管间距越小，入渗强度越高，排水效率也越高（张金龙，2012；王振华，2017；张金龙等，2018）。控制排水下改变间距对水分运动的影响亦然，故减少间距减弱了增墒效果。之所以控制排水下减少间距缩减了灌排阶段的脱盐区域，可能是因为排后取样时间的影响，取样时间为灌水后第 8 天，根据试验区气象资料整个灌排阶段未发生降雨，同时间距减少后排水脱盐过程更快，使得排后取样时的部分区域已由脱盐过程转向积盐过程。

4. 对土壤水盐变异影响

土壤是空间上的连续体，在空间上具有异质性（盛建东等，2005），变异系数作为描述空间分布均匀性的重要参数，可反映土壤水盐分布的离散程度（由国栋等，2017）。本研究发现，控制排水的土壤盐分在水平与垂向的分布均匀性均提高，这可能是由于控制排水保留了田间水分，延长了水分与土壤剖面盐分的作用时间（Jouni，2018），促使更多的水分从大孔隙向基质孔隙中迁移以交换出更多的土壤基质的盐分，从而使得土壤剖面盐分分布变得更为均匀，一定程度降低了土壤盐碱化的风险（亓沛沛等，2012）。控制排水下减少间距提高了灌前土壤盐分水平分布均匀性，却降低了排后土壤盐分水平分布均匀性，这表明控制排水改善土壤盐分分布均匀性的效应受间距的影响明显，减少暗管间距降低排水与土壤基质盐分的作用时间与作用概率的效应可能是造成该现象的原因。

# 7.4 太阳能光伏暗管排水排盐技术及提升方法

太阳能是一种源源不断的清洁能源，它有着低碳、环保与节能等优势，取之不尽用之不竭，随着光伏发电技术的日臻成熟，太阳能源在农业灌溉、人畜饮水或草场灌溉等领域已得到广泛应用（刘柯楠等，2017；连利叶等，2020；Burney 等，2010；Aliyu 等，2018），近年来，农田暗管排水与太阳能光伏发电技术结合在农田排水排盐技术的研究与应用也成为热点。

## 7.4.1 太阳能光伏暗管排水排盐技术

暗管排水技术是指在田间埋设能透水的暗管以排除土壤中过多的水分，在降低农田地下水位、控制和治理土壤盐渍化、改善作物生长环境、促进农业增产增收等方面起着重要作用。暗管排水系统通常设一级田间暗管（吸水管）自流排水入明沟，或在自流排水困难时加设一级或多级集水管汇入集水井，从集水井抽水排入明沟。由于一级自流暗管排水区排水明沟塌坡、淤积现象严重，且清淤不及时，暗管出水口易于被堵或长期处于沟水位以下，致使排水不畅（景清华等，2005），因此，便于维护管理的二级或多级暗管排水系统被广泛应用（马利军等，2019）。早期多级暗管排水系统多采用动力电能抽水，运行成本高，强排区的电费与管护费用负担存在争议，及时抽排得不到保证，为有效解决暗管排水需要的电能问题，21 世纪 10 年代，宁夏农业综合开发土地治理项目将太阳能光伏发电技术与暗管排水技术相结合，探索使用光伏发电作为暗管排水水泵的供电来源，不仅简化了暗管排水系统的施工难度，还节约了工程的运行成本（杨会明等，2016；吴昊等，2018），近年来在宁夏灌区盐碱地改造项目中已开始大面积实施，并开展试验研究。

太阳能光伏暗管排水技术主要包括暗管排水系统、太阳能电池板、直流/交流逆变器、水泵等部分，暗管排水系统由田间吸水管汇集到集水管，通过集水管将水汇集到集水井中，最后由太阳能光伏水泵将水抽排到排水沟中，图 7.33 所示为太阳能光伏水泵系统结构，该系统减少了电线的架设和配变电等设备，同时减少一部分运行费用。系统的工作原理是，太阳能电池板接收太阳辐射将光能转换为电能，并驱动集水井中的水泵工作，通过排水管道将水从集水井排到邻近的排水沟中。其中，太阳能电池板接收太阳辐射将光能转换为直流电能，逆变器用于实现将直流电逆变为交流电，作为动力源驱动水泵正常运行。

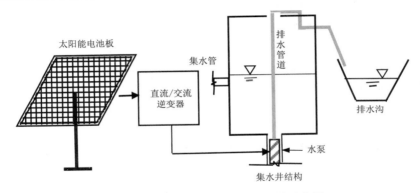

图 7.33 太阳能光伏水泵系统结构示意图

太阳能光伏水泵设计流量一般根据水泵所服务对象的平均日需求水量（或排水量）、当地日照情况来确定（郑和祥等，2014；刘祖明等，2015），如曹亮等（2017）根据作物需水量、太阳能资源确定光伏提水系统、田间灌溉系统各项参数，张祖发等（2015）根据沙田柚高峰时需水量确定光伏提水水泵抽水流量，从而计算需要配备的光伏水泵功率。农田暗管排水量主要取决于排水地段含水层的平均渗透系数、暗管布设参数（间距、埋深）和作用水头等。目前，广泛应用的太阳能光伏暗管排水系统大都未配备蓄电池，水泵设计流量根据日暗管排水量除以峰值日照时数或除以 24 小时得到每小时流量，前者也是太阳能泵站设计常用的方法，但太阳能暗管排水和用于人畜饮水或草场灌溉的太阳能提水泵站不同，农田排水需要不间断的发挥作用才能达到设计要求，按此方法配备的系统流量明显大于农田排水的补给流量。后者配备的水泵设计流量要小的多，泵的功率和太阳能板功率都要小，虽符合农田持续排水的要求，但太阳能光伏水泵夜间不工作，难以发挥排水作用。如何在成本增加不多的条件下，提升已建和新建太阳能光伏暗管排水系统的排水排盐效率是需要解决的问题。

### 7.4.2　太阳能光伏暗管排水能力分析

1. 暗管排水系统布局及数据获取

太阳能光伏暗管排水研究区（39°50′N，106°35′E）位于宁夏银北灌区平罗县六中乡，北部以 317 乡道、东部以中新沟、南部以昌滂渠、西部以六中渠为界。研究区属于典型的大陆性气候，多年平均降水量和蒸发量分别为 153.1mm 和 2249.5mm，年均气温 9℃，多年平均日照时数为 2388h，多年平均相对湿度为 55%，无霜期为 171d，年平均风速 2.0m/s。

暗管排水系统由田间暗管、集水管共二级以及集水井组成，农田过多的地面水、土壤水和地下水由田间排水暗管汇集起来排入集水管，再通过集水管排入集水井（图 7.34），最终通过太阳能光伏水泵提水排入中新沟，赛鸽公棚南部种植水稻，北部种植玉米。共布设 10 根直径为 80mm 暗管，暗管间距 45～56m，平均约 51m，埋深 1.5～1.6m，长度 388～527m，控制面积约 27.4hm²。暗管出口入集水管处设检查井，并安装水表，集水管前半段管径为 110mm，后半段为 160mm；泵站出水管安装水表，记录控制区域排水总量；研究区内布设 6 眼地下水观测井，另外还设有土壤取样、水质等监测。太阳能光伏暗管排水系统 2020 年 5 月中旬建成启用，水泵出水额定流量 15m³/h，由于夜间检查井、集水井中水位壅高，暗管排水经常处于淹没状态，降低了排水效果，7 月 9—10 日，对太阳能电池板功率和光伏泵站提水能力进行了升级，水泵出水额定流量提高到 20m³/h。

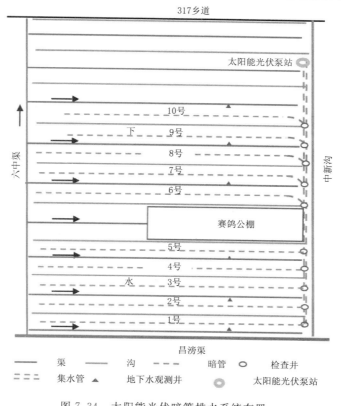

图 7.34　太阳能光伏暗管排水系统布置

2. 太阳能光伏暗管排水能力分析

2020 年 7 月 12 日—12 月 7 日观测的暗管控制区域累积排水量如图 7.35 所示，可以

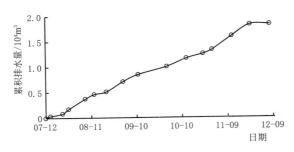

图 7.35　太阳能光伏暗管排水系统控制区域的
累积排水量

看到 11 月 24 日—12 月 7 日期间排水量较小，以 7 月 12 日—11 月 24 日共 135d 计算每天排水量（也称排水率），此期间累计排水量 $1.827 \times 10^4 \, \text{m}^3$，单位面积上的排水量为 66.68mm，排水率为 0.49mm/d。根据宁夏银北灌区排水项目可行性研究报告中的计算分析结果，银北灌区控制盐渍化要求的排水率为 1.5mm/d，以此作为暗管排水工程的设计标准（宁夏农业综合开发项目组，

2004），在随后的暗管排水工程建设中均以此排水率作为设计标准，可见现有太阳能光伏暗管排水率仅为设计标准的 1/3。

黄愉等（2020）于 2017—2018 年对宁夏石嘴山惠农区庙台乡先锋六队 66.7 hm² 太阳能光伏暗管排水试验监测结果表明，2017 年 7 月 8 日—10 月 10 日排水量为 27mm，2018 年 5 月 28 日—10 月 15 日排水量为 44.9mm，合计排水率分别为 0.29mm/d 和 0.32mm/d。张申等（2018）于 2016 年对宁夏石嘴山惠农区庙台乡先锋五队 66.7hm² 太阳能光伏暗管排水试验监测结果表明，排水监测时间为 6 月 9—30 日、7 月 8 日—8 月 31 日，排水总量为 25.92mm，合计排水率为 0.34mm/d，均远小于灌区控制盐渍化要求的排水率 1.5mm/d，表明现状暗管系统的排水排盐能力受到限制。

由于夜间太阳能光伏水泵无法运转，不起排水排盐作用，暗管排水出口处的检查井中水位壅高，水位接近或略低于地下水位，尽管改造后的水泵抽水能力提高，但夜间暗管处于高水位淹没状态的现象并未改变，排水排盐能力受到很大限制，甚至完全丧失排水排盐作用，此时集水井中水位也回升，壅高到接近地下水位，所以一天 24h 只有白天太阳能光伏水泵运行期间才起到排水排盐作用，其他时间暗管没有起到应有的作用，即使将水泵抽水能力提高到足够大，由于田间排水能力受土壤渗透性能、暗管布局等影响，排水速率不及抽水能力，水泵也无法正常发挥作用。

### 7.4.3　太阳能光伏暗管排水排盐能力提升方法

为了解决上述问题，一种方法是通过增加蓄电池调节能源，解决太阳能光伏水泵夜间不能工作的问题，可以通过扩大控制面积，将节省下来的集水井建设成本改为增加太阳能电池板功率和蓄能设施，但增添所需设备的投入大大提高，并且蓄电池寿命有限，一般的设计很少配有蓄电池。另一种方法是，夜间太阳能光伏水泵停止工作期间，集水井水位升高，当井中水位大于沟中水位时，在水位差的作用下，采用虹吸管辅助排水，以改善和提升现有的已建太阳能光伏暗管排水效率，该方法投入成本较低，也方便实施。此外，还可以在井沟之间设置连通管，夜间通过自排降低井中高水位。以下主要阐述对于已建太阳能光伏暗管排水系统利用集水井和排水沟水位差提高排水效率的措施。

**1. 虹吸输水原理**

虹吸现象是液态分子间引力与位能差所造成的，即利用水柱压力差，使水流上升后再下降到低处。虹吸管是一种压力输水管道，利用大气压与管道内真空之间形成压差，在上、下游水位差的作用下，水流源源不断地从水位高的地方流向水位低的地方。虹吸管分为正虹吸管和倒虹吸管，正虹吸管则是两低处跨越某一高地之间的输水，如从高处河渠等水源地不破堤自流引水；倒虹吸管常用于通过沟壑、道路、河道等而设置的压力输水管道，如跨越路涵等交叉建筑物的自流泄水。目前，利用虹吸原理排水在国内外应用较为广泛，主要用于屋面排水（Arthur 等，2001；Wright 等，2006）、矿山排水（闫明，2016）、公路滑坡治理（Gillarduzzi，2008；Yu 等，2019），水库抢险（李维仁等，2007）等一系列排水工程中，排水效果会随进、出流高差的增大而增大。

虹吸管作为简便高效的输水设施，具有工程量少、施工方便、节约劳动力及造价低等优点。理论上虹吸管能够提升水的最大高度为 10.3m，随着真空度的增大，分离出来的空气量会急骤增加，工程中一般限制虹吸管中最大真空度不超过 7～8m 水柱（王梦婷等，2014）。

**2. 虹吸辅助排水可行性**

太阳能光伏暗管排水系统虹吸辅助排水是否可行，取决于暗管排水系统集水井水位与排水沟水位之间的关系，只有当集水井水位高于排水沟水位形成正向水位差时，通过安装虹吸管和必要的排气注水设施，虹吸排水才能够正常发挥作用。

图 7.36 所示为 2021 年 4 月 2—3 日、4 月 10—11 日等不同日期观测到的夜间集水井中水位恢复过程，自计水位计每间隔 1h 记录 1 次，可以看出，17：00—18：00 期间水泵抽水量减小或停止工作，然后，集水井中水位开始回升，约 20：00 达到最高水位并保持不变，06：00—07：00 期间水泵启动工作，集水井中水位开始下降，到 09：00 后即降到自计水位探头埋设部位（距井口 5.5m）以下。另据水泵提水排水入沟水位不定期的观测，夜间集水井水位和沟水位之差如表 7.2 所示，可以看到，进入 5 月，水稻开始灌溉，地下水位上升，夜间集水井中水位高于排水沟水位，水位差普遍大于0.3m，同时，从图中也可看出，高水位持续时间在 10h 左右，即形成水位差的时间在10h 左右。

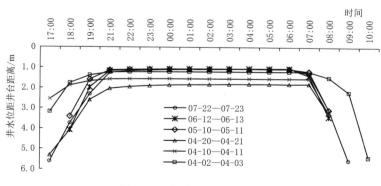

图 7.36　集水井中水位变化

| 日期／（月-日） | 04 - 13 | 05 - 08 | 05 - 18 | 06 - 02 | 06 - 11 | 07 - 23 |
|---|---|---|---|---|---|---|
| 水位差/m | 0.15 | 0.38 | 0.48 | 0.36 | 0.37 | 0.35 |

表 7.2　　　　　　　　　　　集水井中水位高出排水沟水位的差值

另根据研究区内 2020 年 6 眼地下水观测井监测的地下水埋深可知（图 7.37），从 5 月上旬到 8 月下旬期间，水稻种植地块由于灌溉淹水，地下水位基本上都接近地表（1～3 号井），旱作地块地下水位埋深在 0.5～1.0m 之间波动变化（4～6 号井），9 月初开始，水稻停灌，地下水位持续下降，至冬灌前 10 月 21 日观测到的地下水位埋深达到最大。另据李楷奕等（2019）在平罗县红崖子乡五堆子暗管排水旱作试验区监测的地下水位表明，灌溉期地下水位埋深在 1.06～1.77m。

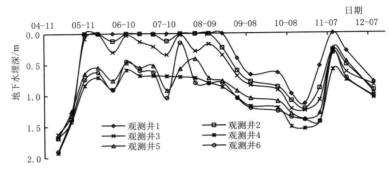

图 7.37　研究区地下水位变化

综上可知，考虑集水井台高出地面 0.3～0.5m，灌溉期夜间实施虹吸排水时，集水井水面到虹吸管顶部距离小于 2m，即满足虹吸管中最大真空度不超过 7～8m 水柱。因此，夜间集水井中水位高出排水沟水位，即呈现正向水位差，虹吸提水高度又不大，实现虹吸排水是完全可行的。

**3. 虹吸辅助排水能力分析**

在已建太阳能光伏暗管排水系统的集水井和排水沟之间设置虹吸管实施辅助排水（图 7.38），虹吸管出口入排水沟处为淹没出流，当不计入行进流速影响时，取符合渐变流条件的 1—1 断面和 2—2 断面列能量方程：

$$z + \frac{\alpha_1 v_1^2}{2g} = \frac{\alpha_2 v_2^2}{2g} + h_{(w1-2)} \quad (7.7)$$

因 $v_2 \approx 0$，则有

$$z_0 = z + \frac{\alpha_1 v_1^2}{2g} = h_{w1-2} \quad (7.8)$$

$$h_{w1-2} = h_f + \sum h_j \quad (7.9)$$

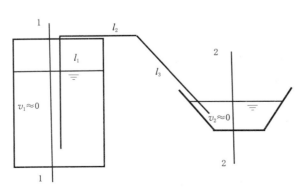

图 7.38　虹吸抽水示意图

式中：$z_0$ 为包括行进流速的上下游水位差，m；$v_1$、$v_2$ 为断面 1—1、2—2 处的流速，m/s；$\alpha_1$、$\alpha_2$ 为断面 1—1、2—2 处的动能修正系数，通常取 $\alpha_1 =$

$\alpha_2 = 1$；$g$ 为重力加速度，$m/s^2$；$h_f$ 为沿程水头损失；$\sum h_j$ 为局部水头损失，可表示为

$$h_f = \lambda \frac{l}{d} \frac{v^2}{2g} \tag{7.10}$$

$$\sum h_j = \sum \xi \frac{v^2}{2g} \tag{7.11}$$

其中

$$\lambda = \frac{8g}{c^2} \tag{7.12}$$

$$C = \frac{1}{n} R^{1/6} \tag{7.13}$$

式中：$\lambda$ 为沿程水头损失系数；$d$ 为管道直径，m；$l$ 为管道长度，m；$\sum \xi$ 为局部水头损失系数之和；$C$ 为谢才系数，$m^{1/2}/s$；$R$ 为水力半径，m。

将式（7.9）～（7.11）代入式（7.8）得：

$$z_0 = \left(\lambda \frac{l}{d} + \sum \xi\right) \frac{v^2}{2g} \tag{7.14}$$

由式（7.14）得管中流速为

$$v = \frac{1}{\sqrt{\lambda \frac{l}{d} + \sum \xi}} \sqrt{2gz_0} = u_c \sqrt{2gz_0} \tag{7.15}$$

通过管道的流量为

$$Q = vA = u_c A \sqrt{2gz_0} \tag{7.16}$$

当忽略行进流速时，流量计算公式为

$$Q = u_c A \sqrt{2gz} \tag{7.17}$$

式中：$Q$ 为排水流量，$m^3/s$；$A$ 为管道断面面积，$m^2$；$u_c$ 为管道系统的流量系数；$z$ 为虹吸管上下游水位差，m。

另根据《农田排水工程技术规范》（SL/T 4—2020）中采用均匀流计算集水管内径的公式（3.4.3-3），经转换后，计算排水流量公式为

$$Q = \frac{\alpha}{n} \left(\frac{d}{2}\right)^{8/3} (i)^{1/2} \tag{7.18}$$

式中：$\alpha$ 为管子充盈度，满管水取 1.0；$n$ 为管内糙率；$i$ 为水力比降。

采用光壁塑料管，取管道直径 $d = 0.075$m，管内糙率取 0.011，虹吸管上、下游正向水位差取 $z = 0.3$m；根据现场实际情况，$l_1 = 5.0$m，$l_2 = 6$m，$l_3 = 3$m，则 $l = 14.0$m，水力比降为 $z/l = 0.0214$。进口局部水头损失系数 $\xi_1 = 1.0$，90°弯头、145°弯头及出口局部水头损失系数 $\xi_2 = 1.0$，$\xi_3 = 0.65$，$\xi_4 = 1.0$，$\sum \xi = 3.65$，则流量系数 $u_c = 0.311$，流速为 $v = 0.755$m/s，流量 $Q = 12.0$m³/h，如果按 10h 运行时间，日排水量达 120m³。如果虹吸管管径取 0.09m，则流量为 18.64m³/h，日排水量高达 186.4m³。根据 2020 年 7 月 12 日—11 月 24 日共 135d 水泵抽水记录，平均日抽水量在 135m³ 左右，由此可见，如果利用夜间井沟之间的正向水位差采用虹吸排水方式，选用适宜的虹吸管管径，其夜间的排水量可以与白天太阳能光伏水泵的抽水量相当。

另采用式（7.18），如果虹吸管管径取 0.075m，得到水位差为 0.3m 的排水流量为 11.53m³/h，如果虹吸管管径取 0.09m，则对应的流量为 18.75m³/h。可见采用式（7.18）计算的排水流量与采用式（7.17）相近。

**4. 虹吸辅助排水试验验证**

试验模型如图 7.39 所示，试验设备包括水箱 A、溢流水箱 B、门字型虹吸管，虹吸管外径为 15mm，内径取 13mm，材质为玻璃管。虹吸管入水口和出水口分别为水箱 A 和溢流水箱 B，为保持进水口水面高度的稳定，水箱 A 直接由自来水管补水。溢流水箱 B 中间设隔板，隔板左侧水溢流到右侧，通过右侧底部的出流孔排出，在出流孔处采用体积法测流。试验开始时，将门字型虹吸管倒置充满水，然后堵住进出水孔放置到水箱 A 和 B，待出水流速稳定后开始测流。虹吸管总长 $l = 0.3m$，上下游水面差 $z = 0.044m$，管内糙率取 $n = 0.011$，横向管距离（上水管和下水管距离）为 0.06m，水力比降为 0.733。进口局部水头损失系数为 $\xi_1 = 1.0$，两个弯头及出口局部

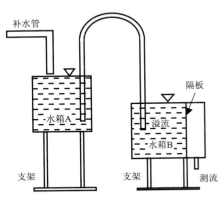

图 7.39　虹吸排水物理模型示意图

水头损失系数为 $\xi_2 = \xi_3 = 0.65$，$\xi_4 = 1.0$，$\sum \xi = 3.3$，则流量系数 $u_c = 0.232$，流速 $v = 0.215m/s$，流量 $Q = 56.4mL/s$。试验多次观测的流量平均值为 61.5mL/s，与能量平衡计算结果相近。

**5. 排水排盐系统提升方法讨论**

在土壤渗透性和暗管布局一定条件下，暗管排水量主要和作用水头有关，排水量最大、最小值也是个相对确定的值，太阳能光伏水泵只有白天日照时间工作，由于排水不能及时补给，依靠增大抽排能力无法解决问题，只有实现连续排水才能达到预期排水排盐效果，这也是现有太阳能光伏暗管排水系统排水率较低的原因。对于已建太阳能光伏暗管排水系统，可以通过增加虹吸辅助排水设施及配套真空泵抽气充水设备，实现夜间虹吸排水（图 7.40）。夜间暗管出口检查井内和集水井内水位基本恢复到和田间地下水位一致，集水井水位即为田间地下水位。实际的井沟之间水位差可以通过实地观测获取，或采用邻近区域相关研究成果。虹吸管长度根据现场实际情况确定，虹吸管道进水口即插入集水井的一端可以接近井底，入口处包裹滤网防止杂物入内；虹吸管的出水管口进入排水沟处，应置于灌溉期间排水沟常水面以下，保证出水管口处于淹没状态，并在管口安装逆止阀，以防止出现逆向水位差时，沟水倒灌入井。为保证进水口始终处于淹没状态，可通过逆变器设定水位高于进水口 0.5m 左右停泵。在虹吸管顶部通过三通连接真空泵，人工或自动操作抽气充水。启动虹吸管投入正常运行后，即可将其拆卸移走，需要时安装上可以再次抽气。如果水泵设计抽排能力过大，大于排水补给能力，虹吸管进水口可能经常会暴露在空气中，为防止这种不利的情况发生，可探讨在现有太阳能光伏暗管排水系统基础上实现自动抽气充水，如增加控制器和小容量蓄电池，白天定时给蓄电池充电，晚上定时启动真空泵，根据虹吸管直径确定需要的抽气量，根据配备的真空泵能力，确定抽气充水时间。

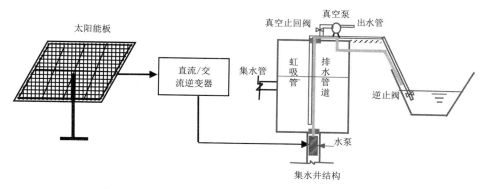

图 7.40 太阳能光伏暗管排水系统虹吸辅助排水示意图

由于夜间集水井和排水沟之间形成正向水位差，可以实现自流排水，而已有太阳能光伏暗管排水系统无法实现，因此，对于新建太阳能光伏暗管排水系统，在图 7.33 现有结构基础上，集水井与邻近排水沟之间增加水平连通管，实现动力抽排和自流相结合。通常，在集水井临近排水沟的情况下，水平布设的连通管比虹吸管要短，且无上下转折，同样材质、管径和作用水头情况下，其排泄水量要大于虹吸管排水量而且完全自动控制，无需排气充水。同样，在连通管进入排水沟的出水口处安装逆止阀，防止白天沟水倒灌到集水井内。连通管进水口从集水井口往下 2.5～3.0m 处，和集水管进入集水井的出水口埋深大致相当，不宜太深，避免增加施工的难度。

## 7.5 小结

采用田间试验、模型模拟和分析计算方法，揭示了暗管不同间距和埋深条件下土壤水盐时空运移机制、控制排水及其间距变化对土壤水盐变化的影响，分析了现状太阳能光伏暗管排水系统排水能力及提升方法，主要结论如下：

（1）累积排水量和排盐量随暗管间距减小和埋深增加而增加。灌排阶段土壤剖面含水量受暗管排水影响明显，其随间距减小和埋深增加而降低，降幅随时间增加而减小，排水初期上层降幅大，排水末期下层降幅大；土壤含水量随垂直深度增加呈先增大后减小的"镰刀"状变化，排水初期变幅随间距减小和埋深增加而降低，随后变幅减小且最大值下移。间歇阶段土壤剖面含盐量受暗管排水影响明显，其随间距减小和埋深增加而降低，降幅随时间增加而增大，上层降幅大于下层；土壤含盐量随水平距离和垂向深度的增加而增大，增幅均随暗管间距减小和埋深增大而减小。至作物成熟时，埋深 1.5m 下间距从 100m 减至 5m 和间距 25m 下埋深从 0.6m 增至 2.5m 分别降低了 39.9% 和 50.4% 的土壤剖面含盐量。减少间距和增加埋深可有效提高暗管排水排盐量并降低灌排阶段的土壤剖面蓄水量和间歇阶段的土壤剖面积盐量。

（2）与自由排水比，控制排水提高了土壤剖面 8.3% 的相对含水率，增大了灌排阶段的含水率增幅，减少了间歇阶段的含水率降幅；控制排水还提高了土壤剖面盐分的分布均匀性，排后水平与垂向变异系数分别降低了 45.9% 和 32.6%；控制排水降低了土壤剖面

36.7%的盐分含量，增大了灌排阶段 29.2%的剖面脱盐区域，减少了间歇阶段 14.3%的剖面积盐区域。减少控制排水暗管间距降低了灌排阶段的含水率增幅并增加了间歇阶段的含水率降幅，提高了灌前土壤盐分的水平分布均匀性却降低了排后土壤盐分的水平分布均匀性。

（3）太阳能光伏水泵设计流量按日暗管排水量除以峰值日照时数或除以 24h 确定均不能满足农田排水的需求，现有太阳能光伏暗管排水系统排水能力受限，排水率小于等于 0.49mm/d，远小于银北灌区控制盐渍化要求的排水率 1.5mm/d；夜间集水井水位恢复到接近地下水位，并高于邻近排水沟水位，井沟之间呈现正向水位差达 0.3m 以上，对于已建太阳能光伏暗管排水系统，为节省投入成本，提出夜间采用虹吸管辅助排水以提高现有系统的排水效率，虹吸管直径在 0.09m 左右，夜间排水量即可与白天太阳能光伏水泵的抽水量相当；对于新建太阳能光伏暗管排水系统，增设集水井与邻近排水沟之间的水平连通管，实现夜间自流排水。

# 第8章 明暗组合排水工程技术及效益评估

为适应旱涝渍碱组合灾害的发生，扬长避短充分发挥各种排水方式的技术特点，农田排水方式也逐渐由单一排水方式向组合排水方式转变，明暗组合条件下如何充分利用明排和暗排的优势进行合理布局以提高除涝降渍效率值得深入分析。本章阐述了明暗组合排水工程类型，基于田间试验、模型模拟和理论计算等手段，分析了明暗组合排水工程技术的排水性能，提出了基于沟管降渍理论作用距离的明暗组合间距确定方法，给定明沟暗管平行布设方式下的设计方法，同时分析了明暗组合排水经济效益和优化的布局形式。

## 8.1 明暗组合排水工程类型

农田组合排水方式包括明沟暗管组合排水、明沟竖井组合排水、鼠道暗管组合排水等，采取何种组合布设方式，要视具体情况而定，在组合排水工程布设中，明沟与暗管结合的明暗组合排水工程模式具有适应性强、便于管理的突出特点，也是最常用的明暗组合排水方式。

传统的明沟暗管组合排水系统利用浅明沟进行除涝或处理退泄水的地面排水，而利用暗管调控地下水位达到治渍和改土的目的，图 8.1 中的实线部分给出了传统明沟暗管组合排水系统示意图（张友义等，1992）。王少丽等（2001）曾指出地表积水明沟排涝时段内，地下排水工程也在排泄入渗水。若考虑暗管对排除地表水的积极作用，则此时的明沟暗管组合排水示意图中应加入虚线部分。明沟暗管组合排水也被广泛用于盐碱地治理，高丽秀等（2021）指出宁夏银川市兴庆区采用明沟、暗管联合运用的排水方法可使土壤脱盐洗盐实现耕地质量改良，马广福等（2014）指出适宜宁夏贺兰县盐碱地治理未来发展的排水措施应该是沟道排水和暗管排水联合方式。

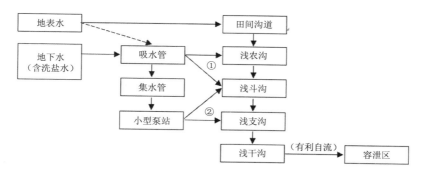

图 8.1 明沟暗管组合排水系统示意图

①——一级暗管自流入集水沟（相当于斗、农沟）；②——多级（二级）暗管，抽排入支、斗沟。

与明沟暗管组合排水分工类似，明沟竖井组合排水以明沟除涝，以竖井控制地下水位，在受旱、涝、碱威胁的地区，如果浅层地下水质符合灌溉要求，可利用竖井抽出的地下水供灌溉之用，一方面解决了农业用水问题，同时又腾空了地下库容，在雨季可承纳降雨，减少地面径流，减轻涝、渍的威胁，然而，竖井排水的建设和运行费用较高，消耗能源较大，同时，竖井的建设对水文地质条件要求较高，该组合方式在干旱区排盐中应用较多，杜历等（1995）在宁夏平罗县二闸乡东风、东胜两村研究明沟竖井组合排水下的地下水调控特征，指出其在治理盐渍化土地、抑制土壤返盐上取得明显成效。然而随着地下水限采禁采的要求提出，很多竖井主要用于抗旱应急而失去了排水的作用。

鼠道暗管组合排水则主要通过鼠道排除涝水、通过暗管调控地下水位，鼠道排水一般由鼠道犁开挖形成，成本较小，考虑到与地表连通的通道易坍塌，因此鼠道排水多被用于黏土地区，较短的运行时间也限制了鼠道排水的广泛应用。随着涝灾发生频率的增加，国内外学者对鼠道排水开展了包括排涝特性、设计布局、组合排水在内的大量研究（Filipo-vic 等，2014；Tuohy 等，2016）。

明暗组合排水也是农田涝渍协同调控减灾的重要手段，涝渍协同调控一方面是除涝和治渍在目标和任务上的协同，这和以往所研究的涝渍兼治有相同的概念，即将除涝和治渍视为相伴相随的两个阶段，彼此相互关联又相互影响；另一方面是涝渍治理工程措施上的协同，采用组合或综合性工程措施，共同发挥作用，取得更明显的效益。即以涝渍兼治为目标，实施除涝与降渍协同调控，将两方面的治理任务统一起来，并采取合理可行的工程措施以达到有效治理要求。协同调控治理能够加快除涝进程，相应缩短作物受淹持续时间，使降渍起始时间提前，有利于作物及早解除渍害威胁；治渍效果的提升反过来又能为治涝排水提供良好的前期土壤和地下水环境条件，主要体现在汛前地下水位易于得到有效控制。通常，汛前往往处于干旱时期，在排水工程措施持续发挥作用和采用节水灌溉形势下，协同调控治理渍害的降渍效果，即控制地下水位埋深，容易保持到汛前基本不变，甚至还能再大些，这对于随之而来的涝情有一定的缓解作用。在工程措施保障的基础上，需要有科学的管理手段协同配合。非排水期间，对浅暗管＋虹吸出流口或浅改进出流口进行控制排水或适当关闭出流口，以减少排放水量，通过控制地下水位来保持作物根层适宜的土壤含水量条件。除涝降渍期间通过调控浅暗管＋虹吸出口高度或浅改进出流口来调控排水流量。排涝期间，借助水情自动监测手段，获取对集水沟水位动态的实时感知，为暗排出口采取调控措施或对集水沟中的水进行抽排，以及降低暗排淹没程度提供实时数据及技术支撑。

明沟暗管排水组合可划分为明沟暗管垂直布置的组合以及明沟和暗管平行布置的组合形式，垂直布置的相关分析可参考《农田涝灾预测评估与排水调控技术》（王少丽等，2018），本书中主要考虑明沟暗管平行布置的组合形式。

## 8.2　明暗组合排水性能

### 8.2.1　田间排水性能分析

田间试验布设参见第 5 章，受到试验条件及突发情况影响，2020 年试验获得了 7 月

19 日至 7 月 31 日的明沟排水及暗管排水的总量，2021 年获得了秸秆沟三次降雨量的排水情况。

图 8.2 给出了试验期间累积的明沟和暗管单长排水流量，2020 年秸秆沟与矩形沟的累积排水量相差不大，并没有显著差别，二者约为常规暗排的 0.38 倍，而 2021 年，秸秆沟的排水量约为常规暗排的 0.8 倍。考虑到明沟的最主要作用为消除地表积水以及控制地下水位，为进一步探索明沟的次排水效应，对 2021 年的三次排水进行了初步分析，仅 7 月 28 日短历时强降雨过程中秸秆沟发生了明显的排水，其他两次并未引起大幅度排水，排水效果不显著。因此对 7 月 28 日降雨引起的明沟暗管组合排水进行深入分析。

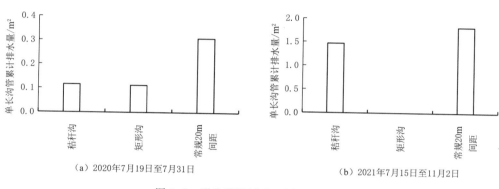

（a）2020年7月19日至7月31日　　　　（b）2021年7月15日至11月2日

图 8.2　明沟暗管试验区累积排水量

图 8.3 给出了此次次降雨后单日累计排水量，从 7 月 28 日至 8 月 2 日期间，常规暗管累积排水量为 37.7m³，秸秆沟的累积排水量为 44.0m³，该强降雨条件下秸秆沟的累积排水量约为常规暗排的 1.17 倍。此外图中可以看出，试验明沟的作用主要发生在大降雨后的 3d 内，再后续的时间其排水流量基本为零，3d 内秸秆沟的累积排水量约为常规暗排的 1.44 倍。降雨后的 7 月 29 日，明沟的作用最为显著，其排水流量约为常规暗排的 2.54 倍，主要原因在于 7 月 28 日的降雨量很大，经过不断累积地下水位不断上升，地表也形成积水，使得明沟

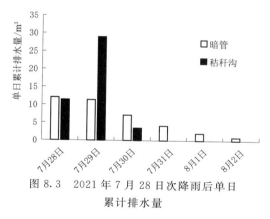

图 8.3　2021 年 7 月 28 日次雨后单日累计排水量

的排水作用特别突出。7 月 28 日，明沟跟暗管的排水流量大致相当。

对于明暗组合排水（间距 40m 暗管中间设置 1 个明沟）与间距 40m 的暗管排水相比，其排水效率大大增加，沟管组合排水累积单长排水量为 1.99m³，而单独暗管排水仅有 1.22m³，组合排水增加了 63%（图 8.4）。同时受到强降雨的影响，二者相比之下，明暗组合排水的大量排水发生在降雨后 1~3d，3d 内排水量可达到 1.75m³，为该次排水的 88%；单一暗管排水 3d 排水量为 0.85m³，为该次排水的 70% 水量，明暗组合排水 3d 排

水量约为单一暗管排水量的 2 倍。7 月 31 日暗管排水依然维持较大排水量，主要是前期排水量较小，导致地下水位降低较慢。

图 8.5 给出了该次排水地下水位变化的主要过程，可以看到随着降雨量增加地下水位不断上升，与单一暗管排水相比，明暗组合排水条件下的地下水位上升速度更慢，同时对于地表积水后的排水效率更高，从地表积水到降至田面以下 40cm 共计 45h，较单一暗管排水需要的 66h，降渍速度提高了 32%。

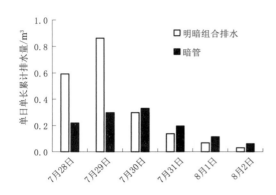

图 8.4　2021 年 7 月 28 日次降雨后单日单长沟管累计排水量对比

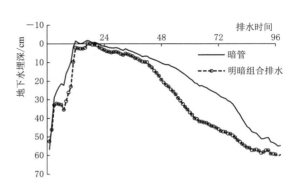

图 8.5　2021 年 7 月 28 日 4 时起地下水埋深变化情况对比

### 8.2.2　排水性能模拟评价

#### 8.2.2.1　模型设置和验证

建立明暗组合排水 HYDRUS 模型如图 8.6 所示，边界条件设置见 5.2.2 节，模型土壤参数选用表 5.3 中参数，得到明暗组合排水地下水埋深模拟与实测值对比如图 8.7 所示。明暗组合排水模拟率定验证的决定系数（$R^2$）、相对误差（$RE$）和纳什系数（$NSE$）分别为 0.93、3.0% 和 0.84。后续明沟暗管组合排水模拟中采用矩形沟断面。

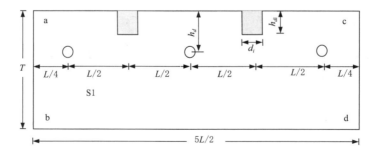

图 8.6　明沟暗管组合排水 HYDRUS 模型示意图

#### 8.2.2.2　模拟结果分析

**1. 不同组合形式影响**

根据《农田排水工程技术规范》（SL/T 4—2020）中规定旱作区排涝标准采用 1～3d 暴雨 1～3d 排除，稻作区采用 1～3d 暴雨 3～5d 排至耐淹水深。旱作区渍害敏感期间采用

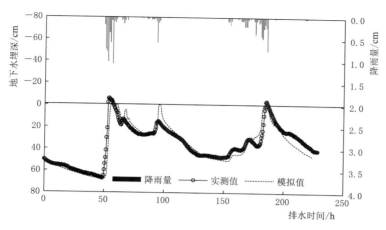

图 8.7 明暗组合排水地下水埋深模拟及实测值对比

3～4d 内将地下水位降至田面以下 0.4～0.6m；稻作区在晒田期 3～5d 内将地下水位降至田面以下 0.4～0.6m。以 3d 降至田面以下 40cm 为降渍目标，分析常规暗管排水、连续式暗管排水、间歇式暗管排水与明沟排水形成的组合排水形式需要的间距，仍以两管之间的间距反应组合排水间距。

图 8.8 给出了模拟条件下单一暗管排水、连续式改进暗管排水、间歇式改进暗管排水（$FL=1.2$m，$FW=0.8$m）三者与 40cm 和 60cm 深度明沟相组合条件下使地下水位 3d 降至田面以下 40cm 的暗管间距。可以看到，单一常规暗管排水、连续式改进暗管排水、间歇式改进暗管排水对应的间距分别为 59m、64.5m 和 70m，后面二者与常规暗管排水相比，可以增加排水间距 9% 和 19%。与 40cm 明沟相组合时，考虑降渍要求后，暗管排水间距有所增加，常规暗管＋明沟、连续式改进暗管排水＋明沟、间歇式改进暗管排水＋明沟对应的间距分别为 80m、81.5m 和 86.5m，较单一常规暗管间距分别增加 36%、38% 和 47%。然而，与 60cm 明沟相组合时，考虑降渍要求后，暗管排水间距有所增加，常规暗管＋明沟、连续式改进暗管排水＋明沟、间歇式改进暗管排水＋明沟对应的间距比单一常规暗管排水分别增加 78%、90% 和 107%，增加效果更为显著。

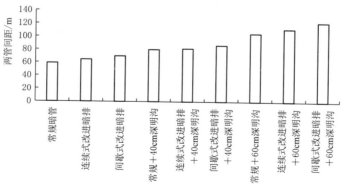

图 8.8 组合排水条件下的降渍间距

2. 不同明沟深度影响

考虑到不同明沟深度对于暗管间距具有较大影响，因此模拟得到 40cm 明沟宽度条件下不同沟深的明沟与常规暗管组合情况下使地下水位 3d 降至田面以下 40cm 的暗管间距。图 8.9 可以看出随着明沟深度的增加，暗管的降渍间距也有所增加，但增幅逐渐减小，明沟深度从 40cm 增加至 60cm，间距由 80m 增加至 105m，增加了 31%；从 60cm 增加至 80cm，间距增加 15m，增加 14%；而由 100cm 增加至 120cm，间距增加 8m，仅增加 6%。因此在明暗组合排水过程中应当合理设置沟深使其经济更优。

3. 不同明沟宽度影响

考虑到不同明沟宽度对于暗管间距也会有一定影响，沟的宽度会增加占地，因此分析不同明沟（矩形断面）宽度在明暗组合排水技术中对暗管间距的影响。可以看到随着矩形明沟宽度增加两管间距也增加，但影响的幅度较小，明沟宽度从 5cm 增加到 60cm 时，两管的间距仅增加 8%（图 8.10）。

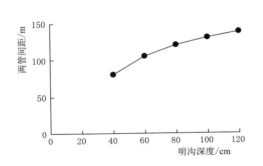

图 8.9　不同明沟深度条件下的明暗
组合降渍间距

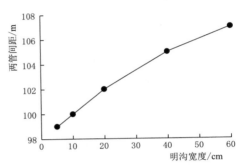

图 8.10　不同明沟宽度条件下的明暗
组合降渍间距

## 8.3　明暗组合排水间距设计方法

明暗组合排水工程作用下，降雨后地下水位升至地表并产生积水，积水消退后，地下水位通过暗排及明沟排水控制下降到作物耐渍深度。在地下水位上升、地表积水及其消退和地下水位下降整个过程中，暗管也起到辅助明沟排除地表积水的作用。因此，对于明暗组合的排水工程设计，可以按照如下设计思路，一是根据各项已知参数，首先按照降渍控制地下水位的标准，确定地下水位由近（或齐）地面的最高点降到治渍深度所需时间，进行暗排（暗管、改进等）设计计算，得出各项规格参数（埋深、间距等）；其次根据设定的降雨强度和历时等因素确定前期积水深度，按照排涝历时要求和需要排出的积水总量，用地表总积水量扣除暗排排除的积水量作为明沟全部负担的排水量，同时考虑不同沟深和间距下的降渍能力，以此来计算确定明沟规模和间距，确定明沟和暗管的布局形式。二是基于经验确定暗排埋深和间距，并计算除涝期间暗排排除的积水量，同上，采用地表总积水量扣除暗排排除的积水量作为明沟全部负担的排水量，设计除涝明沟排水工程，随后用既定规格布局的工程来校核其控制地下水位的作用与能力大小，该思路与单纯明沟设计顺序相反。本次分析仅考虑田间农级沟管平行布设。

### 8.3.1 沟管理论作用距离初探

对于平行布置的沟管来说，将形成非对称排水渗流计算，地下水面线最高点的位置间接反映了暗管以及明沟的有效作用范围，瞿兴业（2011）给出了地下水面线最高点的位置计算方法：

$$L_2 = \frac{L/2}{1 + \dfrac{\Phi_2 H_1}{\Phi_1 H_2}} \tag{8.1}$$

$$L_1 = L_2 \frac{\Phi_2 H_1}{\Phi_1 H_2} \tag{8.2}$$

$$L_1 + L_2 = L/2 \tag{8.3}$$

$$\Phi_1 = \begin{cases} \dfrac{1}{\pi} \ln \dfrac{2D_{01}}{\pi d_{01}} + \dfrac{L_1}{8T} & L \geqslant 2T\,(\text{明沟}) \\[3mm] \dfrac{1}{\pi} \ln \dfrac{2L_1}{\pi d_{01}} & L < 2T\,(\text{明沟}) \end{cases} \tag{8.4}$$

$$\Phi_2 = \begin{cases} \dfrac{1}{\pi} \ln \dfrac{D_{02}}{\pi \sqrt{H d_{02}}} + \dfrac{L_2}{8D_{02}} & L \geqslant 2T\,(\text{暗管}) \\[3mm] \dfrac{1}{\pi} \ln \dfrac{L_2}{\pi \sqrt{H d_{02}}} & L < 2T\,(\text{暗管}) \end{cases} \tag{8.5}$$

式中：$L$ 为两管间距，$L/2$ 即为沟管之间距离，m；$L_2$ 为管一侧作用距离，m；$L_1$ 为沟一侧作用距离，m；$\Phi_1$ 为沟一侧的阻抗系数；$\Phi_2$ 为管一侧的阻抗系数；$H_1$ 为地下水位控制深度至沟水位高度，m；$H_2$ 为地下水位控制深度至暗管中心距离，m；$D_{01}$ 和 $D_{02}$ 分别为明沟和暗管至不透水层深度的距离，m；$d_{01}$ 和 $d_{02}$ 分别为明沟和暗管的等效水力直径，m。

假定不透水层深度为 10m，降渍高度为 40cm，暗管埋深为 80cm，矩形明沟宽度为 40cm，暗管直径 9cm。通过试算得到不同明沟深度下暗管及明沟的影响范围（图 8.11）。可以看到，随着明沟深度的增加，明沟的作用范围越大。明沟 80cm 深度时其与 80cm 埋深的暗管排水的影响范围大致相当。当明沟深度仅为 40cm 时，地下水位 3d 降至田面以下 40cm 时刻最高点的水位在明沟底部，明沟无法起到作用，因此完全依靠暗管排水。

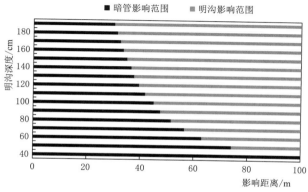

图 8.11 不同明沟深度条件下明沟和暗管的影响距离

当明沟沟深为 60cm 和 80cm 时，不同地下水埋深控制条件下的明沟和暗管影响范围如图 8.12 所示。可以看到，60cm 沟深时暗管影响范围仍大于明沟且控制地下水位深度越大，二者的差别越大，暗管作用就越凸显，当控制 40cm 深度时，暗管和明沟的影响范围之比约为 1.5。而当明沟沟深为 80cm 时，暗管和明沟的影响大致相同，主要原因在于明沟沟深与暗管埋深一致，二者的降渍能力相差不大。

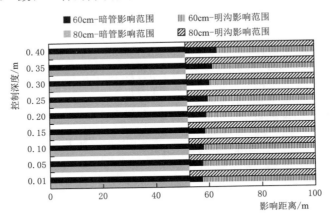

图 8.12　不同控制深度条件下明沟和暗管的影响距离

考虑到该理论作用距离主要指某一个时刻的影响情况，地下水位下降是一个动态的过程，在地下水位降低至田面以下 40cm 过程中暗管的影响范围是一个动态变化值，如何根据不同时刻暗管的影响范围确定满足降渍条件下的暗管和明沟影响范围值得进一步分析。

对沟深 40cm、60cm、80cm、100cm 和 120cm 的明沟在不同控制降深条件下的影响距离进行分析，结果见图 8.13。可以看到，当沟深小于暗管埋深时，暗管影响范围占比随着控制降深的增加而增大，而当沟深大于暗管埋深时，暗管影响范围占比随着控制降深的增加而减少。取沟管的理论作用距离为不同控制降深下沟管影响范围的平均值，并与模拟值进行对比。沟深 40cm、60cm、80cm、100cm 和 120cm 对应的暗管影响范围平均值分别为 74.4%、59.6%、52.1%、46.9% 和 43.1%。而在模拟分析中常规暗管和 40cm、60cm、80cm、100cm 和 120cm 沟深的明沟相组合中的暗管影响范围分别为 73.7%、56.2%、49.2%、45.4% 和 42.8%。两种情况下的暗管影响范围相差不大，因此可以通

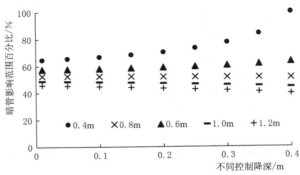

图 8.13　不同控制深度和沟深条件下暗管影响范围百分比

过暗管间距、作用距离的理论计算得到不同控制降深下暗管影响范围的平均值来确定明沟的间距或明暗组合排水的间距。

### 8.3.2 明暗组合间距确定方法

针对我国南方地下水浅埋旱作区,将地表产流概化为蓄满产流模式,引入地表排涝系数并采用 $a'$ 表示,定义为扣除使地下水位上升至地表所蓄存于土壤的降水补给量后通过地表排除的涝水量占总排涝水量比值。地表排涝系数受到地表排水条件及地下排水条件的影响,考虑到不同地区地表排水条件(地面坡度、地面覆盖情况、地表排水工程等)及地下排水条件有所差别,对于地表排水条件较好的地区,暗管排水的主要任务则为降渍,兼顾排除部分涝水;而地表排水条件不好的地区,其地表排涝系数较小,暗管排水需将一部分涝水通过地下排除。当忽略腾发量影响时,末级排水形式为暗管排水或明沟时积水下的地表排水模数 $q_s$ 和地下排水模数 $q_d$,可分别参照式(8.6)和式(8.7)计算获得:

$$q_s = \frac{a' \times (P-I)}{1000t} \tag{8.6}$$

$$q_d = \frac{(1-a') \times (P-I)}{1000t} \tag{8.7}$$

式中:$q_s$ 为地表排水模数,m/d;$q_d$ 为地下排水模数,m/d;$I$ 为使地下水位上升到地表土壤所蓄存的水量,mm;$t$ 为排涝时间,d。地下排水模数 $q_d$ 采用积水下常规暗排 kirkham 公式或努美罗夫和位吉尼可夫公式计算,详见 2.1 节。

在考虑明沟暗管平行布置条件下,可按照如下步骤逐步开展参数确定:先根据地下排涝模数以及降渍要求确定暗管间距,再根据推导出的沟管理论作用距离计算方法确定末级明沟的间距和明沟尺寸,最后校核末级明沟和下一级明沟的排除地表积水的能力是否满足地表排水模数。

## 8.4 明暗组合排水经济效益评估

### 8.4.1 基础数据设置

基础数据选取仍参考《农田涝灾预测评估与排水调控技术》书中采用的参数取值,详细如下:以开展田间试验的安徽蚌埠地区为例,选取设计 1d 暴雨为 141mm。由于大降雨大多发生在玉米生育期内,因此选择玉米为研究作物。设计暴雨重现期一般采用 5~10 年,经济发达地区和高附加值作物可采用 10~20 年。治渍排水工程以农作物全生育期要求的最大排渍深度为工程控制标准。旱作区渍害敏感期间采用 3~4d 内将地下水位降至田面以下 0.4~0.6m;稻作区在晒田期 3~5d 内将地下水位降至田面以下 0.4~0.6m。因此,选取排涝标准为 1 日暴雨 1 日排除,降渍标准为 3 日内将地下水位降至田面以下 40cm,并假定降雨前的地下水埋深为 50cm。综合考虑斗沟的排水能力及斗沟的规格,选取研究区域为 800m(宽度)×500m(控制范围长度),不考虑斗沟建设成本。土壤渗透系数取观测值 0.82m/d,给水度取 0.04,不透水层深度取 10m,暗管直径取 0.09m。

假定满足排涝及降渍双重标准条件下玉米的正常产量为 650kg/亩(试验站观测),受涝渍影响严重时,没有排水设施农田的玉米产量比正常产量减少 50%,考虑到每年的受灾程度有所差别，取 0.3 倍上述减产量作为年均减产量，即认为无排水时农田的年均玉米产量为正常产量的 85%。明沟每年清淤量均假定为断面的 20%。常规暗管的年运行费用取暗管及其安装投资的 2%。工程直接费外的费用中其他直接费、现场经费、间接费、独立费用费率分别取 2.5%、4%、4% 及 5%。假定排水工程建设期为 1 年，总运行期为 20 年，建设期即可产生效益。材料价格如表 8.1。

表 8.1                                    材 料 及 相 关 价 格

| 分　项 | 单位 | 单价/元 | 分　项 | 单位 | 单价/元 |
|---|---|---|---|---|---|
| 管道 | m | 7 | 机械挖沟 | $m^3$ | 8.27 |
| 管道安装 | m | 2 | 明沟清淤 | $m^3$ | 8.27 |
| 机械开挖暗管沟槽 | $m^3$ | 8.27 | 玉米影子价格 | kg | 1.71 |
| 人工回填碎石 | $m^3$ | 20.83 | 玉米成本 | 亩 | 686 |
| 人工回填土壤 | $m^3$ | 12.87 | 人工成本 | 工日 | 74.4 |
| 砂石反滤料 | $m^3$ | 65 | | | |

排水工程的效益评价主要包括经济效益、环境效益以及社会效益三个方面，经济效益构成要素参考《农田涝灾预测评估与排水调控技术》（王少丽等，2018）第 7 章，仍选取动态经济评价指标经济净现值（ENPV）和经济效益费用比（EBCR）进行计算分析：

$$ENPV = \sum_{t=1}^{n} (B-C)_t (1+i_s)^{-1} \tag{8.8}$$

$$EBCR = \frac{\sum_{t=1}^{n} B_t (1+i_s)^{-1}}{\sum_{t=1}^{n} C_t (1+i_s)^{-1}} \tag{8.9}$$

式中：$B$ 为年效益；$C$ 为年费用；$i_s$ 为社会折现率，取 8%。

### 8.4.2　地表排涝系数及明沟规格对沟管间距的影响

对于边坡系数取值来说，假定可以取 0、0.25、0.5 和 1 四个值，其中沟深小于等于 0.4m 时最小值可取 0，沟深小于等于 0.6m 时最小值可取 0.25，沟深小于等于 0.8m 时最小值可取 0.5，沟深小于等于 1.5m 时最小值可取 1。尽管对于沟边坡系数一般应超过 0.7，但考虑到黏土中可以适当减少，若采用机械可以快速开沟清理，未来对于沟坡较浅的情况可以设置更小的边坡系数，因此边坡系数从 0 开始，进行分析总结，但在最终方案优选中依旧按照沟坡度 $m=0.5$ 和 1 来选择。

暗管埋深 0.8m、明沟边坡系数为 0 时，表 8.2 给出了不同地表排涝系数条件下单一暗管或明沟作用的暗管及明沟间距。如表中可以看到当地表排涝系数小于等于 0.6 时，明沟底宽对于明沟的间距并不会产生很大影响，例如，地表排涝系数为 0.6 时，底宽 0.05m、0.2m 和 0.6m 时末级明沟间距均为 19.9m。主要是此时的排水间距为除涝间距。当地表排涝系数大于 0.6 时，不同底宽条件下的明沟间距有所差别。

以沟深 0.6m 为例，地表排涝系数为 1 时，间距随着明沟底宽的增加而呈现二次抛物线增大，如图 8.14（a）所示，明沟底宽 0.05m、0.2m 和 0.6m 时沟间距分别为 35m、

41.9m 和 48.9m；对于明沟底宽 0.2m 时、地表排涝系数为 1 时，随着沟深的增加，明沟的间距有所增加，且大致呈现线性相关关系，如图 8.14（b）所示。

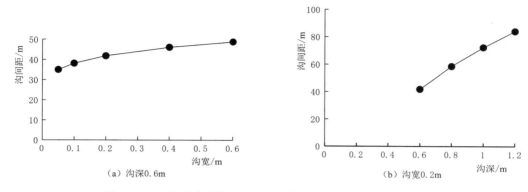

（a）沟深0.6m    （b）沟宽0.2m

图 8.14　地表排涝系数为 1 时沟底宽及沟深度对沟间距的影响

表 8.2　　　　　　　　不同地表排涝系数下单一暗管或明沟间距　　　　　　单位：m

| 沟宽/m | 地表排涝系数 | 暗管 | 沟　深 | | | |
|---|---|---|---|---|---|---|
| | | | 0.6 | 0.8 | 1.0 | 1.2 |
| 0.2 | 1 | 62.1 | 41.9 | 58.7 | 72.4 | 84.2 |
| | 0.8 | 39.8 | 39.8 | 52.7 | 65.4 | 78.0 |
| | 0.6 | 20.0 | 19.9 | 26.3 | 32.7 | 39.0 |
| | 0.4 | 13.3 | 13.3 | 17.6 | 21.8 | 26.0 |
| | 0.2 | 9.9 | 10.0 | 13.2 | 16.4 | 19.5 |
| | 0 | 7.9 | 8.0 | 10.5 | 13.1 | 15.6 |
| 0.4 | 1 | 62.1 | 46.1 | 63.6 | 77.6 | 89.6 |
| | 0.8 | 39.8 | 39.8 | 52.7 | 65.4 | 78.0 |
| | 0.6 | 20.0 | 19.9 | 26.3 | 32.7 | 39.0 |
| | 0.4 | 13.3 | 13.3 | 17.6 | 21.8 | 26.0 |
| | 0.2 | 9.9 | 10.0 | 13.2 | 16.4 | 19.5 |
| | 0 | 7.9 | 8.0 | 10.5 | 13.1 | 15.6 |
| 0.6 | 1 | 62.1 | 48.9 | 66.7 | 80.9 | 93.0 |
| | 0.8 | 39.8 | 39.8 | 52.7 | 65.6 | 78.0 |
| | 0.6 | 20.0 | 19.9 | 26.3 | 32.7 | 39.0 |
| | 0.4 | 13.3 | 13.3 | 17.6 | 21.8 | 26.0 |
| | 0.2 | 9.9 | 10.0 | 13.2 | 16.4 | 19.5 |
| | 0 | 7.9 | 8.0 | 10.5 | 13.1 | 15.6 |

### 8.4.3　明沟允许最小数量

当地表排涝系数较大的情况下，由于需要承担更多的地表径流排除任务，因此需要的末级明沟数量更多，地表排涝系数较小的条件下，明沟承担的任务小，需要的末级明沟数量也少。根据不同地表排涝条件以及降渍除涝需求，判断不同沟数量（1～6个）、不同沟底宽（0.2m、0.4m 和 0.6m）、不同沟坡度（0、0.25、0.5 和 1）条件是否能够满足田间除涝降渍要求（不计斗沟的影响），用以判定明沟允许的最小数量。

对于地表排涝系数为 1、边坡系数为 1 时，能满足除涝降渍要求的条件下，在底宽 0.2～0.6m 条件下，需要布置 4 条明沟即可，即明沟间距最大可以达到 200m。对于地表排涝系数为 0.8、边坡系数为 1 时，底宽 0.2m 和 0.4～0.6m 条件下分别需要至少布置明沟 4 条和 3 条，间距最大值分别为 200m 和 260m。对于地表排涝系数为 0.2 且边坡系数为 1 时，则明沟允许最小数量仅为 1。

对于相同地表排涝系数条件来说，不同边坡系数对于明沟允许最小数量也有较大影响。地表排涝系数为 1 时，边坡系数 0～0.25、底宽 0.2m 时均不能满足除涝要求，对于沟宽 0.4m 的明沟来说，边坡系数为 0 和边坡系数为 1 时，明沟允许最小数量分别为 6 和 4，相应的明沟最大间距分别为 133m 和 200m。

表 8.3　　　　　　　　　　　不同参数下明沟允许最小数量

| 沟宽 /m | 地表排涝系数 1 | | | | 地表排涝系数 0.8 | | | | 地表排涝系数 0.6 | | | | 地表排涝系数 0.4 | | | | 地表排涝系数 0.2 | | | |
|---|---|---|---|---|---|---|---|---|---|---|---|---|---|---|---|---|---|---|---|---|
| | 0 * | 0.25 | 0.50 | 1 | 0 | 0.25 | 0.50 | 1 | 0 | 0.25 | 0.50 | 1 | 0 | 0.25 | 0.50 | 1 | 0 | 0.25 | 0.50 | 1 |
| 0.2 | | | 5 | 4 | 6 | 6 | 5 | 4 | 5 | 4 | 3 | 3 | 3 | 2 | 2 | 2 | 2 | 1 | 1 |
| 0.4 | 6 | 6 | 5 | 4 | 5 | 5 | 4 | 4 | 4 | 3 | 3 | 4 | 3 | 2 | 2 | 2 | 2 | 1 | 1 |
| 0.6 | 5 | 5 | 4 | 4 | 4 | 4 | 4 | 3 | 3 | 3 | 3 | 2 | 2 | 2 | 1 | 1 | 1 | 1 |

注　　* 表示明沟边坡系数。

### 8.4.4　经济优选的沟管数量

根据经济效益计算，优选出对应的明沟数量以及对应的暗管数量见表 8.4 和表 8.5，对应的沟深见表 8.6。以边坡系数为 1 的情况为代表进行分析，可以看到地表排涝系数大于等于 0.6 时，明沟数量为 6 个时经济更优；地表排涝系数为 1 时，经济优化的明沟数量为 6 个，暗管数量为 12 个，也就是说此条件下 1 个明沟配 2 个暗管的搭配经济上更好；地表排涝系数为 0.8 和 0.6 时，大部分情况下单项经济优化的明沟数量和暗管数量分别为 6 个和 18 个，即 1 个明沟配 3 个暗管的搭配经济上更优。对于更小的地表排涝系数，则需要 1 个明沟另需要搭配更多暗管。从沟深上来看，经济最优的情况主要发生在沟深较浅的条件，普遍为 0.4m 时经济效益更好，仅有少数方案为明沟深度为 0.6m 时更优。

表 8.4　　　　　　　　　　　经济优化的明沟数量　　　　　　　　　　　单位：个

| 沟宽 /m | 地表排涝系数 1 | | | | 地表排涝系数 0.8 | | | | 地表排涝系数 0.6 | | | |
|---|---|---|---|---|---|---|---|---|---|---|---|---|
| | 0 * | 0.25 | 0.50 | 1 | 0 | 0.25 | 0.50 | 1 | 0 | 0.25 | 0.50 | 1 |
| 0.2 | | | 5 | 6 | 6 | 6 | 6 | 6 | 6 | 6 | 6 | 6 |
| 0.4 | 6 | 6 | 5 | 6 | 6 | 6 | 6 | 3 | 6 | 6 | 6 | 6 |
| 0.6 | 6 | 6 | 4 | 6 | 6 | 6 | 6 | 3 | 6 | 6 | 6 | 6 |

| 表 8.5 | | | | | 经济优化的暗管数量 | | | | | | 单位：个 | |
|---|---|---|---|---|---|---|---|---|---|---|---|---|
| 沟宽 /m | 地表排涝系数 1 | | | | 地表排涝系数 0.8 | | | | 地表排涝系数 0.6 | | | |
| | 0 * | 0.25 | 0.50 | 1 | 0 | 0.25 | 0.50 | 1 | 0 | 0.25 | 0.50 | 1 |
| 0.2 | | | 10 | 12 | 18 | 18 | 18 | 18 | 36 | 36 | 36 | 36 |
| 0.4 | 12 | 12 | 10 | 12 | 18 | 18 | 18 | 18 | 36 | 36 | 36 | 36 |
| 0.6 | 12 | 12 | 12 | 12 | 18 | 18 | 18 | 18 | 36 | 36 | 36 | 36 |

| 表 8.6 | | | | | 经济优化的明沟沟深 | | | | | | 单位：m | |
|---|---|---|---|---|---|---|---|---|---|---|---|---|
| 沟宽 /m | 地表排涝系数 1 | | | | 地表排涝系数 0.8 | | | | 地表排涝系数 0.6 | | | |
| | 0 * | 0.25 | 0.50 | 1 | 0 | 0.25 | 0.50 | 1 | 0 | 0.25 | 0.50 | 1 |
| 0.2 | | | 0.6 | 0.4 | 0.4 | 0.4 | 0.4 | 0.4 | 0.4 | 0.4 | 0.4 | 0.4 |
| 0.4 | 0.4 | 0.4 | 0.6 | 0.6 | 0.4 | 0.4 | 0.4 | 0.6 | 0.4 | 0.4 | 0.4 | 0.4 |
| 0.6 | 0.4 | 0.4 | 0.6 | 0.4 | 0.4 | 0.4 | 0.4 | 0.6 | 0.4 | 0.4 | 0.4 | 0.4 |

### 8.4.5 建设成本

边坡系数为 1 时经济最优的沟规格对应不同沟数量的建设成本，如表 8.7。可以看到地表排涝系数不同时，建设成本较大的沟的数量并非有固定趋势，例如地表排涝系数为 1 时，建设成本较低的情况为 5 个明沟，而地表排涝系数为 0.8 时，6 个明沟的设置成本更低。地表排涝系数为 0.8 时，最优的建设成本为每亩 296 元，较相关文献（陶园，2017）给出的暗管排水配合深农沟的条件下的每亩 320～340 元有所降低。可以看出，通过更为合理的明暗组合配置，可以获得更低的建设成本。

| 表 8.7 | 给出单项经济最优的沟规格对应不同沟数量的建设成本 | | | | | 单位：元/亩 |
|---|---|---|---|---|---|---|
| 地表排涝系数 | 沟数量 | | | | | |
| | 1 | 2 | 3 | 4 | 5 | 6 |
| 1 | | | | | 204.31 | 221.82 |
| 0.8 | | | 324.49 | 319.05 | 295.94 | |
| 0.6 | | 554.39 | 564.51 | 566.11 | 516.38 | |
| 0.4 | 811.41 | 809.49 | 809.65 | 810.77 | 811.89 | |

### 8.4.6 经济净现值

根据计算得到的不同方案下的经济净现值 $ENPV$ 如表 8.8 所示，可以看到地表排涝系数为 1、边坡系数为 0.5 和 1 时，明沟底宽大于 0.2m 时，随着明沟底宽的增加，产生的 $ENPV$ 减少。地表排涝系数为 1、边坡系数为 1 时，明沟底宽为 0.2m、沟深为 0.6m、明沟数量为 6 条，每个明沟配置 2 根暗管的方案经济效益最优，最优 $ENPV$ 为 70.5 万元；边坡系数为 0.5 时，明沟底宽为 0.2m、沟深为 0.6m、明沟数量为 5 条，每个明沟配置 2 根暗管的方案经济效益最优，最优 $ENPV$ 为 72.6 万元。地表排涝系数为 0.8、边坡系数为 1 时，明沟底宽为 0.2m、沟深为 0.4m、明沟数量为 6 条，每个明沟配置 3 根暗管的方案经济效益最优，最优 $ENPV$ 为 66.0 万元；边坡系数为 0.5 时，明沟底宽为 0.2m、沟深为 0.4m、明沟数量为 6 条，每个明沟配置 3 根暗管的方案经济效益最优，最优 $EN$-

$PV$ 为 67.4 万元。地表排涝系数为 0.6、边坡系数为 1 时，明沟底宽为 0.2m、沟深为 0.4m、明沟数量为 6 条，每个明沟配置 6 根暗管的方案经济效益最优，最优 $ENPV$ 为 52.9 万元；边坡系数为 0.5 时，明沟底宽为 0.2m、沟深为 0.4m、明沟数量为 6 条，每个明沟配置 6 根暗管的方案经济效益最优，最优 $ENPV$ 为 54.0 万元。

表 8.8　　　　　　　　　　　　经济优化的经济净现值　　　　　　　　　单位：万元

| 沟宽/m | 地表排涝系数 1 | | | | 地表排涝系数 0.8 | | | | 地表排涝系数 0.6 | | | |
|---|---|---|---|---|---|---|---|---|---|---|---|---|
| | 0 * | 0.25 | 0.50 | 1 | 0 | 0.25 | 0.50 | 1 | 0 | 0.25 | 0.50 | 1 |
| 0.2 | | | 72.6 | 70.5 | 68.8 | 68.1 | 67.4 | 66.0 | 55.1 | 54.5 | 54.0 | 52.9 |
| 0.4 | 72.3 | 71.6 | 71.5 | 69.5 | 67.8 | 67.0 | 66.3 | 65.8 | 54.0 | 53.5 | 53.0 | 51.9 |
| 0.6 | 71.3 | 70.6 | 69.9 | 68.5 | 66.7 | 66.0 | 65.9 | 65.2 | 53.0 | 52.5 | 51.9 | 50.9 |

以地表排涝系数为 0.8、边坡系数为 1 的明暗组合排水为例，该地块明沟占地面积共计 2550m²，若考虑单一明沟排水，明沟尺寸为深度 0.8m，底宽 0.6m，边坡为 1 时，则需要 21 个明沟，该地块明沟占地面积为 23100m²，较明暗组合排水占地面积减少地块面积的 5.1%。

对于不同的边坡来说，给定地表排涝系数条件下，边坡系数越小，大概率对应着更大的经济效益，满足沟坡防坍塌的要求下，更合适地选取边坡系数对于增加经济效益具有一定的作用。此外，总体上较优的经济效益发生在沟深较小的情况下，田间末级沟在合理条件下可以设置更浅一些。

### 8.4.7　改进暗管形式的经济效益分析

考虑到对于连续式改进暗排和间歇式改进暗排来说，目前的排水计算公式并不成熟，因此对于其经济效益的评价仅考虑降渍作用以及 1 沟 1 管的配置。根据在排水性能模拟中得到的间距值来计算相应的经济效益。

图 8.15 给出了不同形式组合排水的经济效益，对于间歇式改进暗排来说，其与 40cm 和 60cm 深明沟组合的经济效益分别为 65.5 万元和 67.5 万元，间歇式改进暗排与 60cm 深明沟组合经济效益更好。常规暗排与 40cm 和 60cm 深明沟组合的经济效益分别为 67.75 万元和 66.81 万元，可见常规暗排则与 40cm 深明沟组合经济效益更好。在只考虑

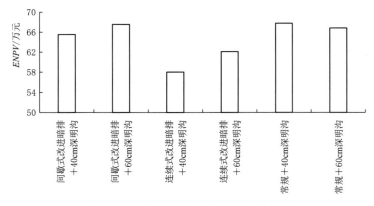

图 8.15　不同形式组合排水的经济效益

降渍作用的条件下间歇式改进暗排与常规暗排的经济效益基本一致，若考虑地表除涝作用或反滤体优化，那么其经济效益必然会较常规暗排有所提高。

为了进一步分析不同沟管数量配置条件下的经济效益，间距参照 1 沟 1 管对应的控制间距，给出 1 沟 2 管以及 1 沟 3 管的经济效益，见表 8.9。可以看到，对于间歇式改进暗排与 40cm 沟深的明沟组合时，1 沟 3 管的配置具有更好的效益，而间歇式改进暗排与 60cm 沟深的明沟组合时，1 沟 1 管的配置具有更好的效益。连续式改进暗排与间歇式改进暗排的规律基本相同。而对于常规暗排和明沟组合的情况来说，无论明沟沟深为 40cm 或者 60cm，1 沟 2 管的经济效益更优。

表 8.9　　　　　　　　　不同沟管配置的不同形式组合排水的经济净现值　　　　　　单位：万元

| 沟管配置 | 间歇式改进暗排<br>+40cm 深明沟 | 间歇式改进暗排<br>+60cm 深明沟 | 连续式改进暗排<br>+40cm 深明沟 | 连续式改进暗排<br>+60cm 深明沟 | 常规暗排<br>+40cm 深明沟 | 常规暗排<br>+60cm 深明沟 |
|---|---|---|---|---|---|---|
| 1 沟 1 管 | 65.53 | 67.53 | 57.99 | 62.07 | 67.75 | 66.81 |
| 1 沟 2 管 | 66.83 | 67.31 | 57.80 | 59.52 | 69.50 | 69.28 |
| 1 沟 3 管 | 68.47 | 66.73 | 59.43 | 57.38 | 68.03 | 69.09 |

### 8.4.8　明暗组合排水优化布局

明暗组合排水对于除涝降渍具有更好的作用，明沟和暗管在除涝和降渍的作用上并非单独完成，实际工作中在除涝阶段，暗管会通过地下排水的方式排除一部分地表涝水，在排水不畅的区域暗管就需要排除更多的地表涝水，其他涝水则通过地表径流以及明沟渗流排水的作用排出。在降渍阶段，暗管通过地下排水降低地下水位，同时明沟也具有降低地下水位的作用。不同的明沟沟深的降低地下水位的作用显然不同，合理选择明沟和暗管的布局对于合理控制成本、增加经济效益具有较好的效果。

通过上述分析，将明沟和暗管的地表和地下排水作用相协调进行设计，给出明暗组合方式如下：

（1）明沟的间距应满足田块整体性要求。

（2）对于常规暗管排水和明沟的组合形式，明沟不宜过深，浅明沟配暗管的经济效益更有利，取 40~60cm 比较合适。地表排涝系数为 1~0.8 时，1 个明沟配 2~3 根常规暗管的形式更优。

（3）明沟边坡在允许条件下可以尽量小一些，更利于减少耕地，增加经济效益。

## 8.5　小结

本章通过田间试验、模拟以及理论计算三种方法，研究了明暗组合排水技术的排水特征、排水效率，深入分析了明暗组合排水协同运行方式及该条件下的设计方法和布局形式，以及相应的经济效益。主要结论包括：

（1）田间试验条件下，明沟的作用主要发生在大降雨后的 3d 内，明暗组合排水 3d 排水量约为单一暗管排水流量的 2 倍。与单一暗管排水相比，明暗组合排水条件下的地下水位上升速度更慢，同时对于地表积水后的排水效率更高，从地表积水到降至田面以下

40cm 共计 45h，较单一暗管排水需要的 66h 提高了降渍速度 32%。

（2）模拟结果表明，与 0.4m 沟深的明沟相组合时，常规暗管排水、连续式改进暗管排水、间歇式改进暗管排水对应的组合排水形式较单一常规暗管间距可分别增加 36%、38% 和 47%，与 0.6m 沟深的明沟相组合时，常规暗管排水、连续式改进暗管排水、间歇式改进暗管排水对应的组合排水形式较单一常规暗管间距可分别增加 78%、90% 和 107%。此外，明沟深度和底宽对于组合排水下的降渍间距也具有一定作用。

（3）在明暗组合排水中，可以通过暗管间距、作用距离的理论计算得到不同控制降深下暗管影响范围的平均值来确定明沟的间距或明暗组合排水的间距。

（4）以经济效益更优为目标，地表排涝系数为 1～0.8 时，1 个明沟配 2～3 根常规暗管的形式更优。地表排涝系数为 0.8 时，常规暗排及明沟组合排水的最优配置成本为每亩 295 元，较常规暗排及深明沟组合的情况成本有所降低。对于常规暗管排水和明沟的组合形式，明沟不宜过深，浅明沟配暗管的经济效益更有利，取 40～60cm 比较合适。

（5）对于连续式改进暗排和间歇式改进暗排来说，其建设的经济效益仍然很可观，尤其是对于间歇式改进暗排来说，仅考虑其降渍作用时，1 沟 1 管的组合排水经济效益与常规暗管和明沟的组合排水效益大致相同。

# 参 考 文 献

［ 1 ］ Algoazany A S，Kalita P K，Czapar G F，et al. Phosphorus transport through subsurface drainage and surface runoff from a flat watershed in east central Illinois，USA ［J］. Journal of Environmental Quality，2007，36 (3)：681 - 693.

［ 2 ］ Aliyu M，Hassan G，Said S A，et al. A review of solar - powered water pumping systems ［J］. Renewable and Sustainable Energy Reviews，2018，87：61 - 76.

［ 3 ］ Anderson D M，Glibert P M，Burkholder J M. Harmful algal blooms and eutrophication：Nutrient sources，composition，and consequences ［J］. Estuaries，2002，25 (4)：704 - 726.

［ 4 ］ Arthur S，Swaffield J A. Siphonic roof drainage system analysis utilising unsteady flow theory ［J］. Building and Environment，2001，36 (8)：939 - 948.

［ 5 ］ Arun G，Priyanka T. Review of computer based software tools for salinity management in agricultural lands ［J］. Journal of Indian Water Resources Society，2013，33 (4)：22 - 34.

［ 6 ］ Asghar M N，Vlotman W. F. Evaluation of sieve and permeameter analyses methods for subsurface drain envelope laboratory research in Pakistan ［J］. Agricultural Water Management，1995，27 (2)：167 - 180.

［ 7 ］ Baker J L，Melvin S W，Lemke D W，et al. Subsurface drainage in Iowa and the water quality benefits and problem ［J］. American Society of Agricultural Engineers，2004 (4)：701P0304.

［ 8 ］ Beecham S，Lucke T. Air water flows in building drainage systems ［J］. Urban Water Journal，2015，12 (6)：455 - 467.

［ 9 ］ Bengtson R L. Agricultural drainage and water quality in Mississippi Delta ［J］. Journal of Irrigation & Drainage Engineering，1995，121 (4)：292 - 295.

［10］ Bhatia S K，Smith J L，Christopher B R. Interrelationship between pore openings of geotextiles and methods of evaluation ［C］//Fifth International Conference on Geotextiles，Geomembranes，and Related Products，New York：Syracuse University，1994，705 - 710.

［11］ Blackmer A M. Losses and transport of nitrogen from soil ［M］. Chelsea：Lewis Publishers，1987.

［12］ Borin M，Morari F，Bonaiti G，et al. Analysis of DRAINMOD performances with different detail of soil input data in the Veneto region of Italy ［J］. Agricultural Water Management，2000，42 (3)：259 - 272.

［13］ Bourgès - Gastaud S，Stoltz G，Sidjui F，et al. Nonwoven geotextiles to filter clayey sludge：An experimental study ［J］. Geotextiles & Geomembranes，2014，42 (3)：214 - 223.

［14］ Burney J，Woltering L，Burke M N，et al. Solar - powered drip irrigation enhances food security in the Sudano - Sahel ［J］. Proceedings of the National Academy of Sciences，2010，107 (5)：1848 - 1853.

［15］ Cai Y，Sun H，Shang Y，et al. An investigation of flow characteristics in slope siphon drains ［J］. Journal of Zhejiang University SCIENCE A，2014，15：22 - 30.

［16］ Chandio A S，Lee T S，Mirjat M S. Simulation of horizontal and vertical drainage systems to Combat Waterlogging Problems along the Rohri Canal in Khairpur District，Pakistan ［J］. Journal of irrigation and drainage engineering，2013，139 (9)：710 - 717.

［17］ Christen E，Skehan D. Design and management of subsurface horizontal drainage to reduce salt loads ［J］. Journal of Irrigation and Drainage Engineering，2001，127 (3)：148 - 155.

[18] Christen E W, Ayars J E, Hornbuckle J. W. Subsurface drainage design and management in irrigated areas of Australia [J]. Irrigation Science, 2001, 21 (1): 35 – 43.

[19] Christopher K I. A drainmod – based decision support system (Dss) for drainage and water quality in Illinois [D]. University of Illinois 2005.

[20] Crevoisier D, Popova Z, Mailhol J C, et al. Assessment and simulation of water and nitrogen transfer under furrow irrigation [J]. Agricultural Water Management, 2008, 95 (4): 354 – 366.

[21] Darzi – Naftchally A, Mirlatifi S M, Asgari A. Comparison of steady – and unsteady – state drainage equations for determination of subsurface drain spacing in paddy fields: a case study in Northern Iran [J]. Paddy and Water Environment, 2014, 12 (1): 103 – 111.

[22] Dieleman P J, Trafford B D. Drain testing [M]. Rome, Italy: FAO Irrigation and drainage paper No. 28, 1976.

[23] Dierickx W. Electrolytic analogue study of the effect of openings and surrounds of various permeabilities on the performance of field drainage pipes [D]. Merelbeke: National Institute of Agricultural Engineering, 1980.

[24] Dierickx W. Hydraulic gradients near subsurface drains and soil erosion [J]. Transactions of the ASAE, 1983, 26 (5): 1409 – 1412.

[25] Djurović N and Stričević R. Some properties of Dagan's method for drain spacing determination in marshy – gley soil [J]. Journal of Agricultural Sciences, 2003, 48 (1): 69 – 75.

[26] Djurović N and Stričević R. Some properties of kirkham's method for drain spacing determination in marshy – gley soil [J]. Journal of Agricultural Sciences, 2003, 48 (1): 59 – 67.

[27] Donnan W W. Drainage of agricultural lands using interceptor Lines [J]. Journal of the Irrigation and Drainage Division, 1959, 85 (1): 13 – 23.

[28] Donnan W W. Model tests of a tile – spacing formula1 [J]. Soil Science Society of America Journal, 1946 (11): 131 – 136.

[29] Dumm L D. Drain spacing formula [J]. Agricultural Engineering, 1954, 35: 726 – 730.

[30] Dumm L D. Validity and use of the transient flow concept in subsurface draiange [C]. Memphis: ASAE meeting, 1960.

[31] Ebrahimian H, Noory H. Modeling paddy field subsurface drainage using HYDRUS – 2D [J]. Paddy and Water Environment, 2014: 1 – 9.

[32] ElAtfy H, El Gamaal H, van Mourik E. Discharge rates, salinities, and the performance of subsurface collector drains in Egypt [J]. Irrigation and Drainage Systems, 1991, 5 (4): 325 – 338.

[33] El – Sadek A, Feyen J, Skaggs W, et al. Economics of nitrate losses from drained agricultural land [J]. Journal of Environmental Engineering, 2002, 128 (4): 376 – 383.

[34] Farias R J C, Palmeira E M, Carvalho J C. Performance of geotextile silt fences in large flume tests [J]. Geosynthetics International, 2006, 13 (4): 133 – 144.

[35] Filipović V, Mallmann F J K, Coquet Y, et al. Numerical simulation of water flow in tile and mole drainage systems [J]. Agricultural Water Management, 2014, 146: 105 – 114.

[36] Fipps G, Skaggs R W. Simple Methods for predicting flow to drains [J]. Journal of Irrigation & Drainage Engineering, 1991, 117 (6): 881 – 896.

[37] Fuentes C, Zavala M, Saucedo H. Relationship between the storage coefficient and the soil – water retention curve in subsurface agricultural drainage systems: Water table drawdown [J]. Journal of Irrigation & Drainage Engineering, 2009, 135 (3): 279 – 285.

[38] Ghumman A R, Ghazaw Y M, Hashmi H N, et al. Environmental and socio – economic impacts of pipe drainage in pakistan [J]. Environmental Monitoring and Assessment, 2012, (184): 1671 – 1681.

［39］ Gillarduzzi A. Sustainable landslide stabilisation using deep wells installed with Siphon drains and e-lectro – pneumatic pumps ［J］. Landslides and Engineered Slopes. From the Past to the Future，2008：1547 – 1552.

［40］ Grazhdam S，Jacquin F，Sulce S. Effect of subsurface drainage on nutrient pollution of surface wa-ters in south eastern Albania ［J］. The Science of the Total Environment，1996 (191)：15 – 21.

［41］ Gupta R K，Bhattacharya A K，Chandra P. Unsteady drainage with variable drainage porosity ［J］. Journal of Irrigation & Drainage Engineering，1994，120 (4)：703 – 715.

［42］ Gureghian，A B，and Youngs，E. G. The calculation of steady – state water – table heights in drained soils by means of the finite – element method ［J］. Journal of Hydrology，1975，27 (1 – 2)，15 – 32.

［43］ Han M，Zhao C，Šimůnek J，et al. Evaluating the impact of groundwater on cotton growth and root zone water balance using Hydrus – 1D coupled with a crop growth model ［J］. Agricultural Water Management，2015，160：64 – 75.

［44］ Hooghoudt S B. General consideration of the problem of field drainage by parallel drains，ditches，watercourses，and channels ［M］. Groningen：Bodemkundig instituut，1940.

［45］ Hornbuckle J W，Christen E W，Ayars J E，et al. Controlled water table management as a strategy for reducing salt loads from subsurface drainage under perennial agriculture in semi – arid Australia ［J］. Irrigation and Drainage Systems，2005，19 (2)：145 – 159.

［46］ Hornbuckle J W，Christen E W，Faulkner R D. Analytical solution for drainflows from bilevel mul-tiple drain subsurface drainage systems ［J］. Journal of Irrigation and Drainage Engineering，2012，138 (7)：642 – 650.

［47］ Hornbuckle J W，Christen E W，Faulkner R D. Evaluating a multi – level subsurface drainage system for improved drainage water quality ［J］. Agricultural Water Management，2007，89 (3)：208 – 216.

［48］ International Commission on Irrigation and Drainage. Annual report – Agricultural water manage-ment for sustainable rural development 2020 – 2021.

［49］ Jaynes D B，Colvin T S，Karlen D L，et al. Nitrate loss in subsurface drainage as affected by nitro-gen fertilizer rate ［J］. Journal of Environmental Quality，2001，30 (4)：1305 – 1314.

［50］ Jouni H J，Liaghat A，Hassanoghli A，et al. Managing controlled drainage in irrigated farmers' fields：A case study in the Moghan plain，Iran ［J］. Agricultural Water Management，2018，208：393 – 405.

［51］ Kaboosi K，Liaghat A，Hosseini S H. The feasibility of rice husk application as envelope material in subsurface drainage systems ［J］. Irrigation and Drainage，2012，61：490 – 496.

［52］ Kaiser C. A directed percolation model for clogging in a porous medium with small inhomogeneities ［J］. Transport in Porous Media，1997，26 (2)：133 – 146.

［53］ Kelleners T J，Kamra S K，Jhorar R K. Prediction of long term drainage water salinity of pipe drains ［J］. Journal of Hydrology，2000，234 (3 – 4)：249 – 263.

［54］ Kim Y S，Whittle A J. Filtration in a porous granular medium：1. Simulation of pore – scale particle deposition and clogging ［J］. Transport in Porous Media，2006，65 (1)：53 – 87.

［55］ Kirkham D. Flow of ponded water into drain tubes in soil overlying an impervious layer ［J］. Ameri-can Geophysical Union，1949，30 (3)：369 – 385.

［56］ Kirkham，D. Seepage of steady rainfall through soil into drains ［J］. Transactions，American Geo-physical Union，1958，39 (5)：892 – 908.

［57］ Kroes J G，Wesseling J G，van Dam J C. Integrated modelling of the soil – water – atmosphere – plant system using the model SWAP 2. 0 an overview of theory and an application ［M］. Chichester，

ROYAUME – UNI：Wiley，2000.

[58] Lahdou G B，Bowling L，Frankenberger J，et al. Hydrologic controls of controlled and free draining subsurface drainage systems [J]. Agricultural Water Management，2019，213：605 – 615.

[59] Lennoz – Gratin C，Lesaffre B，Penel M. Diagnosis of mineral clogging hazards in subsurface drainage systems [J]. Irrigation and Drainage Systems，1993，6（4）：345 – 354.

[60] Lennoz – Gratin C. Effect of envelopes on flow pattern near drain pipe [J]. Journal or Irrigation and Drainage Engineering，1989，115：626 – 641.

[61] Lennoz – Gratin C，Lesaffre B，Penel M. Diagnosis of mineral clogging hazards in subsurface drainage systems [J]. Irrigation and Drainage Systems，1993，6（4）：345 – 354.

[62] Lesaffre B. Drainage design practices in France [J]. Irrigation and Drainage Systems，1989，3（2）：181 – 191.

[63] Li H，Wu Z，Yang H，et al. Field study on the influence of subsurface drainage pipes and envelopes on discharge and salt leaching in arid areas [J]. Irrigation and Drainage，2022，71（3）：697 – 710.

[64] Li，Y，Šimůnek，J J，Zhang Z，et al. Evaluation of nitrogen balance in a direct – seeded – rice field experiment using Hydrus – 1D [J]. Agricultural Water Management，2015（148），213 – 222.

[65] Liu Y，Ao C，Zeng W，et al. Simulating water and salt transport in subsurface pipe drainage systems with HYDRUS – 2D [J]. Journal of Hydrology，2021，592：125823.

[66] Liu Y，Zeng W，Ao C，et al. Strategy of subsurface pipe drainage system to alleviate soil salinization based on the DRAINMOD model [J]. Irrigation and Drainage，2021，71（1）：120 – 136.

[67] Luettich S M，Giroud J P，Bachus R C. Geotextile Filter Design Guide [J]. Geotextiles & Geomembranes，1992，11（4/5/6）：355 – 370.

[68] Manguerra H B，Garcia L A. Field strategy for agricultural drainage and water – quality management [J]. Journal of Irrigation and Drainage Engineering，1997，123（1）：37 – 44.

[69] McAuliffe K W. Laboratory experiments to investigate siltation of pipe drainage systems in New Zealand soils [J]. New Zealand Journal of Agricultural Research，1986，29（4）：687 – 694.

[70] Mcbean E A，Mosher F R，Cullimore D，et al.　Field observations of clogging in a landfill leachate collection systems [C] //In proceedings of the 4th International Landfill Symposium，Cagliari，Italy：Environmental　Sanitary Engineering Centre，October 1993. pp 433 – 441.

[71] Mei C，Liang X，Sun H，et al. High – lift siphon flow velocity in a 4 – mm siphon hose [J]. Journal of Zhejiang University – SCIENCE A，2017，18：487 – 495.

[72] Molen V D，Wesseling W. A solution in closed form and a series solution to replace the tables for the thickness of the equivalent layer in Hooghoudt's drain spacing formula [J]. Agricultural Water Management，1991，19：1 – 16.

[73] Moody F J. Maximum two – phase vessel blowdown from pipes [J]. Journal of Heat Transfer，1966，88（3）：285.

[74] Moriasi D N，Arnold J G，Van Liew M W，et al. Model evaluation guidelines for systematic quantification of accuracy in watershed simulations [J]. Transactions of the ASABE，2007，50（3）：885 – 900.

[75] Nijland H J，Croon F W，Ritzema H P. Subsurface drainage practices guidelines for the implementation，operation and maintenance of subsurface pipe drainage systems [M]. Wageningen：ILRI Publication no. 60，2005.

[76] Noshadi M.，Jamaldini M. Sepaskhah A. Investigating the performance of gravel and synthetic envelopes in subsurface drainage [J]. Journal of Water and Soil Science，2015：151 – 162.

[77]　Okwany R O, Prathapar S, Bastakoti R C, et al. Shallow subsurface drainage for managing seasonal flooding in ganges floodplain, Bangladesh [J]. Irrigation and Drainage, 2016, 65 (5): 712 - 723.

[78]　Palmeira E M, Remigio A F N, Ramos M L G, et al. A study on biological clogging of nonwoven geotextiles under leachate flow [J]. Geotextiles and Geomembranes, 2008, 26 (3): 205 - 219.

[79]　Ploeg V. D., Marquardt M, Kirkham M B. The colding equation for soil drainage: Its origin, evolution, and use [J]. Soil Science Society of America Journal, 1999, 63 (1): 33 - 39.

[80]　Plumb O A, Whitaker S. Dispersion in heterogeneous porous media: 1. Local volume averaging and large - scale averaging [J]. Water Resources Reseach, 1988 (24), 913 - 926.

[81]　Qian Y, Zhu Y, Ye M, et al. Experiment and numerical simulation for designing layout parameters of subsurface drainage pipes in arid agricultural areas [J]. Agricultural Water Management, 2021, 243: 106455.

[82]　Ren X, Wang S, Yang P, et al. Performance evaluation of different combined drainage forms on flooding and waterlogging removal [J]. Water, 2021, 13: 2968.

[83]　Ren X, Wang S, Yang P, et al. Experimental and modeling evaluation of siphon - type subsurface drainage performance in flooding and waterlogging removal [J]. Agricultural Water Management, 2023, 275: 108031.

[84]　Ritzema H P. Drain for Gain: Managing salinity in irrigated lands - A review [J]. Agricultural Water Management, 2016, 176: 18 - 28.

[85]　Ritzema H P. Drainage principles and applications [M]. Netherlands: International Institute for Land Reclamation and Improvement, 2006.

[86]　Ritzema H., Schultz B. Optimizing subsurface drainage practices in irrigated agriculture in the semi - arid and arid regions: experiences from Egypt, India and Pakistan [J]. Irrigation and Drainage, 2011, 60 (3): 360 - 369.

[87]　Rollin A L, Broughton R S, Bolduc G F. Thin synthetic envelope materials for subsurface drainage tubes [J]. Geotextiles and Geomembranes, 1987, 5: 99 - 122.

[88]　Salehi A A, Navabian M, Varaki M E, et al. Evaluation of HYDRUS - 2D model to simulate the loss of nitrate in subsurface controlled drainage in a physical model scale of paddy fields [J]. Paddy & Water Environment, 2016: 1 - 10.

[89]　Samipour F, Rabie M, Mohammadi K, et al. Evaluation of two drainage models in south - west Iran [J]. International Drainage Symposium, 2010: S276 - 532.

[90]　Sarwar A, Feddes R A. Evaluating drainage design parameters for the Fourth Drainage Project, Pakistan by using SWAP Model: Part II - Modeling results [J]. Irrigation and Drainage Systems, 2000, 14 (4): 281 - 299.

[91]　Šimůnek J, vanGenuchten M, Šejna M T. The HYDRUS software package for simulating two - and three - dimensional movement of water, heat, and multiple solute in variably - saturated media [M]. Prague: PC Progress, 2006.

[92]　Singh M, Bhattacharya A K, Nair T V R, et al. Nitrogen loss through subsurface drainage effluent in coastal rice field from India [J]. Agricultural Water Management, 2002, 52 (3): 249 - 260.

[93]　Singh R., Helmers M. J., Qi Z. Calibration and validation of DRAINMOD to design subsurface drainage systems for Iowa's tile landscapes [J]. Agricultural Water Management, 2006, 85 (3): 221 - 232.

[94]　Skaggs R. W., Youssef M. A.. Chescheir G. M. Drainmod: model use, clibration, and validation [J]. American Society of Agricultural and Biological Engineers, 2012, 55 (4): 1509 - 1522.

[95]　Stuyt L, Dierickx W, Beltrán J M. Materials for Subsurface Land Drainage System [M]. Rome: Food and Agriculture Organization of the United Nations, 2005.

[96] Stuyt L, Dierickx W. Design and performance of materials for subsurface drainage systems in agriculture [J]. Agricultural Water Management, 2006, 86 (1－2): 50－59.

[97] Sun H, Wang D, Shang Y, et al. An improved siphon drainage method for slope stabilization [J]. Journal of Mountain Science, 2019, 16: 701－713.

[98] Tan C S, Zhang T Q. Surface runoff and sub－surface drainage phosphorus losses under regular free drainage and controlled drainage with sub－irrigation systems in southern Ontario [J]. Canadian Journal of Soil Science, 2011, 91 (3): 349－359.

[99] Tao Y, Wang S, Xu D, et al. Experiment and analysis on flow rate of improved subsurface drainage with ponded water [J]. Agricultural Water Management, 2016, 177: 1－9.

[100] Tao Y, Wang S, Xu D, et al. Field and numerical experiment of an improved subsurface drainage system in Huaibei plain [J], Agriculatural water management, 2017 (194): 24－32.

[101] T Ztekin. Simulating water flow to a subsurface drain in a layered soil [J]. Turkish Journal of Agriculture and Forestry, 2002, (26): 179－185.

[102] Thullner M, Mauclaire L, Schroth M H, et al. Interaction between water flow and spatial distribution of microbial growth in a two－dimensional flow field in saturated porous media [J]. Journal of Contaminant Hydrology, 2002, 58 (3): 169－189.

[103] Tuohy P, Humphreys J, Holden N M, et al. Runoff and subsurface drain response from mole and gravel mole drainage across episodic rainfall events [J]. Agricultural Water Management, 2016, 169, 129－139.

[104] Turtola E, Paajanen A. Influence of improved subsurface drainage on phosphorus losses and nitrogen leaching from a heavy clay soil [M]. Amsterdam, PAYS－BAS: Elsevier, 1995.

[105] Van Beers. Some monographs for the calculation of drain spacings [M]. Netherlands: International Institute for Land Reclamation and Improvement, 1979.

[106] Van der Ploeg RR, Horton R, Kirkham D. Steady flow to drains and wells [J]. Agricultural Drainage, 1999, 38: 213－263.

[107] Van Schilfgaarde J, Engelund F, Kirkham D, et al. Theory of land drainage [J]. Drainage of Agricultural Lands, 1957, 7: 79－285.

[108] Van Veijts. Recommendations on the use of envelopes based on experience in the Netherlands. In: Proceedings 5th International Drainage Workshop, Lahore, Volume3, IWASRI, 1992, 5: 88－97.

[109] Wahba M A S, El－Ganainy M, Abdel－Dayem M S, et al. Evaluation of DRAINMOD－S for simulating water table management under semi－arid conditions [J]. Irrigation and Drainage, 2002, 51 (3): 213－226.

[110] Weggel J R, Ward N D. A model for filter cake formation on geotextiles: Theory [J]. Geotextiles and Geomembranes, 2012, 31 (4): 51－61.

[111] Williams M R, King K W, Fausey N R. Drainage water management effects on tile discharge and water quality [J]. Agricultural Water Management, 2015 (148): 43－51.

[112] Wright G B, Jack L B, Swaffield J A. Investigation and numerical modelling of roof drainage systems under extreme events [J]. Building and Environment, 2006, 41 (2): 126－135.

[113] Yang C C, Prasher S O, Wang S, et al. Simulation of nitrate－N movement in southern Ontario, Canada with DRAINMOD－N [J]. Agricultural Water Management, 2007, 87 (3): 299－306.

[114] Yang X. Evaluation and application of DRAINMOD in an Australian sugarcane field [J]. Agricultural Water Management, 2008, 95 (4): 439－446.

[115] Yannopoulos S I, Grismer M E, Bali K M, et al. Evolution of the materials and methods used for subsurface drainage of agricultural lands from antiquity to the present [J]. Water, 2020,

12 (6)：17 - 67.

[116] Youngs E G, Leeds - Harrison P B. Improving efficiency of desalinization with subsurface drainage [J]. Journal of irrigation and drainage engineering, 2000, 126 (6)：375 - 380.

[117] Yousfi A, Mechergui M, Ritzema H. A drain - spacing equation that takes the horizontal flow in the unsaturated zone above the groundwater table into account [J]. Irrigation and drainage, 2014, 63：373 - 382.

[118] Yu Y, Shen M, Sun H, et al. Robust design of siphon drainage method for stabilizing rainfall - induced landslides [J]. Engineering Geology, 2019, 249：186 - 197.

[119] Zhang J, Chen G, Sun H, et al. Straw biochar hastens organic matter degradation and produces nutrient - rich compost [J]. Bioresource Technology, 2016, 200：876 - 883.

[120] Zheng J, Wang J, Guo J, et al. A siphon drainage system with variable diameters for landslides: Concept, calculation, and validation [J]. Journal of Hydrology, 2021, 597：126305.

[121] 阿维里扬诺夫著. 防治灌溉土壤盐渍化的水平排水设施（计算）[M]. 娄溥礼译，瞿兴业校. 北京：中国工业出版社，1963.

[122] 鲍子云，仝炳伟，张占明. 宁夏引黄灌区暗管排水工程外包料应用效果分析 [J]. 灌溉排水学报，2007 (5)：47 - 50.

[123] 边敦典. 分散性粘土坝设计方法及土工合成材料应用研究 [D]. 南京：河海大学，2005.

[124] 蔡凌云，彭丽，郑旭明. ES 无纺布无硅亲水整理剂研究 [J]. 现代纺织技术，2019, 27 (2)：68 - 72.

[125] 曹亮，马兰，吴永忠，等. 西北山区光伏提水灌溉系统蓄水池容积的优化 [J]. 人民黄河，2017, 39 (2)：146 - 148.

[126] 陈波浪，盛建东，蒋平安，等. 不同质地棉田土壤对磷吸附与解吸研究 [J]. 土壤通报，2010 (2)：303 - 307.

[127] 陈诚，罗纨，贾忠华，等. 江苏沿海滩涂农田高降渍保证率暗管排水系统布局 [J]. 农业工程学报，2017, 33 (12)：122 - 129.

[128] 陈瑾，罗纨，贾忠华，等. 江苏沿海垦区土壤脱盐过程受排水条件影响的模拟研究 [J]. 中国农村水利水电，2021, (7)：185 - 191.

[129] 丁昆仑，余玲，董锋，等. 宁夏银北排水项目暗管排水外包滤料试验研究 [J]. 灌溉排水，2000, 19 (3)：8 - 11.

[130] 窦旭，史海滨，李瑞平，等. 暗管排水条件下春灌定额对土壤水盐运移规律的影响 [J]. 农业机械学报，2020, 51 (10)：318 - 328.

[131] 窦旭，史海滨，苗庆丰，等. 盐渍化灌区土壤水盐时空变异特征分析及地下水埋深对盐分的影响 [J]. 水土保持学报，2019, 33 (3)：246 - 253.

[132] 杜历，周华. 双层暗管排水技术改造盐碱荒地试验 [J]. 中国农村水利水电，1997 (10)：33 - 34.

[133] 杜历，鲍子云，洪卫国. 银北灌区地下水调控试验示范研究 [J]. 西北水资源与水工程，1995 (3)：77 - 83.

[134] 杜璇，冯浩，MATTHEWJH，等. DRAINMOD - NⅡ模拟冬季长期覆盖黑麦对地下排水及 NO$_3$ - N 流失的影响 [J]. 农业工程学报，2017, 33 (12)：153 - 161.

[135] 方远远. 土工织物孔径测试方法研究 [J]. 产业用纺织品，2019, 37 (4)：50 - 53.

[136] 冯绍元，马英，霍再林，等. 非充分灌溉条件下农田水分转化 SWAP 模拟 [J]. 农业工程学报，2012 (04)：60 - 68.

[137] 高丽秀，肖自斌. 兴庆区耕地现状与质量提升对策 [J]. 农村经济与科技，2021, 32 (22)：20 - 21, 27.

[138] 高利华，屈忠义，丁艳宏，等. 秸秆不同还田方式对土壤理化性质及玉米产量的影响研究 [J].

中国农村水利水电，2016（9）：28－34.

[139] 韩万里，易洪雷，张焕侠，等. 等离子体处理对聚丙烯熔喷非织造布的亲水改性 [J]. 上海纺织科技，2016，44（4）：27－30.

[140] 衡通，王振华，张金珠，等. 新疆农田排水技术治理盐碱地的发展概况 [J]. 中国农业科技导报，2019，21（3）：161－169.

[141] 衡通. 暗管排水对滴灌农田水盐分布的影响研究 [D]. 石河子：石河子大学，2018.

[142] 胡丹兵，陆士强，王钊. 土工织物反滤层透水性设计准则 [J]. 岩土工程学报，1994，16（3）：93－102.

[143] 黄偷，田军仓. 太阳能暗管排水对银北灌区油葵土壤环境及产量影响 [J]. 中国农村水利水电，2020（1）：20－25.

[144] 黄偷. 太阳能暗管排水对盐碱地改良及油葵、玉米灌溉制度的影响 [D]. 银川：宁夏大学，2019.

[145] 黄钰铃，纪道斌，陈明曦，等. 水体 pH 值对蓝藻水华生消的影响 [J]. 人民长江，2008，39（2）：63－65.

[146] 黄志强，黄介生，谢华，等. 控制平原湖区棉田暗管排水水位对氮素流失影响分析 [J]. 灌溉排水学报，2010，29（3）：20－23.

[147] 焦平金，许迪，王少丽，等. 自然降雨条件下农田地表产流及氮磷流失规律研究 [J]. 农业环境科学学报，2010，29（3）：534－540.

[148] 景清华，刘学军. 宁夏银北灌区暗管排水技术应用与工程效果监测 [J]. 灌溉排水学报，2005（1）：45－49.

[149] 孔丽丽，陈守义. 武山尾矿坝无纺土工织物滤层化学淤堵问题初探 [J]. 岩土工程学报，1999，21（4）：444－449.

[150] 李维仁，陶柯宇. 虹吸管在龙岩水库抢险中的应用 [J]. 广西水利水电，2007（4）：52－54.

[151] 李伟，赵坚，沈振中，等. 模拟土工织物反滤作用的颗粒流分析方法 [J]. 水电能源科学，2013，31（4）：106－110.

[152] 李显溦，左强，石建初，等. 新疆膜下滴灌棉田暗管排盐的数值模拟与分析 I：模型与参数验证 [J]. 水利学报，2016，47（4）：537－544.

[153] 李显溦，左强，石建初，等. 新疆膜下滴灌棉田暗管排盐的数值模拟与分析 II：模型应用 [J]. 水利学报，2016，47（5）：616－625.

[154] 李彦军，颜红勤，葛强，等. 泵站虹吸式出水流道优化设计 [J]. 排灌机械工程学报，2008（4）：43－47.

[155] 连利叶，李润杰，刘得俊. 青海高寒干旱区草原光伏提水灌溉模式研究 [J]. 中国农村水利水电，2020（11）：147－150.

[156] 刘才良. 排水暗管化学淤堵及其防治 [J]. 水利水电科技进展，1997，17（1）：49－53.

[157] 刘嘉斌. 引黄灌区盐碱地暗管排水型非全流过滤装置试验研究 [D]. 银川：宁夏大学，2022.

[158] 刘杰，谢定松. 反滤层设计原理与准则 [J]. 岩土工程学报，2017，39（4）：609－616.

[159] 刘柯楠，吴普特，朱德兰，等. 太阳能驱动喷灌机组行走动力和光伏功率匹配设计与试验 [J]. 农业工程学报，2017，33（16）：96－103.

[160] 刘路广，崔远来，冯跃华. 基于 SWAP 和 MODFLOW 模型的引黄灌区用水管理策略 [J]. 农业工程学报，2010（4）：9－17.

[161] 刘璐瑶，张金龙，张凯，等. 基于 HYDRUS－2D 模拟排水暗管布设参数对土壤水盐运移的影响 [J]. 人民珠江，2021，42（4）：70－77.

[162] 刘文龙，罗纨，贾忠华，等. 黄河三角洲暗管排水的综合效果评价 [J]. 干旱地区农业研究，2013，31（2）：122－126.

[163] 刘文龙，罗纨，贾忠华，等. 黄河三角洲暗管排水土工布外包滤料的试验研究 [J]. 农业工程

[164] 刘峥嵘. 双向拉伸作用下无纺织物反滤性能试验研究 [D]. 哈尔滨：哈尔滨工业大学，2020.

[165] 刘祖明，叶燎原，李杰慧，等. 光伏水泵系统工程设计与应用实践 [J]. 云南师范大学学报（自然科学版），2015，35（2）：1-6.

[166] 马广福，包长征，张亚娟，等. 贺兰县耕地土壤盐渍化现状与改良对策 [J]. 宁夏农林科技，2014（11）：26-32.

[167] 马欢，杨大文，雷慧闽，等. Hydrus-1D 模型在田间水循环规律分析中的应用及改进 [J]. 农业工程学报，2011（3）：6-12.

[168] 马金慧，杨树青，史海滨，等. 基于土壤水盐阈值的河套灌区玉米灌水制度 [J]. 农业工程学报，2014，30（11）：83-91.

[169] 马利军，王红雨，麦文慧，等. 宁夏银北灌区暗管排水技术应用现状调查分析 [J]. 中国农村水利水电，2019（2）：71-74.

[170] 毛海涛，张超，何涛，等. 浑水渗流对粗粒土渗透特性的影响 [J]. 农业工程学报，2022，38（9）：140-150.

[171] 慕平，张恩和，王汉宁，等. 连续多年秸秆还田对玉米耕层土壤理化性状及微生物量的影响 [J]. 水土保持学报，2011，25（5）：81-85.

[172] 宁夏农业综合开发项目组. 中荷排水技术在河套灌区的开发与应用 [M]. 银川：宁夏人民出版社，2004.

[173] 彭佳学. 排水暗管悬挂水头的计算方法 [J]. 农田水利与小水电，1990（9）：35-37.

[174] 亓沛沛，冉圣宏，张凯. 不同灌溉方式和作物类型对西北干旱区耕地土壤盐渍化的影响 [J]. 农业环境科学学报，2012，31（4）：780-785.

[175] 钱颖志，朱焱，伍靖伟，等. 考虑排盐和控盐的干旱区暗管布局参数研究 [J]. 农业工程学报，2019，35（13）：74-83.

[176] 乔丛林，史明礼，苏娅，等. 淮北平原地区水文特征 [J]. 水文，2000（3）：55-58.

[177] 瞿兴业，张友义. 考虑蒸发影响和脱盐要求的田间排水沟管间距计算 [J]. 水利学报，1981（5）：1-11.

[178] 瞿兴业. 农田排灌渗流计算及其应用 [M]. 北京：中国水利水电出版社，2011.

[179] 荣臻，王少丽，郝瑞霞，等. 宁夏银北灌区排水暗管土工布外包料透水与防淤堵性能 [J]. 农业工程学报，2021，37（8）：68-75.

[180] 盛建东，杨玉玲，陈冰，等. 土壤总盐、pH 及总碱度空间变异特征研究 [J]. 土壤，2005（1）：69-73.

[181] 石佳，田军仓，朱磊. 暗管排水对油葵地土壤脱盐及水分生产效率的影响 [J]. 灌溉排水学报，2017，36（11）：46-50.

[182] 石培君，刘洪光，何新林，等. 基于 HYDRUS 模型的暗管排水水盐运移模拟 [J]. 干旱地区农业研究，2019，37（3）：224-231.

[183] 史海滨，郭珈玮，周慧，等. 灌水量和地下水调控对干旱地区土壤水盐分布的影响 [J]. 农业机械学报，2020，51（4）：268-278.

[184] 史海滨，杨树青，李瑞平，等. 内蒙古河套灌区水盐运动与盐渍化防治研究展望 [J]. 灌溉排水学报，2020，39（8）：1-17.

[185] 苏挺. 红旗农场土壤盐渍化状况调查及不同埋深暗管排盐效果研究 [D]. 阿拉尔：塔里木大学，2017.

[186] 陶园，王少丽，许迪，等. 改进暗管排水结构型式对排水性能的影响 [J]. 农业机械学报，2016，47（4）：113-118+179.

[187] 陶园. 一种改进暗管排水形式的性能试验与理论分析 [D]. 南京：河海大学，2017.

[188] 王梦婷，李琳，谭义海，等. 正虹吸管道水力特性试验研究 [J]. 水电能源科学，2014，32（12）：87－90.

[189] 王培俊，邵芳，刘俊廷，等. 黄河泥沙充填复垦中土工布排水拦沙效果的模拟试验 [J]. 农业工程学报，2015，31（17）：72－80.

[190] 王少丽，李益农，陶园，等. 太阳能光伏暗管排水系统能力提升 [J]. 农业工程学报，2022，38（4）：99－104.

[191] 王少丽，任晓磊，陶园. 农田暗管排水能力分析与提升方法探讨 [J]. 水利学报，2021，52（11）：1263－1269.

[192] 王少丽，王兴奎，S. O. Prasher，等. 应用 DRAINMOD 农田排水模型对地下水位和排水量的模拟 [J]. 农业工程学报，2006，（02）：54－59.

[193] 王少丽，王修贵，丁昆仑，等. 中国的农田排水技术进展与研究展望. 灌溉排水学报，2008，27（1）：108－111.

[194] 王少丽，许迪，S. O. Prasher，等. 施用有机氮肥条件下地下排水中硝态氮流失的模拟研究 [J]. 水利学报，2006（1）：89－96.

[195] 王少丽，张友义，李福祥. 涝渍兼治的明暗组合排水计算方法探讨 [J]. 水利学报，2001（12）：56－61.

[196] 王少丽，许迪，陈皓锐，等. 农田涝灾预测评估与排水调控技术 [M]. 北京：中国水利水电出版社，2018.

[197] 王少丽. 农田氮转化运移及流失量模拟预测 [D]. 北京：清华大学，2008.

[198] 王苏胜，刘群昌，周明耀. 双层暗管排水布置方式对农田水氮运移的影响及模拟 [J]. 水利与建筑工程学报，2014，12（1）：39－44＋141.

[199] 王文焰，李智录，沈冰. 对考虑蒸发影响下农田排水沟管间距计算的探讨 [J]. 水利学报，1992，（7）：23－28＋34.

[200] 王钊，陆士强. 土工织物滤层淤堵标准的探讨 [J]. 水力发电学报，1991，34（3）：55－63.

[201] 王振华，衡通，李文昊，等. 滴灌条件下排水暗管间距对土壤盐分淋洗的影响 [J]. 农业机械学报，2017，48（8）：253－261.

[202] 魏霄，马静. 宁夏银南灌区暗管排水工程运行效果监测评价 [J]. 宁夏农林科技，2007（6）：18－19.

[203] 温季，王全九，郭树龙，等. 淮北平原涝渍兼治的组合排水形式与工程设计 [J]. 西安理工大学学报，2009，25（1）：110－114.

[204] 吴昊，张凌智. 光伏发电与传统电力暗管排水系统运行成本分析 [J]. 宁夏农林科技，2018，59（12）：90－119.

[205] 吴克宁，赵瑞. 土壤质地分类及其在我国应用探讨 [J]. 土壤学报，2019，56（1）：227－241.

[206] 徐俊增，刘玮璇，卫琦，等. 基于 HYDRUS－2D 的负压微润灌土壤水分运动模拟 [J]. 农业机械学报，2021，52（8）：287－296.

[207] 薛静，任理. 提高小麦单产的田间排水暗管规格模拟 [J]. 灌溉排水学报，2016，35（5）：1－9.

[208] 闫洪亮，王胜楠，邹洪涛，等. 秸秆深还田两年对东北半干旱区土壤有机质、pH 值及微团聚体的影响 [J]. 水土保持研究，2013，20（4）：44－48.

[209] 闫明. 虹吸原理在疏放矿井老空水的应用 [J]. 山东煤炭科技，2016（3）：150－151.

[210] 言鸽，徐华壁. 暗管与鼠道组合排水改造渍害稻田试验 [J]. 灌溉排水，1992，（3）：14－18.

[211] 杨会明，宋巍. 暗管排水与光伏发电技术的结合应用 [J]. 黑龙江科技信息，2016（27）：170.

[212] 杨劲松，姚荣江，王相平，等. 中国盐渍土研究：历程、现状与展望 [J]. 土壤学报，2022，59（1）：10－27.

[213] 杨玉辉，周新国，李东伟. 暗管排水对南疆高水位膜下滴灌棉田盐分管控及淋洗效果分析 [J]. 干旱区研究，2020，37（5）：1194－1204.

[214] 易进蓉，曹明杰. 土工织物淤堵试验研究 [J]. 水电能源科学，2015，33 (4)：119-122.

[215] 由国栋，虎胆·吐马尔白，邵丽盼·卡尔江，等. 膜下滴灌棉田冻融期土壤水分盐分变化特征 [J]. 干旱地区农业研究，2017，35 (4)：124-128.

[216] 于淑会，刘金铜，李志祥，等. 暗管排水排盐改良盐碱地机理与农田生态系统响应研究进展 [J]. 中国生态农业学报，2012，20 (12)：1664-1672.

[217] 余根坚，黄介生. 高占义. 基于 HYDRUS 模型不同灌水模式下土壤水盐运移模拟 [J]. 水利学报，2013 (7)：826-834.

[218] 袁和忠，沈吉，刘恩峰，等. 模拟水体 pH 控制条件下太湖梅梁湾沉积物中磷的释放特征 [J]. 湖泊科学，2009，21 (5)：663-668.

[219] 袁念念，黄介生，谢华，等. 控制排水对土壤水分状况影响研究 [J]. 长江科学院院报，2014，31 (12)：39-42.

[220] 袁念念，彭虹，黄介生，等. 棉田控制排水土壤含水量预测 [J]. 武汉大学学报（工学版），2011，44 (4)：445-448.

[221] 曾文治，黄介生，吴谋松，等. 不同棉田暗管布置方式对氮素流失影响的模拟分析 [J]. 灌溉排水学报，2012，31 (2)：124-126.

[222] 翟超，郭伟锋，严驰. 黏性土渗透淤堵室内模拟试验及分析 [J]. 岩土工程学报，2016，38 (S1)：147-151.

[223] 张华，陈凤，代文君，等. 海涂垦区暗管排水条件下水盐运移规律初探 [J]. 江苏水利，2018 (3)：24-28.

[224] 张洁，常婷婷，邵孝侯. 暗管排水对大棚土壤次生盐渍化改良及番茄产量的影响 [J]. 农业工程学报，2012，28 (3)：81-86.

[225] 张金龙，刘明，钱红，等. 漫灌淋洗暗管排水协同改良滨海盐土水盐时空变化特征 [J]. 农业工程学报，2018，34 (6)：98-103.

[226] 张金龙，张清，王振宇，等. 排水暗管间距对滨海盐土淋洗脱盐效果的影响 [J]. 农业工程学报，2012，28 (9)：85-89.

[227] 张申，田军仓. 太阳能暗管排水对改良盐碱地及水分生产效率的影响 [J]. 宁夏大学学报（自然科学版），2018，39 (2)：181-186.

[228] 张伟，张家发，孙厚才. 减压井化学淤堵试验研究 [J]. 长江科学院院报，2009，26 (10)：13-16.

[229] 张亚年，李静. 暗管排水条件下土壤水盐运移特征试验研究 [J]. 人民长江，2011，42 (22)：70-72.

[230] 张迎奥，王少丽，郝瑞霞，等. 基于两种土质的暗管土工布外包料反滤效果对比试验 [J]. 农业工程学报，2023，39 (2)：270-276.

[231] 张友义，崔亦昊. 明暗结合排水系统刍议 [J]. 水利水电技术，1992 (7)：45-49.

[232] 张祖发，刘范学，傅永武. 容县沙田柚光伏提水及水肥一体化灌溉系统探讨 [J]. 广西水利水电，2015 (1)：81-82.

[233] 赵晓宇，张凤荣，李超. 华北低平原农田排水沟平填及洪涝灾害风险分析 [J]. 农业工程学报，2016，32 (7)：145-151.

[234] 郑和祥，李和平，付卫平. 基于集雨系统的太阳能光伏提水温室滴灌发展模式 [J]. 灌溉排水学报，2014，33 (3)：133-136.

[235] 中华人民共和国水利部. 农田排水工程技术规范：SL/T 4—2020 [S]. 北京：中国水利水电出版社，2020.

[236] 周宏，赵文智. 荒漠区包气带土壤物理特征及其对地下水毛管上升影响的模拟 [J]. 应用生态学报，2019，30 (9)：2999-3009.

[237] 周健，张刚，孔戈. 渗流的颗粒流细观模拟 [J]. 水利学报，2006，37 (1)：28-32.

[238] 周利颖，李瑞平，苗庆丰，等. 排盐暗管间距对河套灌区重度盐碱土盐碱特征与肥力的影响 [J]. 土壤，2021，53（3）：602-609.

[239] 朱江颖. 土工织物滤层淤堵及其防治方法试验研究 [D]. 广州：华南理工大学，2018.

[240] 朱秦，苏立君，刘振宇，等. 颗粒迁移作用下宽级配土渗透性研究 [J]. 岩土力学，2021，42（1）：125-134.